人民交通出版社"十二五"
高职高专土建类专业规划教材

U0269583

# 土力学及地基基础

主　编　王雪浪
副主编　李　斌　周美川

人民交通出版社
China Communications Press

# 内 容 提 要

本书是根据《建筑地基基础设计规范》(GB 50007—2011)、《建筑地基处理技术规范》(JGJ 79—2012)、《建筑桩基技术规范》(JGJ 94—2008)、《湿陷性黄土地区建筑规范》(GB 50025—2004)、《建筑抗震设计规范》(GB 50011—2010)等相关国家新规范、新标准编写的,简要介绍土的物理性质及工程分类、地基应力计算、土的压缩性和地基变形计算、土的抗剪强度与地基承载力、土压力与支挡结构、基坑工程、岩土工程勘察、天然地基上浅基础设计、桩基础、软弱地基处理、区域性地基等内容。本书概念清楚、层次分明、内容覆盖面广、重点突出、实用性强。

本书适宜作为高等职业技术院校、高等专科院校应用型土木工程专业、建筑工程专业及相近专业的教材,也可作为大中专学校相关专业的教学参考书,也可供从事土木工程设计、施工、监理等工作的工程技术人员参考。

## 图书在版编目(CIP)数据

土力学及地基基础 / 王雪浪主编. — 北京 : 人民
交通出版社,2014.4
ISBN 978-7-114-11353-6

Ⅰ. ①土… Ⅱ. ①王… Ⅲ. ①土力学②地基 – 基础(工程) Ⅳ. ①TU4

中国版本图书馆 CIP 数据核字(2014)第 068231 号

书　　名:土力学及地基基础
著 作 者:王雪浪
责任编辑:温鹏飞
出版发行:人民交通出版社
地　　址:(100011)北京市朝阳区安定门外外馆斜街 3 号
网　　址:http://www.ccpress.com.cn
销售电话:(010)59757973
总 经 销:人民交通出版社发行部
经　　销:各地新华书店
印　　刷:北京盈盛恒通印刷有限公司
开　　本:787×1092　1/16
印　　张:17.5
字　　数:412 千
版　　次:2014 年 4 月　第 1 版
印　　次:2016 年 8 月　第 2 次印刷
书　　号:ISBN 978-7-114-11353-6
定　　价:38.00 元

高职高专土建类专业规划教材编审委员会

## 主任委员

吴　泽(四川建筑职业技术学院)

## 副主任委员

赵　研(黑龙江建筑职业技术学院)　　危道军(湖北城市建设职业技术学院)　　袁建新(四川建筑职业技术学院)
王世新(山西建筑职业技术学院)　　　申培轩(济南工程职业技术学院)　　　王　强(北京工业职业技术学院)
许　元(浙江广厦建设职业技术学院)　　韩　敏(人民交通出版社)

## 土建施工类分专业委员会主任委员

赵　研(黑龙江建筑职业技术学院)

## 工程管理类分专业委员会主任委员

袁建新(四川建筑职业技术学院)

## 委员　(以姓氏笔画为序)

丁春静(辽宁建筑职业学院)　　　　　马守才(兰州工业学院)　　　　　　　　毛燕红(九州职业技术学院)
王　安(山东水利职业学院)　　　　　王延该(湖北城市建设职业技术学院)　　王社欣(江西工业工程职业技术学院)
邓宗国(湖南城建职业技术学院)　　　田恒久(山西建筑职业技术学院)　　　　边亚东(中原工学院)
刘志宏(江西城市学院)　　　　　　　刘良军(石家庄铁道职业技术学院)　　　刘晓敏(黄冈职业技术学院)
吕宏德(广州城市职业学院)　　　　　朱玉春(河北建材职业技术学院)　　　　张学钢(陕西铁路工程职业技术学院)
李中秋(河北交通职业技术学院)　　　李春亭(北京农业职业学院)　　　　　　杨太生(山西建筑职业技术学院)
肖伦斌(绵阳职业技术学院)　　　　　邹德奎(哈尔滨铁道职业技术学院)　　　陈年和(江苏建筑职业技术学院)
侯洪涛(济南工程职业技术学院)　　　钟汉华(湖北水利水电职业技术学院)　　涂群岚(江西建设职业技术学院)
郭起剑(江苏建筑职业技术学院)　　　郭朝英(甘肃工业职业技术学院)　　　　温凤军(济南工程职业技术学院)
蒋晓燕(浙江广厦建设职业技术学院)　　韩家宝(哈尔滨职业技术学院)　　　　蔡　东(广东建设职业技术学院)
谭　平(北京京北职业技术学院)

## 顾问

杨嗣信(北京双圆工程咨询监理有限公司)　　尹敏达(中国建筑金属结构协会)
杨军霞(北京城建集团)　　　　　　　　　　李永涛(北京广联达软件股份有限公司)

## 秘书处

邵　江(人民交通出版社)　　　温鹏飞(人民交通出版社)

# 高职高专土建类专业规划教材出版说明

　　近年来我国职业教育蓬勃发展,教育教学改革不断深化,国家对职业教育的重视达到前所未有的高度。为了贯彻落实《国务院关于大力发展职业教育的决定》的精神,提高我国土建领域的职业教育水平,培养出适应新时期职业要求的高素质人才,人民交通出版社深入调研,周密组织,在全国高职高专教育土建类专业教学指导委员会的热情鼓励和悉心指导下,发起并组织了全国四十余所院校一大批骨干教师,编写出版本系列教材。

　　本套教材以《高等职业教育土建类专业教育标准和培养方案》为纲,结合专业建设、课程建设和教育教学改革成果,在广泛调查和研讨的基础上进行规划和展开编写工作,重点突出企业参与和实践能力、职业技能的培养,推进教材立体化开发,鼓励教材创新,教材组委会、编审委员会、编写与审稿人员全力以赴,为打造特色鲜明的优质教材做出了不懈努力,希望以此能够推动高职土建类专业的教材建设。

　　本系列教材先期推出建筑工程技术、工程监理和工程造价三个土建类专业共计四十余种主辅教材,随后在2~3年内全面推出土建大类中7类方向的全部专业教材,最终出版一套体系完整、特色鲜明的优秀高职高专土建类专业教材。

　　本系列教材适用于高职高专院校、成人高校及二级职业技术学院、继续教育学院和民办高校的土建类各专业使用,也可作为相关从业人员的培训教材。

人民交通出版社

2011 年 7 月

# 前言

## QIANYAN

土力学及地基基础是土建类相关专业必修的专业课之一,是一门具有很强理论性和实践性的学科,是土建工程技术人员必须具有知识体系中的重要内容。

随着我国社会主义建设事业的快速发展,将会对土力学及基础工程提出更多新的挑战。为了解决这些问题,则要求高等院校培养出大量的技术应用型人才。然而与此相适应的教育配套教材较少。因此,依据全国高等职业院校土建类专业教学目标、人才培养方案和本课程教学大纲的要求,特编写本书。

本书是作者根据多年积累的教学实践经验,以及理论与工程实际的联系,突出针对性、实用性、实践性,促使学生能够更好地掌握所学知识,体现了高等职业教育的特点。本书每章开头都设有内容提要,以便学生了解学习目标重点。结尾设有小知识模块,本章小结,思考题和综合练习题,以便学生掌握和应用所学知识,有利于学生轻松快速地巩固所学的知识内容。

全书内容共分为十一章(不包括绪论),由甘肃职业技术学院王雪浪副教授担任主编,李斌、周美川担任副主编。其中绪论、第六章、第八章、第九章、第十章、第十一章由王雪浪编写;第一章、第二章、第七章由周美川编写;第三章、第四章、第五章由李斌编写;全书由王雪浪副教授统稿。

本书在编写过程中参考和引用了一些专家、学者在教学、科研、施工中的书籍文献和资料,谨向各位专家、学者表示感谢。

限于编者水平和时间的仓促,书中难免有缺点和不妥之处,恳请读者及时指正,以便修改。

编 者

2014 年 2 月

MULU

2

# 绪　　论

　　土力学及地基基础是土建类相关专业必修的专业课之一,是一门具有很强理论性和实践性的学科。是高职高专院校土建类专业学生以及从事工程设计、生产第一线的技术、质量管理和工程监理等岗位所必备的知识。通过本课程的学习应了解地基土的物理性质和工程性质;掌握地基土的应力、变形计算和地基承载力验算;掌握土压力计算和挡土结构设计基本知识。能阅读和使用工程地质勘察资料,进行一般房屋基础设计;并具有识读和绘制一般房屋基础施工图的能力;具有应用本专业基本知识分析和处理基础工程中一般问题的能力。

　　在绪论中主要介绍土力学与地基基础的基本概念及其研究的内容,列举了一些国内外典型的倒塌工程案例说明地基与基础的重要性。通过绪论的学习使学者对全书主要内容有初步了解,明确地基与基础、持力层与下卧层等基本概念。结合倒塌工程案例,对地基基础的作用和重要性、本课程的任务与特点有正确认识,从而更加重视土力学及地基基础课程在本专业中的地位。

　　基础工程属于地下隐蔽工程,它的勘察、设计、施工质量直接影响建筑物的安全和正常使用。加之各地的工程地质条件截然不同,因此,要因地制宜地合理选择地基基础设计与施工方案,特别是在处理地基基础问题时,要考虑岩土工程的区域性。针对建筑场地的工程地质条件及周围环境,正确、灵活地运用本课程的基本知识,对具体情况进行具体分析,寻求经济合理的解决方案,切忌生搬硬套。

## 一　土力学及地基基础的概念

　　土是地壳表面岩石在长期地质应力作用下风化的产物,是由固相(土粒)、液相(水)和气相(空气)组成的三相体系。由于土形成的自然条件和沉积环境不同,使得土的种类繁多,性质各不相同。土具有一定的散粒性,土粒之间的联结强度很弱,远低于颗粒本身的强度。同时,土还具有压缩性、渗透性和明显的区域性等。

　　土力学是用力学的基本原理和土工测试技术研究土各种性能的一门科学。土力学需解决工程中的三大问题:①土体强度问题,研究土体的强度和应力;②土体变形问题,建筑物的荷载通过基础传到地基上,使地基中的各点产生竖向变形和侧向变形,地基表面的竖向变形,称为基础沉降;③水的渗流对土体变形和稳定的影响。为了解决这些问题则需要研究土的各种性能,主要包括土的物理特性、应力与变形、土的压缩性、抗剪强度、土压力及边坡稳定性等。由

于土的工程性质复杂,因此,要解决基础工程中的实际问题,不仅需要本课程及相关学科的基本知识和技术,还要依赖于娴熟的现场实践经验和试验测试技术。

地基基础是实用性很强的一门学科。所有建筑物都要建造在地层上,建筑物荷载都是通过基础向地基土中传播扩散。因此,当地层承受建筑物荷载后,使地层在一定范围内改变原有的应力状态,产生附加应力和变形。我们将承受建筑物荷载并受其影响的部分地层称为地基。并将直接与基础底面接触的土层称为持力层,在地基范围内持力层以下的土层统称为下卧层,如图 0-1 所示。

一般建筑物由两部分组成:地面以上的结构称为建筑物的上部结构;地面以下的部分结构称为建筑物的下部结构。工程中通常将建筑物的下部结构称为基础,它位于建筑物上部结构与地基之间。基础的作用是承受建筑物荷载将其荷载合理地传给地基。

基础都有一定的埋置深度,如图 0-1 所示。图中 $d$ 表示基础底面至设计地面的竖向距离,称为基础埋置深度。基础根据埋置深度不同,可分为两类:一般将埋置深度 $d \leqslant 5m$ 且采用一般方法与设备施工的基础,称为浅基础,如条形基础、独立基础、筏板基础等;如果基础埋置深度 $d > 5m$ 并需用特殊的施工方法和机械设备建造的基础,称为深基础,如桩基础、墩基础、沉井和地下连续墙基础等。

为了保证建筑物的安全和正常使用,地基应满足两项基本要求:

(1)承载力要求:即作用在基础底面的压力不得超过地基承载力特征值,以保证地基不至于因承载力不足而失去稳定破坏;

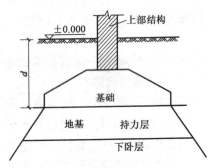

图 0-1 地基与基础示意图

(2)变形要求:即地基的变形(地基沉降量)不得超过建筑物的允许变形值,以保证建筑物不因地基变形过大而产生开裂、损坏而影响正常使用。

此外,要求基础结构本身应具有足够的强度和刚度,在地基反力作用下不会发生强度破坏,并且对地基变形具有一定的调整能力。

良好的地基应该具有较高的承载力及较低的压缩性。如果地基土软弱,工程性质较差,而且建筑物荷载较大,地基承载力和变形都不能满足上述两项要求时,需对地基进行人工加固处理后才能作为建筑地基,称为人工地基。而未经过加固处理,直接建筑基础的地基,称为天然地基。由于人工地基施工时间长、造价高,基础工程的费用一般约占建筑总费用的 10% ~ 30%,因此,建筑物应尽量采用天然地基,以减少基础工程造价。

## 二 地基与基础的重要性

基础是建筑物的重要组成部分,基础工程属于隐蔽工程。若地基基础设计和施工不当,将影响建筑物的安全和正常使用。轻则上部结构开裂、倾斜;重则建筑物倒塌。而且进行补强修复、加固处理极其困难。实践证明,许多建筑事故都与地基基础有关系。下面列举一些国内外典型的因地基基础破坏而引起建筑物倾斜或倒塌的案例。

【案例一】 加拿大特郎斯康谷仓,因地基承载力不足而发生严重的整体倾斜。谷仓建筑

面积 $59.4 \times 23 m^2$，高 31m，自重 $2 \times 10^5$ kN，谷仓由 65 个钢筋混凝土圆形筒仓组成，基础采用 2m 厚筏形基础、埋置深度 3.6m。首次装载后 1h 谷仓下沉达 30.5cm，装载 24h 后倾倒，西端下沉 8.8m，东端抬高 1.5m，整体倾斜 26°053′，如图 0-2 所示。事故发生后经勘察发现，地表 3m 以下埋藏约 15m 厚的高塑性淤泥质软黏土，加载后谷仓基底压力达 330kPa，而实际地基极限承载力为 277kPa。显然事故的原因，是由于地基软弱下卧层承载力不足而造成整体失稳倾倒，地基强度虽破坏但钢筋混凝土筒体却安然无恙。后用 388 个 50t 千斤顶、70 多个混凝土墩支承在 16m 深的基岩上，纠正修复后继续使用，但谷仓的位置较原来下降了 4m，如图 0-2 右下方示意图所示。

图 0-2　加拿大特郎斯康谷仓倾斜

【案例二】　意大利比萨斜塔，如图 0-3 所示是比萨大教堂的一座钟楼，于 1173 年动工至 1370 年竣工，前后经历了三个时期近 200 年，这期间停工了两次。全塔共八层，总高 55m。斜塔由大理石砌筑，总荷重 145MN，塔基平均压力约为 500kPa；地基持力层为粉砂，下面为黏土层。由于地基的不均匀下沉使塔身向南倾斜，南北两端沉降差为 1.8m，塔顶偏离中心线已达 5.27m、倾斜 5.5°，成为危险建筑。

【案例三】　如图 0-4 所示的上海展览中心（Shanghai Exhibition Center）亦称为上海展览馆，位于上海市中心静安区延安西路 1000 号。基础为高压缩性淤泥质软土，中央大厅为框架结构，箱型基础；两翼为框架结构条形基础。箱形基础两层 7.27m，箱型顶面至中央大厅塔尖总高为 96.63m。展览馆 1954 年 5 月开工，到当年年底实测地基平均沉降量就已达到 60cm，1955 年完工。到

图 0-3　意大利比萨斜塔

1957 年 6 月，中央大厅四周的沉降量最大达到 146.55cm，最小为 122.8cm。1979 年 9 月中央大厅累计平均沉降量 160cm。沉降也趋向稳定，适用良好，但是由于地基严重下沉，使散水倒坡，管道断裂，付出了相当大的代价。

【案例四】　地基除满足承载力要求外，还要求地基不能发生过大的变形。如图 0-5 所示为墨西哥城的一幢建筑，可清晰地看见因地基的不均匀沉降而引起上部结构产生较明显的挠

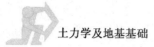

曲变形。墨西哥城因四面环山,古代是大湖泊,由火山灰沉积而成。该地基为深厚的湖相沉积层,其天然含水量极高,并具有极高的压缩性。

图0-4　上海展览中心

**【案例五】** 广东省海康大旅店,坐落在湛江市通往海南岛的公路旁,是当地一座层数(前七层后六层)最高、建筑标准最好的一栋大楼。建筑面积4190m²,总高度24.4m。1980年5月正式开工,1981年8月七层主体结构完工。1981年6月28日已发现地梁开裂,并测得有不均匀沉陷,53根柱子基础最大沉降量为10.5cm;同年11月25日测得最大沉降量41cm,倾斜33cm。同年12月30日县建委主持全面检查,发现一至六层楼部分梁、柱、墙出现裂缝31处之多,最大裂缝宽度达0.3cm,最长的裂缝长480cm。1982年1月31日测定最大沉降量达44cm。大楼于1982年5月3日下午6时30分,在无风无雨情况下突然全部倒塌,一塌到底,伤亡7人,直接经济损失六十多万元,是我国建筑史上罕见的倒塌事故。倒塌原因多方面,地基不均匀沉降、结构计算有误、工程质量失控、施工管理松弛等。

图0-5　墨西哥城一幢建筑的不均匀沉降

**【案例六】** 南美洲巴西十一层框架结构大楼,建筑面积为29×12m²,支承在99根21m长的钢筋混凝土桩上。施工中发现明显沉降但没有引起重视,当发现沉降速度快再采取加固措施为时已晚,竣工后约20min后大楼彻底倒塌。事故后经调查:地基中有16m厚的软土,周围建筑物也采用桩基,但桩长26m,显然是由于桩长不够,未打入较好土层而悬浮在软土中,最终也是因软土承载力不足而导致大楼倾倒。

以上工程事故案例,足以说明地基基础的重要性。建筑物倒塌多数是与地基基础有关,不仅要因地制宜合理地进行地基基础勘察、设计、施工,还要严格遵守建设法规、行业规范和标准,以免发生工程事故。

**【案例七】** 如图0-6所示,1972年6月16～18日,暴雨倾盆,18日13:10,香港东九龙秀茂坪一近40m高的逐层碾压风化花岗岩填土边坡迅速下滑淹没了位于坡脚下的安置区,造成71人死亡,60人受伤;同日下午9:00,港岛宝珊道上方一陡峭斜坡破坏,摧毁了一栋4层楼房和一栋15层综合楼,致使67人丧生。在这次暴雨中,由于滑坡泥石流灾害造成的伤亡总数达

250人,成为香港历史上滑坡泥石流灾害最惨痛的一页。

图0-6　香港东九龙秀茂坪山体滑坡

以上工程事故案例,足以说明地基基础的重要性。建筑物倒塌多数是与地基基础有关,不仅要因地制宜合理地进行地基基础勘察、设计、施工,还要严格遵守建设法规、行业规范和标准,以免发生工程事故。

### 三　本课程的内容和特点

《土力学及地基基础》全书共分十一章(未包括绪论),第一章是土力学基础知识,主要介绍土的物理性质、物理特征及土的工程分类。第二章~第四章是土力学基本理论部分,主要介绍土的力学及工程性质,要求掌握土中应力计算和分布;掌握土的压缩性、抗剪强度指标的测试方法及地基沉降量、地基强度计算。第五章土压力与支挡结构,主要掌握主动土压力与挡土墙设计要点以及支护结构的类型。第六章~第十一章是基础工程部分,主要介绍建筑基坑工程和场地的工程地质勘察和报告的阅读与使用;天然地基浅基础、桩基础设计与计算;地基处理方法和区域性地基等方面的知识。

由于本课程内容具有较强的理论性和实践性,因此,要求在学习的过程中,应注意本课程与其他课程的联系,如与高等数学、建筑力学、建筑制图与构造、建筑结构、建筑材料、建筑施工技术、工程地质等相关知识有密切关系。本课学习程过程中应注重理论与试验相结合、理论与工程实践相结合,以提高分析问题与解决问题的能力。

本课程内容面向土木工程专业学生和设计人员以及生产第一线的技术、质量管理、工程监理、项目管理者等。

# 第一章
# 土的物理性质及工程分类

**【内容提要】**

本章主要讲解了土的成因及组成;土的结构与构造;土的物理性质指标;土的物理状态指标和地基土的工程分类。

通过本章的学习,要求学生能够掌握土的成因和三相组成;掌握土的物理性质指标的基本概念、各项指标之间的换算关系、计算方法及其实际应用;熟悉土的物理性理状态指标的应用;掌握土的含水量、塑限、液限;了解岩土的工程分类依据及其方法,能够准确分类、定名。这些知识是学习土力学基本原理、评价土的工程性质、分析和解决土的工程技术问题的基础,也是为国家有关注册工程师考试、职业资格证书考试提供必需的基础知识。

## 第一节 土的成因及组成

### 一 土的成因

土是地壳表层岩石经风化、剥蚀、搬运、沉积等过程形成的各种松散沉积物。不同的风化作用形成不同性质的土。其风化作用有下列三种:

**(一)物理风化**

岩石经受自然条件(风、霜、雪、雨的侵蚀,温度、湿度的变化),发生不均匀膨胀与收缩,逐渐破碎崩解为大小不一碎块,这种风化作用仅改变颗粒的大小与形状,不改变原来的矿物成分,称为物理风化。由物理风化生成的土颗粒较大,为粗粒土,如块碎石、砾石和砂土等,总称为无黏性土。

**(二)化学风化**

岩石的碎屑与空气、水和各种水溶液相接触,发生化学作用,改变了原来的矿物成分,形成新的矿物——次生矿物,称为化学风化。经化学风化生成的土为细粒土,具有黏结力,如黏土与粉质黏土,总称为黏性土。

### (三)生物风化

动物、植物和人类活动对岩体的破坏称生物风化。如长在岩石缝隙中的树根伸展使岩石缝隙扩展开裂,人类开采矿山、修铁路、打隧道等活动形成的土,其矿物成分没有变化。

## 二 土的组成

土是由固体矿物颗粒、水和气体,即由固相、液相和气相三部分组成的三相体系,如图 1-1 所示。

土的三相组成之间的比例关系并不是固定不变的,而是随着环境的改变而相应变化。一般情况下,孔隙中充填着水和空气,为湿土;当孔隙中全部被水充满时(气体 =0),为饱和土;当孔隙中只有空气时(液体 =0),为干土。饱和土和干土均属二相体系。

由此可见,土的三相比例不同,其状态和性质也不同。要研究土的各项工程性质,首先要从最基本的、组成土的三相开始研究。

### (一)土中固相

土的固相(固体矿物颗粒和有机质)构成了土的骨架,是土的三相组成中的主体,是决定土的工程性质的主要因素。

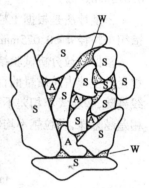

图 1-1 土的组成示意图
S-固相;W-液相;A-气相

**1.粒组的划分**

自然界中土一般都是由大小不等的土颗粒混合组成的,通常将颗粒直径称为粒径,单位为 mm。土的粒径大小不同,工程性质也不同。当土的粒径从大到小变化时,其可塑性从无到有,黏性从无到有,透水性由强变弱。如黏性土与碎石土相比,颗粒的大小相差悬殊,其物理性质和特征截然不同。为便于研究,根据《土的工程分类标准》(GB/T 50145—2007)将不同粒径的土粒,按某一粒径范围(物理性质及特征接近)划分为若干粒组,见表 1-1。粒组与粒组之间的分界粒径称为界限粒径。

土粒粒组的划分(GB/T 50145—2007) 表 1-1

| 粒组名称 | 粒径范围(mm) | 一般特征 |
|---|---|---|
| 漂石(块石)粒 | $d>200$ | 透水性很大,无黏性,无毛细水 |
| 卵石(碎石)粒 | $60<d\leqslant200$ | 透水性大,无黏性,毛细水上升高度不超过粒径大小 |
| 圆砾(角砾) | $2<d\leqslant60$ | 透水性大,无黏性,毛细水上升高度不超过粒径大小 |
| 砂粒 | $0.075<d\leqslant2$ | 易透水,当混入云母等杂物时透水性减小,而压缩性增加;无黏性,遇水不膨胀,干燥时松散;毛细水上升高度不大,随粒径变小而增大 |
| 粉粒 | $0.005<d\leqslant0.075$ | 透水性小,湿时稍有黏性,遇水膨胀小,干时稍有收缩;毛细水上升高度较大较快,极易出现冻胀现象 |
| 黏粒 | $d\leqslant0.005$ | 透水性很小,湿时有黏性、可塑性,遇水膨胀大,干时收缩显著;毛细水上升高度大,且速度较慢 |

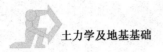 

**2. 土的颗粒级配**

土的颗粒级配是根据土中各个粒组的相对含量(即各粒组占土粒总质量的百分数)来确定。土中各个粒组的相对含量可通过颗粒分析试验测定。颗粒分析的方法有筛分法和密度计法。

筛分法是将代表性土样倒入标准筛中(筛孔直径与土中各粒组界限值相等,由上而下筛孔逐渐减小放置),经过筛分机振动过筛后,称出留在各筛盘上的土粒质量,即可求得各粒组的相对含量。此法适用于粒径在 0.075~60mm 的土。目前我国采用的标准筛的最小孔径为 0.075mm。

密度计法是根据土粒粒径不同,在水中沉降的速度不同的特性,把土颗粒进行分组。此法适用于粒径 $d < 0.075$mm 的土。

根据颗粒分析试验结果绘制出土的颗粒级配曲线,如图 1-2 所示,图中纵坐标表示小于某粒径的土粒占总质量的百分数;横坐标表示土粒粒径,用对数尺度表示。从图中可以看出:曲线越陡,颗粒大小相差不大,颗粒较均匀,土的级配不良;曲线越缓,粒径分布的范围越广,粒径相差越悬殊,颗粒越不均匀,较大颗粒间的孔隙被较小的颗粒所填充,土粒级配良好。

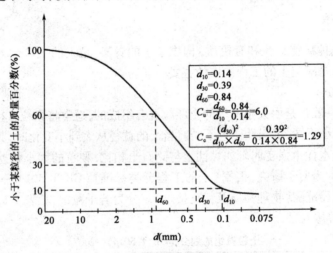

图 1-2　颗粒级配曲线示例

工程上常用两个指标来定量描述土的级配特征:

不均匀系数 $C_u$

$$C_u = \frac{d_{60}}{d_{10}} \tag{1-1}$$

曲率系数 $C_c$

$$C_c = \frac{(d_{30})^2}{d_{10} \times d_{60}} \tag{1-2}$$

式中:$d_{60}$——限定粒径,小于某粒径的土粒质量占总质量的 60% 时相应的粒径;

　　　$d_{30}$——小于某粒径的土粒质量占总质量的 30% 时相应的粒径;

　　　$d_{10}$——有效粒径,小于某粒径的土粒质量占总质量的 10% 时相应的粒径。

不均匀系数反映颗粒级配的不均匀程度。$C_u$ 值越大,曲线越平缓,土粒分布范围越大,土粒愈不均匀,土的级配良好。$C_u$ 值越小,曲线越陡,土粒愈均匀,土的级配不良。工程实际中,

一般将 $C_u < 5$ 的土视为级配不良的均粒土,而 $C_u > 10$ 的土称为级配良好的非均粒土。

曲率系数 $C_c$ 反映级配曲线的整体形状。级配曲线斜率很大,即急倾斜状,表明某一粒组含量过于集中,其他粒组含量相对较少。对砾石和砂土,当 $C_u \geq 5$ 且 $C_c = 1 \sim 3$ 时级配良好;级配不能同时满足 $C_u$ 与 $C_c$ 两个要求,则为级配不良。

**3. 土粒的矿物成分**

土的固相是由各种矿物颗粒或矿物集合体组成的,不同矿物成分的性质是有差别的,因此由不同矿物组成的土粒的性质也是不同的。土粒的矿物成分可分为原生矿物和次生矿物两大类:原生矿物是由岩石经物理风化而成的矿物碎屑,其成分与母岩相同。如石英、长石、云母等;次生矿物是原生矿物经化学风化,使其进一步分解,改变等了原来的化学成分而形成的一些颗粒更细小的新矿物。如蒙脱石、伊利石和高岭石三种。

黏粒组除了上述矿物外,还有少量有机质,也称腐殖质,是动植物分解后的残骸。如果土中有机质含量多,将使土的压缩性增大。对有机质含量超过 3% ~ 5% 的土应予注明,不宜作为填筑材料。

**(二)土的液相**

土中液相主要是水(溶解有少量的可溶盐类)。其含量对土的性质影响很大。液态水可分为结合水和自由水。

(1)结合水是受土粒表面电场吸引而吸附于土粒表面的水,分为强结合水和弱结合水。

①强结合水:由于黏粒颗粒表面的电场吸引,使水分子紧靠在土粒表面。这种强结合水的性质接近固体,不传递静水压力,略高于100℃时才蒸发,具有很大的黏滞性、弹性和抗剪强度。当黏土只含有强结合水时呈坚硬状态。

②弱结合水:存在于强结合水外侧,也受电场的吸引,但电场的作用力随着与土粒距离增大而减弱。弱结合水也不传递静水压力,呈黏滞状态,此部分水对黏性土的影响很大,是黏性土在一定含水量范围内具有可塑性的原因。

(2)自由水是在土粒表面电场范围以外的水,不受电场的吸引。其性质与普通水一样,能传递静水压力,有重力水和毛细水两种。

①重力水:位于地下水位以下的土孔隙中。能在重力或压力差的作用下流动,具有浮力的作用。

②毛细水:位于地下水位以上的土孔隙中。由于水与空气交界面处的表面张力作用,使土中自由水通过毛细管(土粒间的孔隙贯通,形成无数不规则的毛细管)逐渐上升,形成毛细水,并且毛细管越细,毛细水的上升高度越高,如粉土中孔隙小,毛细水上升高。在工程中,毛细水的上升对基础防潮和地基土的湿润、冻胀有重要影响。

**(三)土的气相**

土的孔隙中没有被水填充的部分都是气体,主要是空气、水蒸气,有时还有沼气等。土中气体分两种:

(1)自由气体:与大气相连通,当土受压时能从孔隙中逸出,故对土的性质影响不大。

(2)封闭气体:与大气隔绝,不易逸出,常存在于细粒土中。当土受压时封闭气泡被压缩,

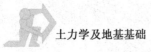
卸荷时又能有所恢复,使土体具有弹性,不易被压实,俗称"橡皮土"。若土中封闭气泡很多时,将使土的透水性降低。另外封闭气体的突然逸出可造成意外的沉陷。

# 第二节　土的结构与构造

##  土的结构

土的结构是指土粒的大小、形状、土粒间的联结关系和土粒相互排列情况。对土的物理性质有重要影响。土的结构一般认为有以下三种:

### (一)单粒结构

粗颗粒土(如卵石、碎石和砂土等)在沉积过程中,由于颗粒自重大于颗粒之间的引力,使每一个颗粒在自重作用下单独下沉并达到稳定状态。单粒结构有松散型和紧密型两种。呈松散状态的单粒结构的土,如图1-3a)所示,土粒间的空隙较大,骨架不稳定,在振动和荷载作用下变形较大,这种土层如未经处理一般不宜作为建筑地基。而呈密实状态的单粒结构的土,如图1-3b)所示,强度较高,压缩性较小,是良好的天然地基。

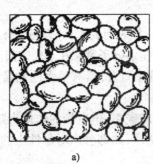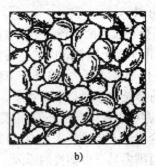

a)　　　　　　　　　　　　b)

图1-3　单粒结构
a)松散;b)密实

### (二)蜂窝结构

对于较细(如粉粒、细砂)的土颗粒,在水中单粒下沉时,当碰到已沉积的土粒,由于土粒之间的分子引力大于土粒的重力,下沉的土粒被吸引而不再下沉,形成具有很大孔隙的蜂窝结构,如图1-4所示。

### (三)絮状结构

对于粒径极细的黏土颗粒(粒径小于0.005mm),由于黏粒自重轻不会下沉而在水中长期悬浮、运动、相互碰撞吸引而逐渐形成链环状的集合体,并随质量增大而下沉,形成孔隙很大的絮状结构,如图1-5所示。

无论蜂窝状还是絮状结构,其共同特点均为水下沉积的,孔隙大、透水性差、含水量高、不稳定、承载力极小,一般不能作为地基。

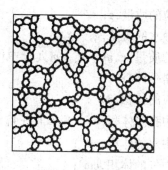
图 1-4　蜂窝结构

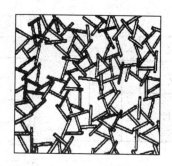
图 1-5　絮状结构

##  土的构造

土的构造是指同一土层中,结构不同部分相互排列的特征。其主要特征是成层性和裂隙性,如图 1-6 所示。

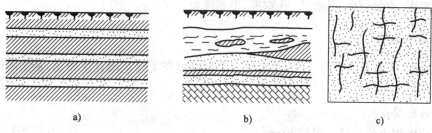

图 1-6　土的层状构造与裂隙构造

a)水平层理构造;b)交错层理构造;c)裂隙构造

（1）成层性是指土具有层状构造,这是由于土粒在沉积过程中,不同阶段沉积物的物质成分、颗粒大小、颜色等不同,一层一层沿竖向呈现出成层特征。例如在平原地区,土通常呈现出水平层理构造。

（2）裂隙性是指土体中有很多不连续的小裂隙,这种裂隙的存在破坏了土的整体性,使土体强度和稳定性降低,渗透性高,工程性质差。某些坚硬或硬塑状态的黏性土为此种构造。

# 第三节　土的物理性质指标

土的物理性质指标是指组成土的三相之间的比例关系。这些指标反映了土的干燥与潮湿、疏松与紧密,轻重与软硬,是评价土的工程性质的最基本的物理性质指标,也是工程地质勘察报告中不可缺少的基本内容,具有重要的实用价值。

##  土的三相简图

为了更直观的反映土中三相物质的比例关系,把土中分散的三相物质分别集中起来,并按适当的比例绘出三相示意图,如图 1-7 所示。

图的左边表示土中各相的质量,右边表示各相所占的体积,各符号的意义如下:

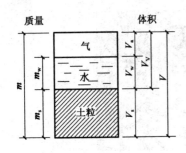

图 1-7　土的三相图

$m_s$——土粒的质量，g；

$m_w$——土中水的质量，g；

$m$——土的质量，g，$m = m_s + m_w$（土中气体质量较小可忽略不计）；

$V_s$——土粒的体积，$cm^3$；

$V_V$——土中孔隙体积，$cm^3$，$V_V = V_a + V_w$；

$V_w$——土中水的体积，$cm^3$；

$V_a$——土中气的体积，$cm^3$；

$V$——土的总体积，$cm^3$，$V = V_s + V_w + V_a$。

## 二　三相指标的定义

土的物理性质指标有 9 个：土的密度（或重度）、土粒相对密度、含水率、土的干密度（或重度）、饱和重度、有效重度、孔隙比、孔隙率、饱和度。

### （一）基本指标

土的密度、土粒相对密度、土的含水量三个指标可在实验室内直接测定，是实测指标，常称为土的三相基本指标。

1. 土的密度 $\rho$

指单位体积土的质量。单位 $g/cm^3$。

$$\rho = \frac{m}{V} \tag{1-3}$$

工程实际中，常将土的密度换算成土的重度，用 $\gamma$ 表示。单位 $kN/m^3$。

$$\gamma = \rho g = \frac{mg}{V} = \frac{W}{V} \tag{1-4}$$

土的密度常用环刀法测定，用容积为 $100cm^3$ 或 $200cm^3$ 的环刀切取土样，用天平称其质量而得。天然状态下土的密度值变化较大。

2. 土粒相对密度 $d_s$（也称土粒比重）

指土粒质量与 4℃时同体积水的质量之比，也称土粒比重。无量纲。

$$d_s = \frac{m_s}{V_s} \frac{1}{\rho_w(4℃)} \tag{1-5}$$

常用比重瓶法测定。数值大小取决于土的矿物成分，变化范围不大。

3. 土的含水量 $\omega$

指土中水的质量与土粒质量之比，又称土的含水率，用百分数表示。

$$\omega = \frac{m_w}{m_s} \times 100\% \tag{1-6}$$

常用烘干法测定。土的含水量是描述土的干湿程度的重要指标。天然土的含水量变化范围很大，含水量越大，土越湿或越饱和；反之土越干。土的含水量对黏性土、粉土的性质影响较大，常见值：砂土 0% ~40%；黏性土 20% ~60%；当 $\omega \approx 0$ 时，黏性土呈坚硬状态。

## (二)导出指标

**1. 土的干重度 $\gamma_d$**

指单位体积土中土粒的重量，即土在干燥状态下的重度。单位 kN/m³。

$$\gamma_d = \frac{W_s}{V} = \frac{m_s g}{V} = \rho_d g \tag{1-7}$$

式中：$W_s$——土粒的重量，kN。

土的干重度 $\gamma_d$（或干密度 $\rho_d$）越大，土越密实，强度越高。

土的干密度可以评价土的密实程度，工程上常用于填方工程(土坝、路基和人工压实地基等)的土体压实质量控制标准。

**2. 土的饱和重度 $\gamma_{sat}$**

指土孔隙中全部充满水时单位体积的重量。单位 kN/m³。

$$\gamma_{sat} = \frac{W_s + V_V \gamma_w}{V} \tag{1-8}$$

式中：$\gamma_w$——水的重度(kN/m³)，常近似取 10kN/m³。

**3. 土的有效重度(浮重度) $\gamma'$**

地下水位以下的土层，如果土层是透水的，此时土受水的浮力作用，土的实际重量将减小，那么这种处于地水位以下的有效重度常称为土的浮重度，即土体单位体积所受重力再扣除浮力。

$$\gamma' = \gamma_{sat} - \gamma_W = \frac{W_s - V_s \gamma_w}{V} \tag{1-9}$$

对于同一种土来讲，土的天然重度、干重度、饱和重度、浮重度在数值上有如下关系：

$$\gamma_{sat} > \gamma > \gamma_d > \gamma'$$

**4. 土的孔隙比 $e$**

指土中孔隙体积与土粒体积之比。用小数表示。

$$e = \frac{V_V}{V_s} \tag{1-10}$$

土的孔隙比是评价土的密实程度的重要指标，按其大小可对砂土或粉土进行密实度分类。

**5. 土的孔隙率 $n$**

指土中孔隙体积与总体积之比。用百分数表示。

$$n = \frac{V_V}{V} \times 100\% \tag{1-11}$$

土的孔隙率也可以评价土的密实程度。一般砂类土的孔隙率常小于黏性土的孔隙率。

**6. 土的饱和度 $S_r$**

指土中水的体积与孔隙体积之比。

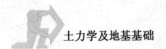 

$$S_r = \frac{V_w}{V_V} \qquad\qquad (1\text{-}12)$$

饱和度反映土中孔隙被水充满的程度。其数值为 0~1，当土处于完全干燥状态时，$S_r = 0$；当土处于完全饱和状态时，$S_r = 1$。

### 三 三相指标的换算

上述三相比例指标中，除土的重度、土粒相对密度、土的含水量三个基本指标外，其余六个物理性质指标均可通过三相草图换算求得。

换算的一般方法是：首先绘制三相草图，然后根据三个已知指标数值和其他各指标的定义进行换算。为简化计算，一般根据情况令 $V_s = 1$ 或 $V = 1$，利用指标定义得土的三相比例指标换算图，如图 1-8 所示。具体换算公式见表 1-2。

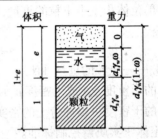

图 1-8 三相比例指标换算图

土的三相比例指标换算公式及常见值　　表 1-2

| 指 标 | 符 号 | 表 达 式 | 单 位 | 常 见 值 | 换 算 公 式 |
|---|---|---|---|---|---|
| 重度 或 密度 | $\gamma$ | $\gamma = \dfrac{W}{V} = \rho g$ | kN/m³ | 16~22 | $\gamma = \dfrac{(d_s + s_r e)\gamma_w}{1+e}$ |
| | $\rho$ | $\rho = \dfrac{m}{V}$ | g/cm³ | 1.6~2.2 | $\gamma = \dfrac{d_s(1+\omega)\gamma_w}{1+e}$ |
| 相对密度 或 土粒比重 | $d_s$ 或 $G_s$ | $d_s = \dfrac{m_s}{V_s \rho_w}$ | | 砂土 2.65~2.69 粉土 2.70~2.71 黏性土 2.72~2.75 | $d_s = \dfrac{s_r e}{\omega}$ |
| 含水量 | $\omega$ | $\omega = \dfrac{m_w}{m_s} \times 100\%$ | % | 砂土 0%~40% 黏性土 20%~60% | $\omega = \left(\dfrac{\gamma}{\gamma_d} - 1\right) \times 100\%$ $\omega = \dfrac{s_r e}{d_s} \times 100\%$ |
| 干重度 干密度 | $\gamma_d$ $\rho_d$ | $\gamma_d = \dfrac{W_s}{V} = \rho_d g$ $\rho_d = \dfrac{m_s}{V}$ | kN/m³ g/cm³ | 13~20 1.3~2.0 | $\gamma_d = \dfrac{\gamma}{1+\omega} = \dfrac{\gamma_w d_s}{1+e}$ |
| 饱和重度 饱和密度 | $\gamma_{sat}$ $\rho_{sat}$ | $\gamma_{sat} = \dfrac{W_s + V_V \gamma_w}{V}$ $\rho_{sat} = \dfrac{m_s + V_v \rho_w}{V}$ | kN/m³ g/cm³ | 18~23 1.8~2.3 | $\gamma_{sat} = \dfrac{d_s + e}{1+e}\gamma_w$ |
| 有效重度 有效密度 | $\gamma'$ $\rho'$ | $\gamma' = \gamma_{sat} - \gamma_w = \dfrac{W_s - V_s \gamma_w}{V}$ $\rho' = \rho_{sat} - \rho_w = \dfrac{m_s - V_s \rho_w}{V}$ | kN/m³ | 8~13 | $\gamma' = \dfrac{(d_s - 1)\gamma_w}{1+e}$ |
| 孔隙比 | $e$ | $e = \dfrac{V_V}{V_s}$ | | 砂土 0.3~0.9 黏性土 0.4~1.2 | $e = \dfrac{n}{1-n}$ $e = \dfrac{d_s \gamma_w (1+\omega)}{\gamma} - 1$ |

| 指　标 | 符　号 | 表　达　式 | 单位 | 常　见　值 | 换　算　公　式 |
|---|---|---|---|---|---|
| 孔隙率 | $n$ | $n = \dfrac{V_V}{V} \times 100\%$ | % | 砂土 25% ~ 45%<br>黏性土 30% ~ 60% | $n = \left(\dfrac{e}{1+e}\right) \times 100\%$ |
| 饱和度 | $S_r$ | $S_r = \dfrac{V_w}{V_V}$ | | 0 ~ 1 | $s_r = \dfrac{\omega d_s}{e} = \dfrac{\omega \gamma_d}{n \gamma_w}$ |

注:在换算公式中,含水量 $\omega$ 应用小数代入计算。

**【例题 1-1】** 已知某钻孔原状土样,用体积为 72cm³ 的环刀取样,经试验测得:土的质量 $m_1 = 130\text{g}$,烘干后质量 $m_2 = 115\text{g}$,土粒相对密度 $d_s = 2.70$,试用三相图法求其余的物理性质指标。

**【解】** (1)确定三相草图中的未知量

土样中水的质量 $\qquad m_\omega = m_1 - m_2 = 130 - 115 = 15\text{g}$

土粒体积 $\qquad d_s = \dfrac{m_s}{V_s \rho_w} \Rightarrow V_s = \dfrac{m_s}{d_s \rho_w} = \dfrac{115}{2.70 \times 1.0}$

$\qquad\qquad\qquad = 42.59\text{cm}^3$

孔隙体积 $\qquad V_V = V - V_s = 72 - 42.59 = 29.41\text{cm}^3$

水的体积 $\qquad V_W = \dfrac{m_w}{\rho_w} = \dfrac{15}{1.0} = 15\text{cm}^3$

气相体积 $\qquad V_a = V_V - V_W = 29.41 - 15 = 14.41\text{cm}^3$

将以上所求数据填写在三相草图中,如图 1-9 所示。

(2)确定其余的物理性质指标

土的密度 $\qquad \rho = \dfrac{m}{V} = \dfrac{130}{72} = 1.81\text{g/cm}^3$

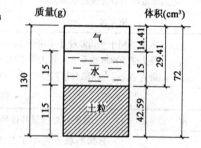

图 1-9　例题 1-1 土的三相计算草图

土的含水量 $\qquad \omega = \dfrac{m_w}{m_s} \times 100\% = \dfrac{15}{115} \times 100\% = 13.04\%$

土的干密度 $\qquad \rho_d = \dfrac{m_s}{V} = \dfrac{115}{72} = 1.60\text{g/cm}^3$

饱和密度 $\qquad \rho_{sat} = \dfrac{m_s + V_V \rho_w}{V} = \dfrac{115 + 29.41 \times 1.0}{72} = 2.01\text{g/cm}^3$

有效密度 $\qquad \rho' = \rho_{sat} - \rho_W = 2.01 - 1.0 = 1.01\text{g/cm}^3$

孔隙比 $\qquad e = \dfrac{V_V}{V_s} = \dfrac{29.41}{42.59} = 0.69$

孔隙率 $\qquad n = \dfrac{V_V}{V} \times 100\% = \dfrac{29.41}{72} \times 100\% = 40.85\%$

饱和度 $\qquad S_r = \dfrac{V_w}{V_V} = \dfrac{15}{29.41} = 0.51$

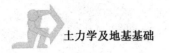

# 第四节　土的物理状态指标

## 一　无黏性土的物理状态指标

无黏性土一般是指具有单粒结构的碎石土、砂土,土粒之间无黏结力。它们最主要的物理状态指标是密实度。

土的密实度是指单位体积土中固体颗粒的含量。根据固体颗粒含量的多少,无黏性土处于从紧密到松散的不同物理状态。当其处于密实状态时,结构较稳定,压缩性小,强度较高,可作为良好的天然地基;而处于松散状态时,稳定性差,压缩性大,强度偏低,属于软弱土。

### (一)碎石土的密实度

碎石土的颗粒较粗,试验时不易取得原状土样。可以根据重型圆锥动力触探锤击数 $N_{63.5}$ 确定其密实度,见表1-3。

碎石土的密实度　　　　　　　　　　　　　　　　表1-3

| 重型圆锥动力触探锤击数 $N_{63.5}$ | $N_{63.5} \leqslant 5$ | $5 < N_{63.5} \leqslant 10$ | $10 < N_{63.5} \leqslant 20$ | $N_{63.5} > 20$ |
|---|---|---|---|---|
| 密实度 | 松散 | 稍密 | 中密 | 密实 |

注:1. 本表适用于平均粒径小于等于50mm且最大粒径不超过100mm的卵石、碎石、圆砾、角砾等碎石土。对于平均粒径大于50mm或最大粒径大于100mm的碎石土可按野外鉴别方法划分其密实度(表1-4);

2. 表内 $N_{63.5}$ 为经综合修正后的平均值。

碎石土的密实度野外鉴别方法　　　　　　　　　　表1-4

| 密　实　度 | 骨架颗粒含量和排列 | 可　挖　性 | 可　钻　性 |
|---|---|---|---|
| 松散 | 骨架颗粒质量小于总质量的55%,排列十分混乱,大部分不接触 | 锹易挖掘,井壁极易坍塌 | 钻进很容易,冲击钻探时,钻杆稍无跳动,孔壁极易坍塌 |
| 稍密 | 骨架颗粒含量等于总重的55%～60%,排列混乱,大部分不接触 | 锹可以挖掘,井壁易坍塌,从井壁取出大颗粒后,砂土立即塌落 | 钻进较容易,冲击钻探时,钻杆稍有跳动,孔壁易坍塌 |
| 中密 | 骨架颗粒质量等于总质量的60%～70%,呈交错排列,大部分接触 | 锹镐可以挖掘,井壁有掉块现象,从井壁取出大颗粒处,能保持颗粒凹面形状 | 钻进较困难,冲击钻探时,钻杆、吊锤跳动不剧烈,孔壁有坍塌现象 |
| 密实 | 骨架颗粒质量大于总质量的70%,呈交错排列,连续接触 | 锹镐挖掘困难,用撬棍方能松动,井壁较稳定 | 钻进极困难,冲击钻探时,钻杆、吊锤跳动剧烈,孔壁较稳定 |

注:密实度应按表列各项特征综合确定。

### (二)砂土的密实度

#### 1. 用孔隙比 $e$ 为标准

对于同一种土,当孔隙比小于某一限度时,处于密实状态。孔隙比愈大,则土愈松散。砂土的这种特性是由它所具有的单粒结构所决定的,用一个指标 $e$ 判别砂土的密实度虽应用方便,但不足之处是它无法反映砂土的颗粒级配情况。例如,对同一种砂土,密砂的孔隙比 $e_1$ 必然小于松砂的孔隙比 $e_2$;为了克服用一个指标 $e$ 难以准确判别级配不同的砂土的缺陷,通常采用相对密实度 $D_r$ 来判别。

2. 以相对密实度 $D_r$ 为标准

$$D_r = \frac{e_{max} - e}{e_{max} - e_{min}} \tag{1-13}$$

式中:$e_{max}$——砂土在最松散状态时的孔隙比,即最大孔隙比;

$e_{min}$——砂土在最密实状态下的孔隙比,即最小孔隙比;

$e$——砂土在天然状态下的孔隙比。

当 $e = e_{min}$,$D_r = 1$ 时,砂土处于最密实状态;当 $e = e_{max}$,$D_r = 0$ 时,砂土处于最松散状态。根据 $D_r$ 值可将砂土分为三种密实状态,见表1-5。

**用相对密度 $D_r$ 判定砂土密实度** 表1-5

| 相对密度 $D_r$ | $0.67 < D_r \leqslant 1$ | $0.33 < D_r \leqslant 0.67$ | $0 \leqslant D_r \leqslant 0.33$ |
|---|---|---|---|
| 密实度 | 密实 | 中密 | 松散 |

3. 以标准贯入实试验 $N$ 为标准

采用相对密实度 $D_r$ 来评定砂土的密实程度,理论上讲是一种好办法,但实际上由于砂土原状土样不易取得,测定天然孔隙比较为困难,加上实验室的测定精度有限,因此计算的相对密实度误差较大。在实际工程中,常用标准贯入试验锤击数 $N$ 来判定砂土的密实程度,见表1-6。

**砂土的密实度** 表1-6

| 标准贯入试验锤击数 $N$ | $N \leqslant 10$ | $10 < N \leqslant 15$ | $15 < N \leqslant 30$ | $N > 30$ |
|---|---|---|---|---|
| 密实度 | 松散 | 稍密 | 中密 | 密实 |

## 二 粉土的物理状态指标

### (一)粉土的密实度

粉土的密实度应根据孔隙比 $e$ 分为稍密、中密和密实三种状态,见表1-7。

**粉土的密实度划分** 表1-7

| 孔隙比 $e$ | $e < 0.75$ | $0.75 \leqslant e \leqslant 0.9$ | $e > 0.9$ |
|---|---|---|---|
| 密实度 | 密实 | 中密 | 稍密 |

### (二)粉土的湿度

粉土的潮湿程度应根据含水量 $\omega(\%)$ 衡量,按含水量数值大小可分为稍湿、湿、很湿三种物理状态,见表1-8。

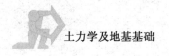 

| 含水量 $\omega(\%)$ | $\omega < 20$ | $20 \leqslant \omega \leqslant 30$ | $\omega > 30$ |
|---|---|---|---|
| 粉土的湿度 | 稍湿 | 湿 | 很湿 |

粉土的湿度划分　　　　表1-8

### 三 黏性土的物理状态指标

黏性土的主要成分是黏粒,土粒间存在黏聚力而使土具有黏性。黏土颗粒很细,土的比表面积(单位体积的颗粒总表面积)大,土粒表面与水作用的能力较强。随着土中含水量变化,土具有不同的物理性质,因此水对黏性土的工程性质影响较大。

黏性土因含水多少而表现出的软硬程度,称为稠度。因含水多少而表现出的不同的物理状态称为黏性土的稠度状态。土的稠度状态因含水量的不同,可表现为固态、半固态、可塑态与流态四种状态。

例如,同一种黏性土,当它的含水量较小时,土呈半固体坚硬状态;当含水量适当增加,土粒间距离加大,土呈现可塑状态;如含水量再增加,土中出现较多的自由水时,黏性土变成流塑状态,如图1-10所示。

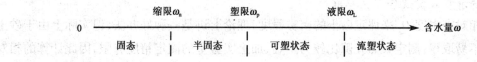

图1-10　黏性土的物理状态与含水量的关系

#### (一)界限含水量

黏性土由一种稠度状态转变为另一种稠度状态时相应的分界含水量称为界限含水量(也称稠度界限)。液限是土由可塑状态转到流塑状态的界限含水量,用 $\omega_L(\%)$ 表示。塑限是土由半固态转到可塑状态的界限含水量,用 $\omega_P$ 表示。缩限是土由固态转到半固态的界限含水量,用 $\omega_n$ 表示。

黏性土的液限与塑限可以采用锥式液限仪进行测定。

#### (二)塑性指数 $I_P$

黏性土中含水量在液限与塑限之间时,土处于可塑状态,具有可塑性,这是黏性土的独特性能。塑性指数 $I_P$ 是液限与塑限的差值(去掉百分号),即:

$$I_P = \omega_L - \omega_P \tag{1-14}$$

塑性指数表示黏性土处于可塑状态的含水量变化范围。一种土的 $\omega_L$ 与 $\omega_P$ 之间的范围越大, $I_P$ 越大,表明该土能吸附的结合水多,即该土黏粒含量高或矿物成分吸水能力强,其可塑性就越强。所以在工程实际中用塑性指数作为黏性土定名的标准。

#### (三)液性指数 $I_L$

液性指数 $I_L$ 是天然含水量与塑限的差值(去掉百分号)与塑性指数之比,即:

$$I_L = \frac{\omega - \omega_P}{\omega_L - \omega_P} \qquad (1\text{-}15)$$

液性指数反映土的软硬程度。当 $\omega < \omega_P$ 时，$I_L < 0$，土呈坚硬状态；当 $\omega > \omega_L$ 时，$I_L > 1$，土处于流塑状态。据液性指数 $I_L$ 大小不同，可将黏性土分为 5 种软硬不同的状态，见表 1-9。

黏性土的状态（GB 50007—2011）　　　　表 1-9

| 液性指数 $I_L$ | $I_L \leq 0$ | $0 < I_L \leq 0.25$ | $0.25 < I_L \leq 0.75$ | $0.75 < I_L \leq 1$ | $I_L > 1$ |
|---|---|---|---|---|---|
| 状态 | 坚硬 | 硬塑 | 可塑 | 软塑 | 流塑 |

【例题 1-2】　从某地基取原状土样，测得土的液限 $\omega_L = 46.8\%$，塑限 $\omega_P = 26.7\%$，天然含水量 $\omega = 38.4\%$，问：(1)地基土为何种土？(2)该地基处于什么状态？

【解】　(1)由下式求塑性指数：

$$I_P = \omega_L - \omega_P = 46.8 - 26.7 = 20.1$$

查表 1-15 黏性土的分类，$I_P = 20.1 > 17$，该土为黏土。

(2)根据下式求液性指数：

$$I_L = \frac{\omega - \omega_P}{\omega_L - \omega_P} = \frac{38.4 - 26.7}{46.8 - 26.7} = 0.58$$

查表 1-9 黏性土的状态，$0.25 < I_L \leq 0.75$，该土处于可塑状态。

### （四）黏性土的灵敏度和触变性

天然状态下的黏性土通常都具有一定的结构性。当受到外来因素的扰动时，黏性土的天然结构被破坏，使强度降低，压缩性增大。土的这种结构性对强度的影响，一般用灵敏度 $S_t$ 来表示，即：

$$S_t = \frac{q_u}{q_u'} \qquad (1\text{-}16)$$

式中：$q_u$——原状土的无侧限抗压强度，kPa；

　　　$q_u'$——重塑土的无侧限抗压强度，kPa。

原状土样是指取样时保持天然状态下土的结构和含水量不变的黏性土样。如土样的结构受到外来因素扰动而彻底破坏（含水量保持不变）时，为重塑土样。

根据灵敏度的大小可将黏性土分为三类，见表 1-10。

黏性土的灵敏度 $S_t$　　　　表 1-10

| 灵敏度 $S_t$ | $S_t > 4$ | $2 < S_t \leq 4$ | $1 < S_t \leq 2$ |
|---|---|---|---|
| 灵敏度划分 | 高灵敏土 | 中灵敏土 | 低灵敏土 |

土的灵敏度越高，其结构性越强，受扰动后土的强度降低就越多。因此在基础工程中，遇灵敏度高的土，施工时应特别注意保护基槽，尽量减少对土的结构的扰动，避免降低地基承载力。

当黏性土的结构受扰动时，土的强度降低。但静置一段时间，土的强度又逐渐增长，这种性质称为土的触变性。这是由于土的结构逐步恢复。例如，在黏性土中打入预制桩，桩侧土的

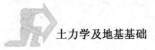

结构受到破坏,强度降低,使桩容易打入。当打桩停止后,土的一部分强度逐渐恢复,桩的承载力将提高。

# 第五节　地基土的工程分类

自然界中可以作为地基的岩土种类很多,为了对其性质进行深入研究,为工程设计与施工提供依据,需要对地基岩土进行科学地分类与定名。

《建筑地基基础设计规范》(GB 50007—2011)规定,作为建筑地基的岩土可分为岩石、碎石土、砂土、粉土、黏性土和人工填土六类。

 岩石

颗粒间牢固联结、呈整体或具有节理裂隙的岩体称为岩石。作为建筑物地基,除应确定岩石的地质名称外,尚应划分其坚硬程度和完整程度。

(1)按坚硬程度划分,见表1-11。

岩石坚硬程度的划分　　　　　　　　表1-11

| 坚硬程度类别 | 坚硬岩 | 较硬岩 | 较软岩 | 软岩 | 极软岩 |
| --- | --- | --- | --- | --- | --- |
| 饱和单轴抗压强度标准值 $f_{rk}$ (MPa) | $f_{rk} > 60$ | $60 \geqslant f_{rk} > 30$ | $30 \geqslant f_{rk} > 15$ | $15 \geqslant f_{rk} > 5$ | $5 \geqslant f_{rk}$ |

注:饱和单轴抗压强度标准值 $f_{rk}$ 按《建筑地基基础设计规范》(GB 50007—2011)附录J确定。

(2)按岩体完整程度划分,见表1-12。

岩石完整程度划分　　　　　　　　表1-12

| 完整程度等级 | 完整 | 较完整 | 较破碎 | 破碎 | 极破碎 |
| --- | --- | --- | --- | --- | --- |
| 完整性指数 | >0.75 | 0.75 ~ 0.55 | 0.55 ~ 0.35 | 0.35 ~ 0.15 | <0.15 |

注:完整性指数为岩体纵波波速与岩块纵波波速之比的平方。选定岩体、岩块测定波速时应有代表性。

 碎石土

粒径 $d > 2mm$ 的颗粒含量超过全重50%的土称为碎石土。

根据土的颗粒形状及粒组含量可分为六类,见表1-13。

碎石土的分类　　　　　　　　表1-13

| 土的名称 | 颗粒形状 | 粒组含量 |
| --- | --- | --- |
| 漂石 | 圆形及亚圆形为主 | 粒径 $d > 200mm$ 的颗粒含量超过全重的50% |
| 块石 | 棱角形为主 | |
| 卵石 | 圆形及亚圆形为主 | 粒径 $d > 20mm$ 的颗粒含量超过全重的50% |
| 碎石 | 棱角形为主 | |
| 圆砾 | 圆形及亚圆形为主 | 粒径 $d > 2mm$ 的颗粒含量超过全重的50% |
| 角砾 | 棱角形为主 | |

注:分类时应根据粒组含量栏从上到下以最先符合者确定。

## 三 砂土

粒径 $d > 2mm$ 的颗粒含量不超过全重 50%，且 $d > 0.075mm$ 的颗粒超过全重 50% 的土称为砂土。

根据土的粒径级配各粒组含量分为五类（表 1-14）。

砂 土 的 分 类　　　　　　　　　　　　　表 1-14

| 土的名称 | 粒 组 含 量 | 土的名称 | 粒 组 含 量 |
|---|---|---|---|
| 砾砂 | 粒径 $d > 2mm$ 的颗粒含量占全重 25%~50% | 细砂 | 粒径 $d > 0.075mm$ 的颗粒含量占全重 85% |
| 粗砂 | 粒径 $d > 0.5mm$ 的颗粒含量占全重 50% | 粉砂 | 粒径 $d > 0.075mm$ 的颗粒含量占全重 50% |
| 中砂 | 粒径 $d > 0.25mm$ 的颗粒含量占全重 50% | | |

注：分类时应根据粒组含量栏由上到下以最先符合者确定。

## 四 粉土

塑性指数 $I_p \leqslant 10$ 且粒径 $d > 0.075mm$ 的颗粒含量不超过全重 50% 的土称为粉土。可根据颗粒级配分为砂质粉土（粒径小于 0.005mm 的颗粒含量不超过全重 10%）和黏质粉土（粒径小于 0.005mm 的颗粒含量超过全重 10%）。

## 五 黏性土

塑性指数 $I_p > 10$ 的土称为黏性土。按塑性指数的大小分为两类（表 1-15）。

黏 性 土 的 分 类　　　　　　　　　　　　　表 1-15

| 塑性指数 $I_p$ | $10 < I_p \leqslant 17$ | $I_p > 17$ |
|---|---|---|
| 土的名称 | 粉质黏土 | 黏土 |

## 六 人工填土

由人类活动堆填形成的各类土称为人工填土。人工填土与上述五大类由大自然生成的土性质不同。按其组成和成因，可分为下列四种：

（1）素填土：由碎石土、砂土、粉土、黏性土等组成的填土。例如，各城镇挖防空洞所弃填的土，这种人工填土不含杂物。

（2）压实填土：经分层压实或夯实的素填土，统称为压实填土。

（3）杂填土：含有建筑垃圾、工业废料、生活垃圾等杂物的填土，称为杂填土。通常大中小城市地表都有一层杂填土。

（4）冲填土：由水力冲填泥砂形成的填土，称为冲填土。例如，天津市一些地区为疏浚海河时连泥带水，抽排至低洼地区沉积而成冲填土。

通常人工填土的成分复杂，压缩性大且不均匀，强度低，工程性质差，一般不宜直接用做

地基。

以上六大类岩土,在工业与民用建筑工程中经常会遇到。此外,还有一些特殊土,如淤泥和淤泥质土、红黏土和次生黏土、湿陷性黄土和膨胀土等,它们都具有特殊的性质,在第十一章区域性地基中详细介绍。

**【例题1-3】** 某三种土A、B、C的颗粒级配曲线如图1-11所示,试按《建筑地基基础设计规范》(GB 50007—2011)的分类法确定三种土的名称。

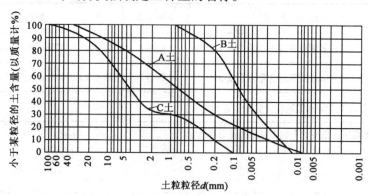

图1-11 例题1-3附图

**【解】** 由图1-14所示的土的颗粒级配曲线可知:

A土:粒径<2mm的占总土质量的67%,粒径<0.075mm占总土质量的21%,满足粒径>2mm的不超过50%,粒径>0.075mm的超过50%的要求,该土属于砂土。

又由于粒径>2mm的占总土质量的33%,满足粒径>2mm占总土质量25%~50%的要求,故此土应命名为砾砂。

B土:粒径>0.075mm占总土质量的52%,属于砂土。同时满足粒径$d>0.075$mm的颗粒含量占全重50%,此土应命名为粉砂。

C土:粒径>2mm的占总土质量的67%,属于碎石土。又粒径>20mm的占总土质量的13%,按碎石土分类表可得,该土应命名为圆砾或角砾。

---

**小 知 识**

### 你知道为什么吗?

《建筑地基基础设计规范》(GB 50007—2011)规定:在单桩竖向静荷载试验中,将预制桩打入土中后,开始试验的时间,对于黏性土不得少于15d,对于饱和软黏土不得少于25d。试用黏性土的触变性解释此项规定。

当把预制桩打入土中时对土有一定的扰动,使土的结构性发生变化,引起强度降低,而打桩停止后,由于土的触变性,土的强度有所恢复,为此规范规定要在打桩后隔一段时间再进行压桩试验。

1. 土的组成

(1)一般土是由三相物质组成的三相体系,各相性质及其相互之间的比例关系决定了土的物理力学性质。而饱和土和干土分别是由两相物质组成。

粗颗粒土一般是由物理风化形成的,如中、粗砂,碎卵石等。而颗粒细小黏性土是由化学风化的产物,主要由黏土矿物构成,并且与水相互作用强烈,其物理状态与特征随含水量而变化。

(2)土的颗粒级配

土的颗粒级配通常以土中各个粒组的相对含量(即各粒组占土粒总质量的百分数)来表示。土的颗粒级配好坏可分别以定性或定量来描述土粒的组成情况:

定性:是根据颗粒级配曲线的形状描述。曲线越平缓,表示粒径范围越广,颗粒大小不均匀,表明土粒级配良好,土密实;颗粒级配曲线越陡,表示颗粒较均匀,土的级配不良,土松散。

定量:工程上用不均匀系数 $C_u$ 表示颗粒级配的不均匀程度,$C_u$ 值越大,土粒分布越不均匀,土的级配良好。工程上一般将 $C_u < 5$ 的土视为级配不好;而 $C_u > 10$ 的土称为级配良好。而曲率系数 $C_c$ 主要反映级配曲线的整体形状。

(3)土中水的分类及性质

$$\text{液态水}\begin{cases}\text{结合水}\begin{cases}\text{强结合水}\\\text{弱结合水}\end{cases}\\\text{自由水}\begin{cases}\text{重力水}\\\text{毛细水}\end{cases}\end{cases}$$
$$\text{固态水}$$
$$\text{气态水}$$

当黏土中只含有强结合水时土呈坚硬状态,而含有大量弱结合水时对黏性土性质影响最大,可使黏性土在一定含水量范围内具有可塑性。重力水能传递静水压力并产生浮力;毛细水的上升对基础防潮和地基土的潮湿程度、冻胀有一定影响。

2. 土的物理性质指标

(1)基本物理指标有三个:土的密度 $\rho$(重度 $\gamma$)、土粒相对密度(土粒比重)$d_s$、含水量 $\omega$,是由实验室直接测定得到,其他各项指标均为导出指标。土的密度之间关系为 $\rho_{sat} > \rho > \rho_d > \rho'$($\gamma_{sat} > \gamma > \gamma_d > \gamma'$)。干密度 $\rho_d$(干重度 $\gamma_d$)主要用于衡量填土质量,位于地下水位以下的土,应考虑浮力的影响用有效重度 $\gamma'$ 计算。

(2)反映土的密实程度的指标:土的密度(重度)、干密度(干重度)、孔隙比、孔隙率。

(3)反映土中潮湿程度的指标:含水量和饱和度(一般用于反映砂土湿度)。

3. 土的物理状态指标

(1)无黏性土特征,主要以密实度评价。当处于密实状态时,结构较稳定,压缩性小,强度较高,可作为良好的天然地基。

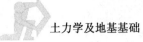 

（2）黏性土的物理状态主要是指它的黏性、塑性和软硬程度。塑性指数 $I_P$ 越大，表明黏性土的黏粒含量高，吸附水能力强、可塑范围越大，土的黏性、塑性越好。工程中根据塑性指数的数值大小给黏性土定名分类。

（3）液性指数是反映黏性土的软硬程度的重要指标，工程上根据液性指数 $I_L$ 大小，将黏性土分为五种软硬不同的状态。

4. 土的工程分类方法

黏性土一般按塑性指数定名分类，无黏性土（未包括岩石）主要按粒径大小和相对含量分类。

# 思 考 题

1. 土由哪几部分组成？土中三相比例的变化对土的性质有什么影响？

2. 何谓土的颗粒级配？何谓级配良好？何谓级配不良？

3. 土体中的土中水包括哪几种？结合水有何特性？

4. 何谓土的结构？土的结构有哪几种？试将各种土的结构的工程性质作一比较。

5. 土的物理性质指标有哪些？其中哪几个可以直接测定？常用测定方法是什么？

6. 土的密度 $\rho$ 与土的重度 $\gamma$ 的物理意义和单位有何区别？说明天然重度 $\gamma$、饱和重度 $\gamma_{sat}$、有效重度 $\gamma'$ 和干重度 $\gamma_d$ 之间的相互关系，并比较其数值的大小。

7. 无黏性土最主要的物理状态指标是什么？

8. 黏性土的物理状态指标是什么？何谓液限？何谓塑限？它们与天然含水量是否有关？

9. 何谓塑性指数？其大小与土颗粒粗细有何关系？

10. 何谓液性指数？如何应用其大小来评价土的工程性质？

11. 地基土（岩）分哪几大类？各类土是如何划分的？

# 综合练习题

1-1 某办公楼工程地质勘察中取原状土做试验，用体积为 $100 cm^3$ 的环刀取样试验，用天平测得环刀加湿土的质量为 245.00g，环刀质量为 55.00g，烘干后土样质量为 215.00g，土粒比重为 2.70。计算此土样的天然密度、干密度、饱和密度、天然含水率、孔隙比、孔隙率以及饱和度，并比较各种密度的大小。

1-2 某完全饱和黏性土的含水量为 45%，土粒相对密度为 2.68，试求土的孔隙比 $e$ 和干重度 $\gamma_d$。

1-3 某住宅地基土的试验中，已测得土的干密度 $\rho_d = 1.64 g/cm^3$，含水率 $\omega = 21.3\%$，土

粒比重 $d_s = 2.65$。计算土的 $e, n$ 和 $S_r$。此土样又测得 $\omega_L = 29.7\%$，$\omega_P = 17.6\%$，计算 $I_P$ 和 $I_L$，描述土的物理状态，定出土的名称。

1-4 有一砂土样的物理性试验结果，标准贯入试验锤击数 $N_{63.5} = 34$，经筛分后各颗粒粒组含量见表1-16。试确定该砂土的名称和状态。

表1-16

| 粒径(mm) | <0.01 | 0.01~0.05 | 0.05~0.075 | 0.075~0.25 | 0.25~0.5 | 0.5~2.0 |
|---|---|---|---|---|---|---|
| 粒组含量(%) | 3.9 | 14.3 | 26.7 | 28.6 | 19.1 | 7.4 |

1-5 已知 A、B 两个土样的物理性试验结果见表1-17。

**A、B 土样的物理性试验结果** 表1-17

| 土 样 | $\omega_L(\%)$ | $\omega_p(\%)$ | $\omega(\%)$ | $d_s$ | $S_r$ |
|---|---|---|---|---|---|
| A | 32.0 | 13.0 | 40.5 | 2.72 | 1.0 |
| B | 14.0 | 5.5 | 26.5 | 2.65 | 1.0 |

试问下列结论中，哪几个是正确的？理由是什么？

①A 土样比 B 土样的黏粒($d < 0.005$mm 颗粒)含量多；

②A 土样的天然密度大于 B 土样；

③A 土样的干密度大于 B 土样；

④A 土样的孔隙率大于 B 土样。

# 第二章 地基应力计算

**【内容提要】**

本章主要讲解了地基土的自重应力、附加应力的基本概念及基本理论。

通过本章的学习,能够解地基土的自重应力和附加应力的基本概念、基本理论(定义、性质、分布规律),了解因地下水位上升、下降和基础工程中大量挖土、填土对地基应力的影响。掌握基底压力的计算;掌握集中荷载和矩形面积均布荷载、三角形分布荷载、梯形分布荷载、条形荷载作用下土中附加应力的计算原理和方法,为验算地基变形和地基承载力奠定基础。

## 第一节 概 述

土中应力是指土体内任意点或任意截面上的平均应力。当地基土承受了建筑物等荷载时,将改变了地基原有的应力状态,使地基中有新的应力增量产生。按其产生的原因和作用效果不同,可分为自重应力和附加应力两种。

自重应力是指土体受到自身重力作用而产生的应力,可分为两种:一种是在建造建筑物之前、早已长期存在地基土中的应力。由于天然土层形成的年代特别久,在自重应力作用下其压缩变形早已稳定,因此,它的存在不会引起地基土产生新的变形;另一种是成土年代不久,土体在自重作用下还没有完成固结,它会引起地基土产生新的变形。

附加应力是指建筑物荷载或其他外荷载(如施工或使用期间的地面堆载等作用)在地基土中产生的应力增量。是引起地基变形的主要原因。由于建筑物建造使地基中的应力状态发生了变化,地基中产生了附加应力,从而引起地基产生新的变形导致基础产生沉降。在工程中如果原有土层的自然状态一旦遭到破坏,例如大面积人工填土或大量挖方弃土对自重应力的影响,将会造成土体失去原有的平衡状态,则可能引起地基产生新的变形。因此,在基础工程中,应尽可能保护原状土不受扰动。若地基应力和变形过大,则可能导致地基丧失整体稳定而破坏。因此,地基应力计算的目的,就是为地基承载力验算和地基变形计算提供计算依据,以保证建筑物的安全和正常使用。

为了简化土中应力计算,一般假定地基土为弹性均质的、各向同性的半无限空间线性变形体,这样就可以采用弹性理论来计算土中应力。虽然与地基土的实际性质不完全一致,但用弹性理论来计算的应力值与实测的土中应力值相差不大,其误差一般不会超过允许范围。

# 第二节　自重应力的计算

## 一　竖向自重应力的计算

计算土中自重应力时,一般假定天然地面为一无限大的水平面,将土体在任意深度处水平面上各点的自重应力视为均匀相等且无限分布;任何竖直面均视为对称面,根据剪应力互等定理,对称面上均质土体中的剪应力均等于零。则作用在地基任意深度处的自重应力就等于单位面积上土柱的重力,如图 2-1 所示。若假设地面下 $z$ 深度内均质土的重度为 $\gamma$,则单位面积上土的竖向自重应力为:

$$\sigma_{cz} = \frac{G}{A} = \frac{\gamma \cdot A \cdot z}{A} = \gamma \cdot z \qquad (2\text{-}1)$$

式中:$\sigma_{cz}$——天然地面以下深度 $z$ 处的自重应力,kPa;

　　　$G$——单位土柱的重力,kN;

　　　$A$——土柱的底面积,$m^2$;

　　　$\gamma$——土的天然重度,$kN/m^3$。

天然地基土一般是由若干不同土质的成层土组成。例如地基由 $n$ 层土组成,则天然地面以下任意深度处土的竖向自重应力为:

$$\sigma_{cz} = \gamma_1 h_1 + \gamma_2 h_2 + \gamma_3 h_3 + \cdots + \gamma_n h_n = \sum_{i=1}^{n} \gamma_i h_i \qquad (2\text{-}2)$$

式中:$n$——从天然地面至深度 $z$ 范围内的土层数;

　　　$h_i$——第 $i$ 层土的厚度,m;

　　　$\gamma_i$——第 $i$ 层土的天然重度,$kN/m^3$。

自重应力的分布规律:在匀质地基中,竖向自重应力沿地基深度呈线性三角形分布,如图 2-1 所示。即土中自重应力的数值大小是与土层厚度 $z$ 成正比,而地基任意深度同一水平面上的自重应力呈均匀分布。当地基由成层土组成时,土的竖向自重应力随地基深度而增加,其应力分布如图 2-2 所示。

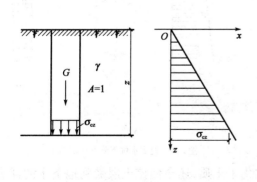

图 2-1　匀质地基土中竖向自重应力

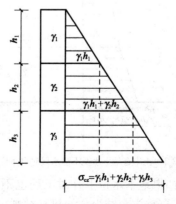

图 2-2　成层土竖向自重应力的分布

## 二 水平自重应力的计算

地基中任意水平面上除作用竖向自重应力外,在竖直面上还作用水平自重应力 $\sigma_{cx}$ 和 $\sigma_{cy}$,根据弹性力学及土体的侧限条件可得:

$$\sigma_{cx} = \sigma_{cy} = K_0 \sigma_{cz} \tag{2-3}$$

式中:$\sigma_{cx}$、$\sigma_{cy}$——$x$、$y$ 方向的水平自重应力,kPa;

$\quad\quad K_0$——土的侧压系数或静止土压力系数,通常通过试验测定。

由上式可知,水平自重应力 $\sigma_{cx}$、$\sigma_{cy}$ 与 $\sigma_{cz}$ 成正比。

## 三 地下水位变化对自重应力的影响

当地基土中含有地下水时,位于地下水位以下的地基土,由于水的浮力作用,使土的自重减轻其自重应力减少。因此,计算水位以下土层的自重应力时,应考虑地下水浮力的影响,相应土层的重度 $\gamma$ 改用土的有效重度 $\gamma'$ 进行计算。在地下水位以下的土层中,若有不透水层,例如岩石或致密的黏土层,如图 2-3 所示,在不透水层界面上下自重应力不相等,即第四层土底面自重应力为:

$$\sigma_{cz} = \gamma_1 h_1 + \gamma_2 h_2 + \gamma'_3 h_3 + \gamma'_4 h_4 \tag{2-4a}$$

不透水层顶面上由于静水压力的作用使其自重应力增加,相应的自重应力也随之增加,则不透水层顶面处的自重应力为:

$$\sigma_{cz} = \gamma_1 h_1 + \gamma_2 h_2 + \gamma'_3 h_3 + \gamma'_4 h_4 + \gamma_w (h_3 + h_4) \tag{2-4b}$$

地下水位变化时将会引起土中自重应力发生变化。当地下水位大幅度下降,会使原水位以下的土层浮力消失其自重应力增加,如图 2-4 所示。地下水位大幅度下降所增加的这部分自重应力其性质属于附加应力。它引起的地基变形应计入地基总变形内。

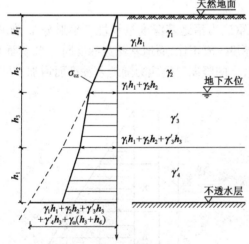

图 2-3 土中有地下水及不透水层时自重应力的分布　　　图 2-4 地下水位下降前后的应力变化

如果地下水位上升对工程也不利,不仅软化了土质,还会使该土层受到地下水的浮力作用,其自重应力减少。如果是在基础工程完工前地下水位回升,则可能导致基坑边坡坍塌。此外,由于水位上升使该土层含水量急剧增加至饱和状态,使土粒之间的摩擦力降低,从而土的承载力也随之降低。

## 四 建筑场地填方整平时地基应力

当建筑场地上进行大面积填土时,由于新填土的自重作用,不仅在该土层中产生自重应力,同时还给地基增加了新的附加应力而引起地基产生新的压密变形。尤其是在软土地区,它将影响建筑物产生过大的沉降甚至破坏。因此,在建筑物沉降计算中,需将填土视为外荷载即大面积附加均布荷载 $\gamma_t h$($\gamma_t$ 为填土重度,$h$ 为填土厚度)作用在天然地面上。这样可以画出如图 2-5 所示的基础中心点下地基竖向应力分布图形。可以看出,在新填土厚度内、应力图形仍然与自重应力规律分布相同,但至填土底面起沿深度呈矩形分布,因该应力不通过基础传递,不存在压力扩散问题。况且填土堆积时间短,在其自重作用下不仅本身要产生压密变形,同时还将引起其下土层产生新的变形,所以,大面积新填土在天然地面下产生的应力属于附加应力。当然,对于堆积很久的所谓多年填土在地基中产生的应力,仍属于自重应力范畴。

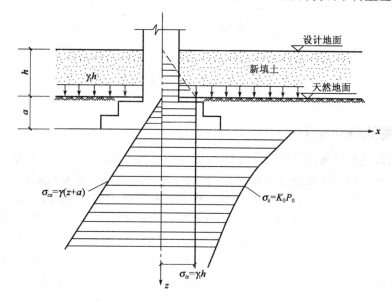

图 2-5　大面积新填土作用下地基应力分布

【例题 2-1】　某建筑物场地的工程地质条件:在天然地面上有新铺大面积填土 2m 厚,填土重度 $\gamma_t = 16.5 \text{kN/m}^3$;天然地面下第一层为粉质黏土层 $h_1 = 3\text{m}$ 厚,其重度 $\gamma_1 = 19\text{kN/m}^3$;第二层为黏土层 $h_2 = 2\text{m}$ 厚,重度 $\gamma_2 = 18.8\text{kN/m}^3$;第三层为砂土层 $h_3 = 4\text{m}$ 厚;该土层顶面为地下水位标高处,如图 2-6 所示,其重度 $\gamma_{3sat} = 20\text{kN/m}^3$;该土层底面为基岩,试计算各土层界面处及地下水位标高处的应力,并绘出自重应力分布图形。

【解】　大面积新填土底面　　　　　$\sigma_z = \gamma_t h_t = 16.5 \times 2 = 33\text{kPa}$

　　粉质黏土底面　　　　　　　　$\sigma_{cz1} = \gamma_1 h_1 = 19 \times 3 = 57\text{kPa}$

　　地下水位标高处　　　　　　　$\sigma_{cz2} = \sigma_{cz1} + \gamma_2 h_2 = 57 + 18.8 \times 2 = 94.6\text{kPa}$

　　砂土层底面　　　　$\sigma_{cz3} = \sigma_{cz2} + \gamma'_3 h_3 = 94.6 + (20 - 9.8) \times 4 = 135.6\text{kPa}$

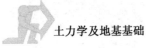
基岩层面　　　　$\sigma_{cz} = \sigma_{cz3} + \gamma_\omega h_3 = 135.6 + 9.8 \times 4 = 174.6 kPa$

由于大面积新填土所产生的自重应力能引起下部土层产生新的变形,故属于附加应力,其应力分布图形,如图 2-6 所示。

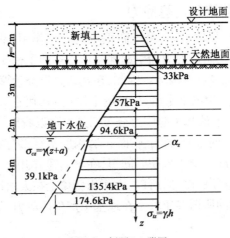

图 2-6　例题 2-1 附图

## 第三节　基底压力的计算

### 一 基底压应力的分布

建筑物荷载是通过基础传给地基的,基底压应力就是基础底面与地基接触单位面积上的压应力,简称为基底压力(也称接触压力)。它的反作用力即地基对基础底面的作用力,称为地基反力。在计算地基中附加应力时,基础底面的压力分布是不可缺少的条件。

由试验及弹性理论可知,基底压应力的分布与基础刚度及基底平面形状、作用于基础上的荷载大小及分布、地基土的性质及基础埋深等因素有关。若基础刚度很小可视为柔性基础。在竖向荷载作用下没有抵抗弯曲变形的能力,基础将随着地基一起变形,因此当基础中心受压时,基底压力呈均匀分布,如图 2-7 所示。如果基础具有足够的刚度可视为刚性的基础。并且放置在地基表面上,根据弹性理论的解,其基底压应力分布,如图 2-8a)中虚线所示。即基底中部压应力较小,而边缘压应力剧增并趋向无穷大,使地基土发生局部剪切破坏。

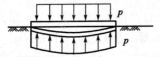

图 2-7　柔性基础基底压力的分布

实测的基底压应力图形,其边缘压应力远小于按弹性理论所确定的值,通常呈现马鞍形分布,如图 2-8a)中实线所示。对黏性土地基,基底压应力图形呈边缘压应力为有限值的抛物线形,如图 2-8b)所示;而砂土地基上却呈边缘压应力为零的钟形分布,如图 2-8c)所示。

由此可见,刚性基础的基底压应力图形还与地基中塑性变形区开展的程度有关。一般情况下,基底压应力是呈非线性分布的。但对于工业与民用建筑常用的基础类型,实用上对具有一定刚度及基底尺寸较小的扩展基础(柱下单独基础、墙下条形基础),基底压应力可近似地按直线分布考虑,并且可按材料力学公式进行简化计算。对于基础刚度较大的十字交叉基础、筏形基础、箱形基础等,应考虑基础刚度的影响,用弹性地基梁板理论确定基底压力。

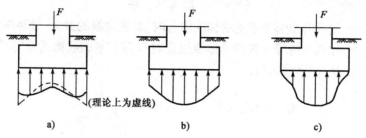

图2-8 刚性基础基底压力的分布

a)马鞍形;b)抛物线形;c)钟形

## 二 基底压力的计算

### 1. 轴心受压基础

在轴心荷载作用下,基底压力呈均匀分布,如图2-9所示,其数值按下列公式计算:

$$p_k = \frac{F_k + G_k}{A} \tag{2-5}$$

式中:$p_k$——相应于荷载标准组合时,基础底面处的平均压力值,kPa;

$F_k$——相应于作用的标准组合时,上部结构传至基础顶面的竖向力值;对于矩形或方形基础。为 kN;对于作用沿基础长度方向均分布的墙下条形基础,则沿长度方向取1m 进行计算,故 $F_K$ 为每延米的相应荷载值,kN/m;

$G_k$——基础自重和基础上的土重,kN,$G_k = \gamma_G \cdot A \cdot d$;

$\gamma_G$——基础及其台阶上回填土的平均重度,一般取 $20kN/m^3$,地下水位以下部分取有效重度 $r'$;

$d$——基础埋置深度,m。对于室内外地面有高差的外墙、外柱,取室内外平均埋深,如图2-9所示;

$A$——基础底面积,$m^2$。

矩形基础 $A = l \times b$,$l$ 为基础长边,$b$ 为基础短边(宽度);

对于条形基础通常沿基础长度方向取单位长度为计算单元,即 $l = 1m$,则:

$$p_k = \frac{F_k + G_k}{b} \tag{2-6}$$

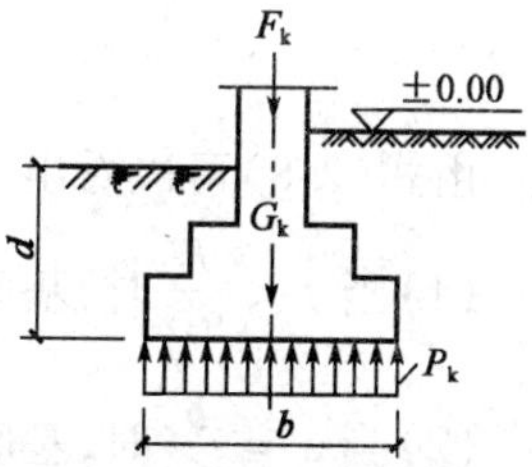

### 2. 偏心受压矩形基础

当偏心荷载不通过基础底面形心,而是作用于矩形基底某一主轴上,使基础处于单向偏心,如图2-10 所示。并假设基底压应力为线性分布,基底边缘压应力可按材料力学短柱的偏心受压公式计算,即:

$$p_{kmax} = \frac{F_k + G_k}{l \cdot b} + \frac{M_k}{W} \tag{2-7a}$$

图2-9 轴心荷载作用下基底压力

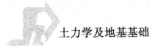 

$$p_{kmin} = \frac{F_k + G_k}{l \cdot b} - \frac{M_k}{W} \qquad (2\text{-}7b)$$

式中:$p_{kmax}$、$p_{kmin}$——分别为相应于作用的标准组合时,基底边缘的最大、最小压力值,kPa;

$\quad M_k$——分别为相应于作用的标准组合时作用于基础底面的弯矩设计值,kN·m;

$\quad M_k$ 计算公式为:

$$M_K = (F_K + G_K) \cdot e \text{ 式中 } e = \frac{M_K}{F_K + G_K}$$

$W$——基础底面的抵抗矩,m³,对于矩形截面:

$$W = \frac{lb^2}{6}$$

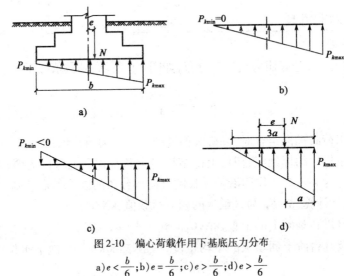

图 2-10　偏心荷载作用下基底压力分布

a)$e < \frac{b}{6}$;b)$e = \frac{b}{6}$;c)$e > \frac{b}{6}$;d)$e > \frac{b}{6}$

若将弯矩 $M_k$ 和 $W$ 表达式代入公式(2-7)中可得

$$p_{kmax} = \frac{F_k + G_k}{l \cdot b}\left(1 + \frac{6e}{b}\right) \qquad (2\text{-}8a)$$

$$p_{kmin} = \frac{F_k + G_k}{l \cdot b}\left(1 - \frac{6e}{b}\right) \qquad (2\text{-}8b)$$

由式(2-8)可以看出:

(1)当 $e < \frac{b}{6}$ 时,基底压力呈梯形分布,$p_{kmin} > 0$,如图 2-10a)所示;

(2)当 $e = \frac{b}{6}$ 时,基底压力呈三角形分布,$p_{kmin} = 0$,如图 2-10b)所示;

(3)当 $e > \frac{b}{6}$ 时,$p_{kmin} < 0$,基底压力出现部分负值,如图 2-10c)所示。

实际上由于基础与地基之间不可能承受拉应力,故此时意味着基础底面将部分与地基脱离,基底实际的压应力为三角形分布。则三角形压应力的合力作用于三角形形心,必然与外荷载 $F_k + G_k$ 大小相等、方向相反而互相平衡。所以,可利用平衡条件列出平衡方程求得基底边缘最大压应力。

$$F_k + G_k = \frac{1}{2} \cdot 3a \cdot l \cdot p_{kmax}$$

则

$$p_{kmax} = \frac{2(F_k + G_k)}{3al} \tag{2-9}$$

式中:$a$——单向偏心竖向荷载作用点至基底最大压应力边缘的距离,$a = \frac{b}{2} - e$,m;

$b$——力矩作用方向的基础底面边长,m;

$l$——垂直于力矩作用方向的基础底面边长,m。

# 第四节　地基附加压力的计算

## 一　基底附加压力

地基附加应力是基底附加应力通过土粒之间的接触点向地基中传递扩散的结果。计算土中附加应力时,通常假定地基土是连续均质的、各向同性的半无限线性变形体,然后应用弹性力学公式求得地基土中的附加应力。

在建造建筑物之前,基础底面处已有自重应力的作用。在建造建筑物之后,上部结构荷载通过基础传至基础底面处将产生基底压力,这与开挖基坑之前相比基础底面的应力增加,其增加的应力即为基底附加压应力。由于基底附加压力向地基传播扩散,将引起地基产生新的变形。建筑物基础需要有一定的埋置深度,因此在基础施工时要把基底标高以上的土挖除,使基底处原来存在的自重应力消失。如果基坑开挖后施加在基底的压应力为 $p_k$,则基底附加压力 $P_0$ 在数值上应等于基底压应力 $p_k$ 减去基底处土的自重应力 $\sigma_{cd}$,如图 2-11 所示,即

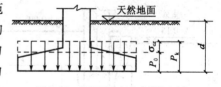

图 2-11　基底压力与基底附加压力

$$p_0 = p_k - \sigma_{cd} = p_k - \gamma_m \cdot d \tag{2-10}$$

式中:$p_0$——基础底面处平均附加压力,kPa;

$\sigma_{cd}$——基础底面处的自重应力,kPa;

$d$——从天然地面算起的基础埋深,m;

$\gamma_m$——基底标高以上各天然土层的加权平均重度(其中位于地下水位以下部分的取有效重度,单位 $kN/m^3$):

$$\gamma_m = \frac{\sum_{i=1}^{n} \gamma_i z_i}{d} \tag{2-11}$$

【例题 2-2】　某柱下独立基础底面积尺寸为 $l \times b = 3 \times 2 m^2$,上部结构传来轴向力 $F_k = 980kN$,基础埋深 $d = 1.5m$,室内外高差为 $0.6m$,如图 2-12 所示,试求基底压力 $p$ 和基底附加压力 $p_0$。

【解】
$$d = 1.5 + \frac{0.6}{2} = 1.8\text{m}$$

$$G_k = \gamma_G A d = 20 \times 3 \times 2 \times 1.8 = 216\text{ kN}$$

$$p_k = \frac{F_k + G_k}{A} = \frac{980 + 216}{3 \times 2} = 193.33\text{kPa}$$

$$\gamma_m = \frac{\sum \gamma_i z_i}{d} = \frac{17 \times 0.5 + 18.6 \times 1}{1.5} = 18.1\text{kN/m}^3$$

$$P_0 = p - \sigma_{cd} = p_k - \gamma_m d = 199.33 - 18.1 \times 1.5 = 172.18\text{kPa}$$

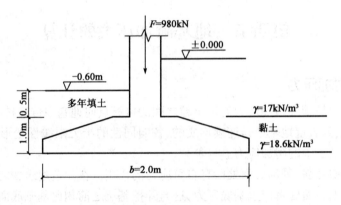

图 2-12　例题 2-2 附图

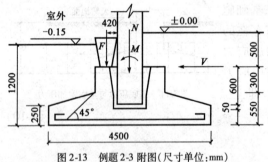

图 2-13　例题 2-3 附图(尺寸单位:mm)

【**例题 2-3**】　某单层厂房柱下单独基础如图 2-13 所示,在基础顶面传来内力标准值:$N_k = 600\text{kN}$,$M_k = 150\text{kN} \cdot \text{m}$,$V_k = 28\text{kN}$,基础梁传来竖向力设计值 $F_k = 210\text{kN}$,柱截面尺寸为 400mm×600mm,基础埋深 $d = 1.2\text{m}$,基础底面尺寸初步确定为 $l \times b = 4.5 \times 3\text{m}^2$,试求基底最大和最小压力以及基底平均压力。

【解】　取 $d = \dfrac{1200 + 1350}{2} = 1275\text{mm}$。

$$G_k = \bar{\gamma} \cdot A \cdot d = 20 \times 4.5 \times 3 \times 1.275 = 344.25\text{kN}$$

$$\sum N_k = N_k + G_k + F_k = 600 + 344.25 + 210 = 1154.25\text{kN}$$

$$\sum M_k = M_k + V_k h + F_k e = 150 + 28 \times 0.85 + 210 \times 0.42 = 262\text{kN} \cdot \text{m}$$

$$e = \frac{\sum M_k}{\sum N_k} = \frac{262}{1154.25} = 0.227\text{m} < \frac{l}{6} = 0.75\text{m}$$

$$\frac{p_{kmax}}{p_{kmin}} = \frac{\sum N}{A}\left(1 \pm \frac{6e}{l}\right) = \frac{1154.25}{4.5 \times 3}\left(1 \pm \frac{6 \times 0.227}{4.5}\right) = \frac{111.38}{59.85}\text{kPa}$$

$$\frac{p_{kmax} + p_{kmin}}{2} = \frac{113.85 + 59.85}{2} = 85.62 \text{kPa}$$

## 二 竖向集中荷载作用下土中附加应力

在半无限线性变形体表面作用一个集中荷载时,地基中任意一点 $M(x、y、z)$ 处将有六个应力分量及三个位移分量,如图 2-14 所示。1885 年法国学者布辛奈斯克于用弹性理论对此推出了它们的解。由于在建筑工程中,建筑物荷载主要以竖向荷载为主,对基础沉降计算意义最大的是竖向应力。因此下面主要介绍地基中任意一点 $M$ 处的竖向附加应力 $\sigma_z$ 的表达式。

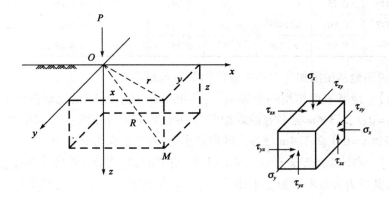

图 2-14 竖向集中力作用下土中应力

即

$$\sigma_z = \frac{3p}{2\pi} \cdot \frac{z^3}{R^5} = \frac{3p}{2\pi R^2} \cos^3\theta \qquad (2-12)$$

式中:$p$——作用于坐标原点 $O$ 的竖向集中荷载,kN;

$z$——$M$ 点的深度,m;

$R$——集中荷载作用点(即坐标原点 $O$)至 $M$ 点的直线距离,m。

$$R = \sqrt{x^2 + y^2 + z^2} = \sqrt{r^2 + z^2} = \frac{z}{\cos\theta}$$

为了计算方便起见,利用图 2-14 中的几何关系 $R^2 = \sqrt{r^2 + z^2}$ 代入公式(2-12)可得:

$$\sigma_z = \frac{3p}{2\pi} \cdot \frac{z^3}{(r^2 + z^2)^{5/2}} = \frac{3}{2\pi} \cdot \frac{1}{[(r/z)^2 + 1]^{5/2}} \cdot \frac{p}{z^2} = K \cdot \frac{p}{z^2} \qquad (2-13)$$

式中:$K$——集中荷载作用下土中竖向附加应力系数,它是 $r/z$ 的函数,可根据 $r/z$ 由表 2-1 查得:

$$K = \frac{3p}{2\pi} \cdot \frac{1}{[(r/z)^2 + 1]^{5/2}}$$

$r$——集中荷载作用点至计算点 $M$ 在 $Oxy$ 平面上投影点 $M'$ 的水平距离,m。

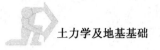

集中荷载作用下土中竖向附加压力系数 $K$         表 2-1

| $r/z$ | $K$ | $r/z$ | $K$ | $r/z$ | $K$ | $r/z$ | $K$ | $r/z$ | $K$ |
|---|---|---|---|---|---|---|---|---|---|
| 0 | 0.4775 | 0.45 | 0.3011 | 0.90 | 0.1083 | 1.35 | 0.0357 | 2.00 | 0.0085 |
| 0.05 | 0.4745 | 0.50 | 0.2733 | 0.95 | 0.0956 | 1.40 | 0.0317 | 2.10 | 0.0070 |
| 0.10 | 0.4657 | 0.55 | 0.2466 | 1.00 | 0.0844 | 1.45 | 0.0282 | 2.30 | 0.0048 |
| 0.15 | 0.4516 | 0.60 | 0.2214 | 1.05 | 0.0744 | 1.50 | 0.0251 | 2.50 | 0.0034 |
| 0.20 | 0.4329 | 0.65 | 0.1978 | 1.10 | 0.0658 | 1.55 | 0.0224 | 3.00 | 0.0015 |
| 0.25 | 0.4103 | 0.70 | 0.1762 | 1.15 | 0.0581 | 1.60 | 0.0200 | 3.50 | 0.0007 |
| 0.30 | 0.3849 | 0.75 | 0.1565 | 1.20 | 0.0513 | 1.70 | 0.0160 | 4.00 | 0.0004 |
| 0.35 | 0.3577 | 0.80 | 0.1386 | 1.25 | 0.0454 | 1.80 | 0.0129 | 4.50 | 0.0002 |
| 0.40 | 0.3294 | 0.85 | 0.1226 | 1.30 | 0.0402 | 1.90 | 0.0105 | 5.00 | 0.0001 |

下面举例说明地基中附加应力的扩散作用及分布规律。

**【例题 2-4】** 地基表面作用一个集中力 $p = 400\mathrm{kN}$,试求:(1)沿地基深度 $z = 2\mathrm{m}$ 水平面上,水平距离 $r = 0$、1、2、3、4m 处各点的附加应力,并绘出应力分布图;(2)求集中力作用线(即 $r = 0$)距地基表面 $z = 0$、1、2、3、4m 处各点的附加应力,并绘出应力分布图。

**【解】** (1)分别计算地基 $z = 2\mathrm{m}$ 水平面上各点的附加应力 $\sigma_z$,并将计算过程与计算结果列于表 2-2 中,其应力分布图形如图 2-15 所示。(2)将地基中 $r = 0$ 竖直线上各计算点的附加应力 $\sigma_z$ 的计算过程与结果列于表 2-3 中,其应力分布图形如图 2-15 所示。

表 2-2

| $z(\mathrm{m})$ | $r(\mathrm{m})$ | $\dfrac{r}{z}$ | $K$ | $\sigma_z = K\dfrac{p}{z^2}(\mathrm{kPa})$ |
|---|---|---|---|---|
| 2 | 0 | 0 | 0.4775 | 47.75 |
| 2 | 1 | 0.5 | 0.2733 | 27.33 |
| 2 | 2 | 1.0 | 0.0844 | 8.44 |
| 2 | 3 | 1.5 | 0.0251 | 2.51 |
| 2 | 4 | 2.0 | 0.0085 | 0.85 |

表 2-3

| $z(\mathrm{m})$ | $r(\mathrm{m})$ | $\dfrac{r}{z}$ | $K$ | $\sigma_z = K\dfrac{p}{z^2}(\mathrm{kPa})$ |
|---|---|---|---|---|
| 0 | 0 | 0 | 0.4775 | $\infty$ |
| 1 | 0 | 0 | 0.4775 | 191.0 |
| 2 | 0 | 0 | 0.4775 | 47.75 |
| 3 | 0 | 0 | 0.4775 | 21.20 |
| 4 | 0 | 0 | 0.4775 | 12.00 |

由图 2-15 可归纳地基中附加应力的分布规律为:

(1)在地基任意深度同一水平面上的附加应力不相等,基底中心线上应力数值最大,向两侧逐渐减小；

（2）地基附加应力随土层深度增加其值逐渐减小，但压力范围扩散分布的越广。

当地基表面作用有两个（或两个以上）相邻集中荷载时，则土中任一平面上各点的应力均可应用叠加原理进行计算，即为 $p_1$、$p_2$ 在该平面引起的应力之和，如图 2-16 中 abcd 曲线所示。

由此可见，在相邻荷载特别是相邻新建筑物荷载作用下，由于附加应力的扩散、叠加作用如图 2-17 所示，会影响相邻新建筑物特别是相邻旧建筑物产生附加沉降。

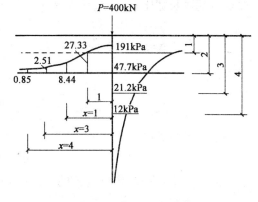

图 2-15　例题 2-4 附图（尺寸单位：m）

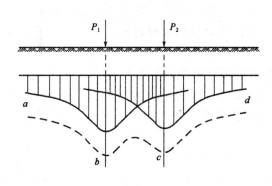

图 2-16　地基中应力叠加现象

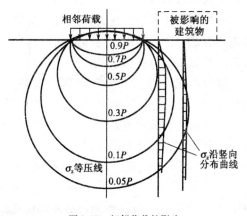

图 2-17　相邻荷载的影响

## （三）矩形面积均布荷载作用下土中竖向附加应力的计算

### 1. 矩形面积均布荷载角点下任意深度附加应力

轴心受压基础，基底压力和基底附加压力一般视为均匀分布，如图 2-18 所示。那么，当矩形基底面积上作用均布荷载 $p_0$（kPa）时，计算矩形荷载面角点 $O$ 轴线上、地基任意深度处 $M$ 点附加应力的具体方法是：在矩形荷载面上取一无穷小的受荷面积 $dA = dx \cdot dy$，以集中力 $dp = P_0 \cdot dx \cdot dy$ 代替这个微分面积上的均布荷载，然后应用公式（2-12）求得在该集中力 $dP$ 的作用下、地基任意深度 $M$ 点处所引起的竖向附加应力 $\sigma_z$。即

$$d\sigma_z = \frac{3dp}{2\pi} \cdot \frac{z^3}{R^5} = \frac{3p_0 \cdot dx \cdot dy \cdot z^3}{2\pi(x^2 + y^2 + z^2)^{5/2}}$$

$$\sigma_z = \frac{3p_0 z^3}{2\pi} \int_0^l \int_0^b \frac{dx \cdot dy}{(x^2 + y^2 + z^2)^{5/2}}$$

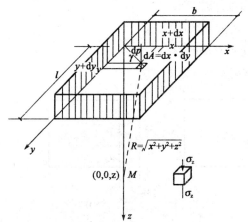

图 2-18　矩形面积均布荷载角点下附加

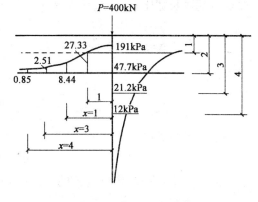

若令基底长宽比 $m = l/b$,深宽比 $n = z/b$,则得:

$$\sigma_z = \frac{p_0}{2\pi}\left[\arctan\frac{m}{n\cdot\sqrt{1+m^2+n^2}} + \frac{mn(1+m^2+2n^2)}{(m^2+n^2)(1+n^2)\sqrt{1+m^2+n^2}}\right]$$

为计算方便,令:

$$\alpha = \frac{1}{2\pi}\left[\arctan\frac{m}{n\cdot\sqrt{1+m^2+n^2}} + \frac{mn(1+m^2+2n^2)}{(m^2+n^2)(1+n^2)\sqrt{1+m^2+n^2}}\right]$$

则上式可写成:

$$\sigma_z = \alpha \cdot p_0 \tag{2-14}$$

式中:$\alpha$——矩形均布荷载角点下的竖向附加应力系数,它是 $l/b$ 和 $z/b$ 的函数,可由表 2-4 查得。

**2. 角点法的应用**

凡是利用角点下的应力计算公式及叠加原理计算土中任意点 $M$ 处附加应力的方法,均可称为角点法。则矩形面积均布荷载角点下土中任意深度 $M$ 处附加应力的计算,可应用角点法求得。角点法的具体做法是:

通过基底平面上任意点 $M$(即地基中计算点 $M$ 在基底平面上的投影点)作一些相应的辅助线,使 $M$ 点成为几个小矩形的公共角点,$M$ 点以下深度 $z$ 处的竖向附加应力 $\sigma_z$ 就等于这几个小矩形荷载在该深度处所引起的应力之和。下面根据地基中 $M$ 点的位置不同列出四种情况,分别说明角点法的具体应用:

(1)如图 2-19a)所示,当 $M$ 点作用在矩形均布荷载面以内时,有:

$$\sigma_{zM} = p_0(\alpha_{\mathrm{I}} + \alpha_{\mathrm{II}} + \alpha_{\mathrm{III}} + \alpha_{\mathrm{IV}})$$

式中:　　　$p_0$——基础底面处的平均附加压力,kPa;

$\alpha_{\mathrm{I}}$、$\alpha_{\mathrm{II}}$、$\alpha_{\mathrm{III}}$、$\alpha_{\mathrm{IV}}$——分别为小矩形荷载面 Ⅰ、Ⅱ、Ⅲ、Ⅳ 的角点下附加应力数,可分别根据 $l_i/b_i$、$z_i/b_i$($l_i b_i$ 为每个小矩形的长边和短边)由表 2-4 查得。

(2)如图 2-19b)所示,当 $M$ 点作用在矩形荷载面某一边缘上时,有:

$$\sigma_{zM} = p_0(\alpha_{\mathrm{I}} + \alpha_{\mathrm{II}})$$

(3)如图 2-19c)所示,当 $M$ 点作用在矩形荷载面以外时,有:

$$\sigma_{zM} = p_0(\alpha_{mecg} - \alpha_{medh} + \alpha_{mgbf} - \alpha_{mhaf})$$

(4)如图 2-19d)所示,当 $M$ 点作用在矩形荷载角点外侧时,有:

$$\sigma_{zM} = p_0(\alpha_{mech} - \alpha_{medg} - \alpha_{mfbh} + \alpha_{mfag})$$

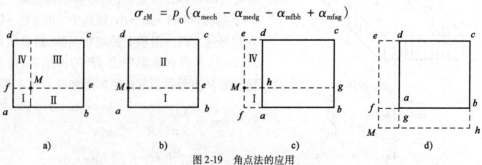

图 2-19　角点法的应用

a)$M$ 点在荷载面以内;b)$M$ 点在荷载面边缘;c)$M$ 点荷载面以外;d)$M$ 点在荷载面角点外侧

### 3. 矩形均布荷载中心点下任意深度附加应力

根据土中附加应力分布规律可知,在基底任意深度同一水平面上,一般是基础中心线上的竖向附加应力数值最大,相应的引起的地基变形也较大。因此,基础最终沉降量计算,一般是指基础中心点下的沉降量。基础中心点下的附加应力 $\sigma_{zo}$ 可应用角点法求得。为此,首先须将矩形荷载面(即矩形基底)划分为四块相等的小矩形面积,使 M 点成为这四块小矩形面积的公共角点,如图 2-20 所示,这时基础中心点以下 Z 深度处的附加应力 $\sigma_{zo}$ 计算公式为:

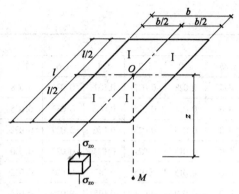

图 2-20  矩形均布荷载中心点下任意深度附加应力

$$\sigma_{zo} = 4 \cdot \alpha_I \cdot p_0 \tag{2-15}$$

矩形面积均布荷载角点下竖向附加应力系数 $\alpha$    表 2-4

| z/b | \multicolumn{12}{c}{l/b} |
|---|---|---|---|---|---|---|---|---|---|---|---|---|
|  | 1.0 | 1.2 | 1.4 | 1.6 | 1.8 | 2.0 | 3.0 | 4.0 | 5.0 | 6.0 | 10 | 条形 |
| 0.0 | 0.250 | 0.250 | 0.250 | 0.250 | 0.250 | 0.250 | 0.250 | 0.250 | 0.250 | 0.250 | 0.250 | 0.250 |
| 0.2 | 0.249 | 0.249 | 0.249 | 0.249 | 0.249 | 0.249 | 0.249 | 0.2492 | 0.249 | 0.249 | 0.249 | 0.249 |
| 0.4 | 0.240 | 0.242 | 0.243 | 0.243 | 0.244 | 0.244 | 0.244 | 0.244 | 0.244 | 0.244 | 0.244 | 0.244 |
| 0.6 | 0.223 | 0.228 | 0.230 | 0.232 | 0.232 | 0.233 | 0.234 | 0.234 | 0.234 | 0.234 | 0.234 | 0.234 |
| 0.8 | 0.200 | 0.208 | 0.212 | 0.215 | 0.216 | 0.218 | 0.220 | 0.220 | 0.220 | 0.220 | 0.220 | 0.220 |
| 1.0 | 0.175 | 0.185 | 0.191 | 0.196 | 0.198 | 0.200 | 0.203 | 0.204 | 0.204 | 0.204 | 0.204 | 0.205 |
| 1.2 | 0.152 | 0.163 | 0.171 | 0.176 | 0.179 | 0.182 | 0.187 | 0.188 | 0.189 | 0.189 | 0.189 | 0.189 |
| 1.4 | 0.131 | 0.142 | 0.151 | 0.157 | 0.161 | 0.164 | 0.171 | 0.173 | 0.174 | 0.174 | 0.174 | 0.174 |
| 1.6 | 0.112 | 0.124 | 0.133 | 0.140 | 0.145 | 0.148 | 0.157 | 0.159 | 0.16 | 0.160 | 0.160 | 0.160 |
| 1.8 | 0.097 | 0.108 | 0.117 | 0.124 | 0.129 | 0.133 | 0.143 | 0.146 | 0.147 | 0.148 | 0.148 | 0.148 |
| 2 | 0.084 | 0.095 | 0.103 | 0.110 | 0.116 | 0.120 | 0.131 | 0.135 | 0.136 | 0.137 | 0.137 | 0.137 |
| 2.2 | 0.073 | 0.083 | 0.092 | 0.098 | 0.104 | 0.108 | 0.121 | 0.125 | 0.126 | 0.127 | 0.128 | 0.128 |
| 2.4 | 0.064 | 0.073 | 0.081 | 0.088 | 0.093 | 0.098 | 0.111 | 0.116 | 0.118 | 0.118 | 0.119 | 0.119 |
| 2.6 | 0.057 | 0.065 | 0.073 | 0.079 | 0.084 | 0.089 | 0.102 | 0.107 | 0.11 | 0.111 | 0.112 | 0.112 |
| 2.8 | 0.05 | 0.058 | 0.065 | 0.071 | 0.076 | 0.081 | 0.094 | 0.100 | 0.102 | 0.104 | 0.105 | 0.105 |
| 3 | 0.045 | 0.052 | 0.058 | 0.064 | 0.069 | 0.073 | 0.087 | 0.093 | 0.096 | 0.097 | 0.099 | 0.099 |
| 3.2 | 0.040 | 0.047 | 0.053 | 0.058 | 0.063 | 0.067 | 0.081 | 0.087 | 0.09 | 0.092 | 0.093 | 0.094 |
| 3.4 | 0.036 | 0.042 | 0.048 | 0.053 | 0.057 | 0.061 | 0.075 | 0.081 | 0.085 | 0.086 | 0.088 | 0.089 |
| 3.6 | 0.033 | 0.038 | 0.043 | 0.048 | 0.052 | 0.056 | 0.069 | 0.076 | 0.080 | 0.082 | 0.084 | 0.084 |
| 3.8 | 0.030 | 0.035 | 0.040 | 0.044 | 0.048 | 0.052 | 0.065 | 0.072 | 0.075 | 0.077 | 0.080 | 0.080 |
| 4.0 | 0.027 | 0.032 | 0.036 | 0.040 | 0.044 | 0.048 | 0.060 | 0.067 | 0.071 | 0.073 | 0.076 | 0.076 |
| 4.2 | 0.025 | 0.029 | 0.033 | 0.037 | 0.041 | 0.044 | 0.056 | 0.063 | 0.067 | 0.070 | 0.072 | 0.073 |

| z/b | 1.0 | 1.2 | 1.4 | 1.6 | 1.8 | 2.0 | 3.0 | 4.0 | 5.0 | 6.0 | 10 | 条形 |
|-----|-----|-----|-----|-----|-----|-----|-----|-----|-----|-----|-----|------|
| 4.4 | 0.023 | 0.027 | 0.031 | 0.034 | 0.038 | 0.041 | 0.053 | 0.060 | 0.064 | 0.066 | 0.069 | 0.070 |
| 4.6 | 0.021 | 0.025 | 0.028 | 0.032 | 0.035 | 0.038 | 0.049 | 0.056 | 0.061 | 0.063 | 0.066 | 0.067 |
| 4.8 | 0.019 | 0.023 | 0.026 | 0.029 | 0.032 | 0.035 | 0.046 | 0.053 | 0.058 | 0.062 | 0.064 | 0.064 |
| 5.0 | 0.018 | 0.021 | 0.024 | 0.027 | 0.030 | 0.033 | 0.043 | 0.050 | 0.055 | 0.057 | 0.061 | 0.062 |
| 6.0 | 0.013 | 0.015 | 0.017 | 0.020 | 0.022 | 0.024 | 0.033 | 0.039 | 0.043 | 0.046 | 0.051 | 0.052 |
| 7.0 | 0.009 | 0.011 | 0.013 | 0.015 | 0.013 | 0.018 | 0.025 | 0.031 | 0.035 | 0.038 | 0.043 | 0.045 |
| 8.0 | 0.007 | 0.009 | 0.010 | 0.011 | 0.010 | 0.014 | 0.020 | 0.025 | 0.028 | 0.031 | 0.037 | 0.039 |
| 9.0 | 0.006 | 0.007 | 0.008 | 0.009 | 0.010 | 0.011 | 0.016 | 0.020 | 0.024 | 0.026 | 0.032 | 0.035 |
| 10.0 | 0.005 | 0.006 | 0.007 | 0.007 | 0.008 | 0.009 | 0.013 | 0.017 | 0.020 | 0.022 | 0.028 | 0.032 |

**【例题 2-5】** 有两个基础的埋深和基底附加压力 $p_0$ 相同而基础底面积不同,其甲、乙基础底面积分别为 $4 \times 2 m^2$ 和 $2 \times 2 m^2$,如图 2-20 所示,其上都作用矩形均布荷载 $p_0 = 200 kPa$,(1)当不考虑相邻荷载的影响时,试求甲基础中心点下 $Z = 2m$ 深度处的竖向附加应力;(2)考虑相邻荷载的影响,试求甲基础中心点下、深度 $Z = 2m$ 处所产生的附加应力。

**【解】** (1)按角点法先将方形基础甲底面积 $4 \times 2 m^2$ 荷载面,通过基底中心点 $O$ 划分为四块小面积,每块小面积均为 $2 \times 1 m^2$,如图 2-21 所示;长宽比 $l/b = 2/1 = 2$;深宽比 $z/b = 2/1 = 2$,查表 2-4 可得 $\alpha_I = 0.12$,则:

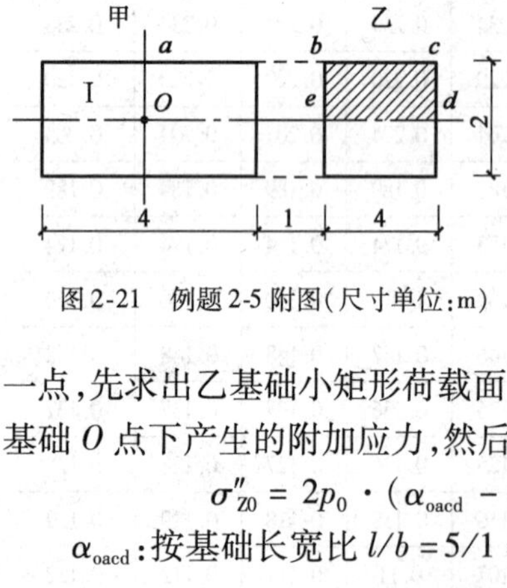

图 2-21 例题 2-5 附图(尺寸单位:m)

$$\sigma'_{Z0} = 4 \cdot \alpha_1 \cdot p_0 = 4 \times 0.12 \times 200 = 96 \text{ kPa}$$

(2)考虑相邻荷载的影响,计算由乙基础荷载在甲基础中心点下、深度 $Z = 2m$ 处所产生的附加应力,可根据角点法将甲基础中心点 $O$ 点视为乙基础矩形荷载面以外的一点,先求出乙基础小矩形荷载面 ebcd(即用大矩形面积 oacd 减去小矩形阴影面积 oabe)在甲基础 $O$ 点下产生的附加应力,然后再乘以 2 倍。即:

$$\sigma''_{Z0} = 2 p_0 \cdot (\alpha_{oacd} - \alpha_{oabe}) = 2 \times 200 \times (0.136 - 0.131) = 2 kPa$$

$\alpha_{oacd}$:按基础长宽比 $l/b = 5/1 = 5$;深宽比 $z/b = 2/1 = 2$,查表 2-2 得:

$$\alpha_{oacd} = 0.136$$

$\alpha_{oabe}$:按基础长宽比 $l/b = 3/1 = 3$;深宽比 $z/b = 2/1 = 2$,查表 2-2 得:

$$\alpha_{oacd} = 0.131$$

(3)求甲基础中心 $O$ 点下产生的附加应力总和为:

$$\sigma_{Z0} = \sigma'_{Z1} + \sigma''_{Z2} = 96 + 2 = 98 kPa$$

**【例题 2-6】** 有一幢高层建筑地下室及基础(筏形基础)高度 6m,平面为 $64m \times 16m$,房屋上部结构荷载和基础总重量为 164000kN,目前考虑了三种不同的基础埋深,即 $d = 2m$,$d = 4m$,$d = 6m$。地基土的重度 $\gamma = 18 kN/m^3$,地下水埋藏深度地面下 13m 处,试比较基础在三种不同埋置深度情况下地基中附加应力有何不同。

**【解】** （1）求三种不同基础埋深情况基底附加应力 $p_0$，将计算结果列于表 2-5 中。

表 2-5

| 基底附加应力        基础埋深 | $d_1=2\text{m}$ | $d_2=4\text{m}$ | $d_3=6\text{m}$ |
|---|---|---|---|
| $p_K=\dfrac{F_K+G_K}{A}$ | $p_K=\dfrac{164000}{64\times16}=160\ \text{kPa}$ | 160 | 160 |
| $\sigma_{cz}=\gamma\cdot d$ | $\sigma_{cz}=18\times2=36\text{kPa}$ | 72 | 108 |
| $p_0=p_K-\sigma_{cz}$ | $p_0=200-36=124\text{kPa}$ | 88 | 52 |

（2）求三种不同基础埋深情况、基础中心点下地基附加应力，$\sigma_z=4\alpha\cdot p_0$ 并将计算结果列于表 2-6 中。小矩形 $32\times8\text{m}^2$，即 $l=32\text{m}$，$b=8\text{m}$。

表 2-6

| 点 | $l/b$ | $Z(\text{m})$ | $z/b$ | $\alpha$ | $\sigma_{Z1}(\text{kPa})$ | $\sigma_{Z2}(\text{kPa})$ | $\sigma_{Z3}(\text{kPa})$ |
|---|---|---|---|---|---|---|---|
| 0 | | 0 | 0 | 0.2500 | 124.0 | 88.00 | 52.00 |
| 1 | $32/8=4$ | 3.2 | 0.4 | 0.244 | 121.0 | 85.90 | 50.80 |
| 2 | | 6.4 | 0.8 | 0.220 | 109.1 | 77.40 | 45.80 |
| 3 | | 9.6 | 1.2 | 0.188 | 93.25 | 66.20 | 39.10 |

由此表明，在基底压力不变的情况下，增加基础埋置深度，地基附加应力随之减少。另外，在不同埋深的条件下，基底附加应力越大，地基中附加应力也越大，相应的影响范围（指深、广）也越大。

## 四 矩形面积三角形分布荷载角点下竖向附加应力

1. 求压力为零的角点 1 轴线上的竖向附加应力 $\sigma_{Z1}$

如图 2-22 所示，在矩形面积上作用三角形分布荷载 $p_{(x)}=p\dfrac{x}{b}$（即荷载在宽度为 $b$ 的边长上呈三角形分布），沿另一边 $l$ 的荷载分布不变，试求通过矩形面积角点 1（荷载为零值边的角

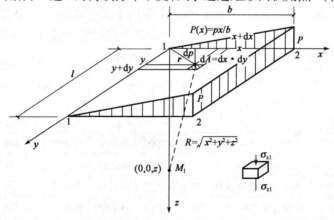

图 2-22　矩形面积三角形荷载角点 1 下附加应力 $\sigma_{Z1}$

点)轴线上地基任意深度 $Z$ 处的竖向附加应力 $\sigma_{Z1}$。其具体方法:取荷载零值边的角点 1 为坐标原点,在荷载面内某点 $(x、y)$ 处取一无穷小受荷面积 $dA = dx \cdot dy$,并以集中力代替 $dp = p_0 \cdot \frac{x}{b} \cdot dx \cdot dy$,这个微分面积上的分布载。然后应用式(2-12)以积分法求得由于该集中力 $dp$ 的作用下,在角点 1 下任意深度处 $M_1$ 点所引起的竖向附加应力 $\sigma_{Z1}$,即

$$d\sigma_{Z1} = \frac{3dp}{2\pi} \cdot \frac{Z^3}{R^5} = \frac{3p_0 x \cdot dx \cdot dy \cdot Z^3}{2\pi b(x^2 + y^2 + Z^2)^{5/2}}$$

将上式对整个矩形面积积分:

$$\sigma_{Z1} = \frac{3dpZ^3}{2\pi b} \int_0^1 \int_0^b \frac{x \cdot dx \cdot dy}{(x^2 + y^2 + Z^2)^{5/2}}$$

若令 $m = a/b, n = Z/b$,则得:

$$\sigma_{Z1} = \alpha_{t1} \cdot p_0 \qquad (2\text{-}16)$$

式中: $\alpha_{t1} = \frac{mn^3}{2\pi}\Big[\frac{1}{n^2\sqrt{m^2 + n^2}} - \frac{1}{(1 + n^2)\sqrt{1 + m^2 + n^2}}\Big]$。

**2. 求压力最大值角点 2 轴线上的竖向附加应力 $\sigma_{Z2}$**

同理,如图 2-23 所示,应用角点法也可以求荷载最大值边角点 2 下任意深度 $Z$ 处 $M_2$ 点的竖向附加应力 $\sigma_{Z2}$,即:

$$\sigma_{Z2} = \alpha_{t2} \cdot p_0 \qquad (2\text{-}17)$$

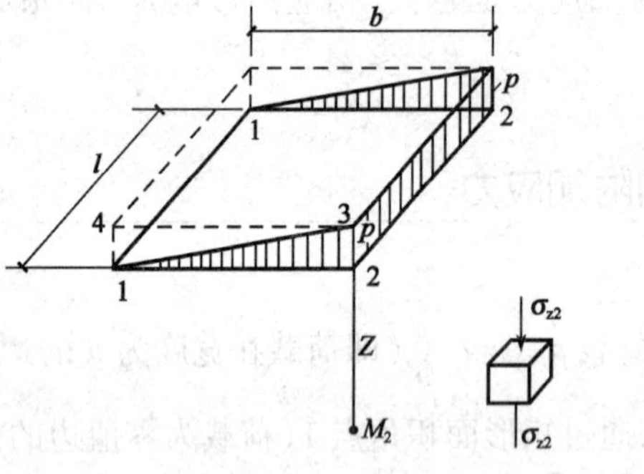

图 2-23 矩形面积三角形荷载角点 2 下附加应力 $\sigma_{Z2}$

式中 $\alpha_{t1}$、$\alpha_{t2}$ 分别为矩形面积三角形分布荷载角点 1 及角点 2 下的竖向附加应力系数,它们均是 $l/b$ 和 $z/b$ 的函数,应用时可由表 2-7 查得。注意 $b$ 为沿三角形分布荷载方向的边长。

这里需要指出:对于计算点位于荷载面 $b$ 边方向的中点,地基中任意深度 $Z$ 处附加应力如何计算。例如:求 $b$ 边方向三角形分布荷载中点下竖向附加应力 $\sigma_z$ 可按 $p/2$ 的均布荷载进行计算。如果矩形面积上作用梯形分布荷载,求中点下竖向附加应力 $\sigma_z$,可以取中点处的荷载值按均布荷载方法计算。

矩形面积三角形分布荷载角点下竖向附加应力系数 $\alpha_{t1}$ 和 $\alpha_{t2}$      表 2-7

| $l/b$ 点 $z/b$ | 0.2 | | 0.4 | | 0.6 | | 0.8 | | 1.0 | |
|---|---|---|---|---|---|---|---|---|---|---|
| | 1 | 2 | 1 | 2 | 1 | 2 | 1 | 2 | 1 | 2 |
| 0.0 | 0.0000 | 0.2500 | 0.0000 | 0.2500 | 0.0000 | 0.2500 | 0.0000 | 0.2500 | 0.000 | 0.2500 |
| 0.2 | 0.0223 | 0.1821 | 0.0280 | 0.2115 | 0.0296 | 0.2165 | 0.0301 | 0.2178 | 0.0304 | 0.2182 |
| 0.4 | 0.0269 | 0.1094 | 0.0420 | 0.1604 | 0.0487 | 0.1781 | 0.0517 | 0.1844 | 0.0531 | 0.1870 |
| 0.6 | 0.0259 | 0.0700 | 0.0448 | 0.1165 | 0.0560 | 0.1405 | 0.0621 | 0.1520 | 0.0654 | 0.1575 |
| 0.8 | 0.0232 | 0.0480 | 0.0421 | 0.0853 | 0.0553 | 0.1093 | 0.637 | 0.1232 | 0.0688 | 0.1311 |

| l/b 点 z/b | 0.2 | | 0.4 | | 0.6 | | 0.8 | | 1.0 | |
|---|---|---|---|---|---|---|---|---|---|---|
| | 1 | 2 | 1 | 2 | 1 | 2 | 1 | 2 | 1 | 2 |
| 1.0 | 0.0201 | 0.0346 | 0.0375 | 0.0638 | 0.0508 | 0.0852 | 0.0602 | 0.0996 | 0.0666 | 0.1086 |
| 1.2 | 0.0171 | 0.0260 | 0.0324 | 0.0491 | 0.0450 | 0.0673 | 0.0546 | 0.0807 | 0.0615 | 0.0901 |
| 1.4 | 0.0145 | 0.0202 | 0.0278 | 0.0386 | 0.0392 | 0.0540 | 0.0483 | 0.0661 | 0.0554 | 0.0751 |
| 1.6 | 0.0123 | 0.0160 | 0.0238 | 0.0310 | 0.0339 | 0.0440 | 0.0424 | 0.0547 | 0.0492 | 0.0628 |
| 1.8 | 0.0105 | 0.0130 | 0.0204 | 0.0254 | 0.0294 | 0.0363 | 0.0371 | 0.0457 | 0.0435 | 0.0534 |
| 2.0 | 0.0090 | 0.0108 | 0.0176 | 0.0211 | 0.0255 | 0.0304 | 0.0324 | 0.0387 | 0.0384 | 0.0456 |
| 2.5 | 0.0063 | 0.0072 | 0.0125 | 0.0140 | 0.0183 | 0.0205 | 0.0236 | 0.0265 | 0.0284 | 0.0313 |
| 3.0 | 0.0046 | 0.0051 | 0.0092 | 0.0100 | 0.0135 | 0.0148 | 0.0176 | 0.0192 | 0.0214 | 0.0233 |
| 5.0 | 0.0018 | 0.0019 | 0.0036 | 0.0038 | 0.0054 | 0.0056 | 0.0071 | 0.0074 | 0.0088 | 0.0091 |
| 7.0 | 0.0009 | 0.0010 | 0.0019 | 0.0019 | 0.0028 | 0.0029 | 0.0038 | 0.0038 | 0.0047 | 0.0047 |
| 10.0 | 0.0005 | 0.0004 | 0.0009 | 0.0010 | 0.0014 | 0.0014 | 0.0019 | 0.0019 | 0.0023 | 0.0024 |

| l/b 点 z/b | 1.2 | | 1.4 | | 1.6 | | 1.8 | | 2.0 | |
|---|---|---|---|---|---|---|---|---|---|---|
| | 1 | 2 | 1 | 2 | 1 | 2 | 1 | 2 | 1 | 2 |
| 0.0 | 0.0000 | 0.2500 | 0.0000 | 0.2500 | 0.0000 | 0.2500 | 0.0000 | 0.2500 | 0.0000 | 0.2500 |
| 0.2 | 0.0305 | 0.2148 | 0.0305 | 0.2185 | 0.0306 | 0.2185 | 0.0306 | 0.2185 | 0.0306 | 0.2185 |
| 0.4 | 0.0539 | 0.1881 | 0.0543 | 0.1886 | 0.0545 | 0.1889 | 0.0546 | 0.1891 | 0.0547 | 0.1892 |
| 0.6 | 0.0673 | 0.1602 | 0.0684 | 0.1616 | 0.0690 | 0.1625 | 0.0694 | 0.1630 | 0.0696 | 0.1633 |
| 0.8 | 0.0720 | 0.1355 | 0.0739 | 0.1381 | 0.0751 | 0.1396 | 0.0759 | 0.1405 | 0.0764 | 0.1412 |
| 1.0 | 0.0708 | 0.1143 | 0.0735 | 0.1176 | 0.0753 | 0.1202 | 0.0766 | 0.1215 | 0.0774 | 0.1225 |
| 1.2 | 0.0664 | 0.0962 | 0.0698 | 0.1007 | 0.0721 | 0.1037 | 0.0738 | 0.1055 | 0.0749 | 0.1069 |
| 1.4 | 0.0606 | 0.0817 | 0.0644 | 0.0864 | 0.0672 | 0.0897 | 0.0692 | 0.0921 | 0.0707 | 0.0937 |
| 1.6 | 0.0545 | 0.0696 | 0.0586 | 0.0743 | 0.0616 | 0.078 | 0.0639 | 0.0806 | 0.0656 | 0.0826 |
| 1.8 | 0.0487 | 0.0596 | 0.0528 | 0.0644 | 0.0560 | 0.0681 | 0.0585 | 0.0709 | 0.0604 | 0.073 |
| 2.0 | 0.0434 | 0.0513 | 0.0474 | 0.0560 | 0.0507 | 0.0596 | 0.0533 | 0.0625 | 0.0553 | 0.0649 |
| 2.5 | 0.0326 | 0.0365 | 0.0362 | 0.0405 | 0.0393 | 0.0440 | 0.0419 | 0.0469 | 0.4400 | 0.0491 |
| 3.0 | 0.0249 | 0.0270 | 0.0280 | 0.0303 | 0.0307 | 0.0333 | 0.0331 | 0.0359 | 0.0352 | 0.0380 |
| 5.0 | 0.0104 | 0.0108 | 0.0120 | 0.0123 | 0.0135 | 0.0139 | 0.0148 | 0.0154 | 0.0161 | 0.0167 |
| 7.0 | 0.0056 | 0.0056 | 0.0064 | 0.0066 | 0.0073 | 0.0074 | 0.0081 | 0.0083 | 0.0089 | 0.0091 |
| 10.0 | 0.0028 | 0.0028 | 0.0033 | 0.0032 | 0.0037 | 0.0037 | 0.0041 | 0.0042 | 0.0046 | 0.0046 |

| $l/b$<br>点<br>$z/b$ | 3.0 | | 4.0 | | 6.0 | | 8.0 | | 10.0 | |
|---|---|---|---|---|---|---|---|---|---|---|
| | 1 | 2 | 1 | 2 | 1 | 2 | 1 | 2 | 1 | 2 |
| 0.0 | 0.0000 | 0.2500 | 0.0000 | 0.2500 | 0.0000 | 0.2500 | 0.0000 | 0.2500 | 0.0000 | 0.2500 |
| 0.2 | 0.0306 | 0.2186 | 0.0306 | 0.2186 | 0.0306 | 0.2186 | 0.0306 | 0.2186 | 0.0306 | 0.2186 |
| 0.4 | 0.0548 | 0.1894 | 0.0549 | 0.1894 | 0.0549 | 0.1894 | 0.0549 | 0.1894 | 0.0549 | 0.1894 |
| 0.6 | 0.0701 | 0.1638 | 0.0702 | 0.1639 | 0.0702 | 0.164 | 0.0702 | 0.1640 | 0.0702 | 0.1640 |
| 0.8 | 0.0773 | 0.1423 | 0.0776 | 0.1424 | 0.0776 | 0.1426 | 0.0776 | 0.1426 | 0.0776 | 0.1426 |
| 1.0 | 0.0790 | 0.1244 | 0.0794 | 0.1248 | 0.0795 | 0.1250 | 0.0796 | 0.1250 | 0.0796 | 0.1250 |
| 1.2 | 0.0774 | 0.1096 | 0.0779 | 0.1103 | 0.0782 | 0.1105 | 0.0783 | 0.1105 | 0.0783 | 0.1105 |
| 1.4 | 0.0739 | 0.0973 | 0.0748 | 0.0982 | 0.0752 | 0.0986 | 0.0752 | 0.0987 | 0.0753 | 0.0987 |
| 1.6 | 0.0697 | 0.0870 | 0.0708 | 0.0882 | 0.0714 | 0.0887 | 0.0715 | 0.0888 | 0.0715 | 0.0889 |
| 1.8 | 0.0652 | 0.0782 | 0.0666 | 0.0797 | 0.0673 | 0.0805 | 0.0675 | 0.0806 | 0.0675 | 0.0808 |
| 2.0 | 0.0607 | 0.0707 | 0.0624 | 0.0726 | 0.0634 | 0.0734 | 0.0636 | 0.0736 | 0.0636 | 0.0738 |
| 2.5 | 0.0504 | 0.0559 | 0.0529 | 0.0585 | 0.0543 | 0.0601 | 0.0547 | 0.0604 | 0.0548 | 0.0605 |
| 3.0 | 0.0419 | 0.0451 | 0.0449 | 0.0482 | 0.0469 | 0.0504 | 0.0474 | 0.0509 | 0.0476 | 0.0511 |
| 5.0 | 0.0214 | 0.0221 | 0.0248 | 0.0256 | 0.0283 | 0.0290 | 0.0296 | 0.0303 | 0.0301 | 0.0309 |
| 7.0 | 0.0124 | 0.0126 | 0.0152 | 0.0154 | 0.0186 | 0.0190 | 0.0204 | 0.0207 | 0.0212 | 0.0216 |
| 10.0 | 0.0066 | 0.0066 | 0.0084 | 0.0083 | 0.0111 | 0.0111 | 0.0128 | 0.013 | 0.0139 | 0.0141 |

### （五）矩形面积梯形分布荷载角点下竖向附加应力

对于偏心受压基础,当弯矩作用方向与基础宽度一致且偏心距 $e < \dfrac{b}{6}$ 时,基底压力呈梯形分布。这时,可利用式(2-11)和式(2-13),按角点法和叠加原理求得土中附加应力,如图2-24所示的梯形荷载作用情况。若求矩形面积中心点下任意深度 $Z$ 处 $M$ 点的附加应力,可采用下面简化方法计算。从图2-24 中可以看出:

如果设基础中心点的平均附加压力 $\bar{p}_0 = (p_{0\max} + p_{0\min})/2$ ,则基底边缘正、负三角形分布荷载的最大压力分别为 $p_{0\max} - \bar{p}_0$ 和 $\bar{p}_0 - p_{0\min}$ ,并且数值大小相等而方向相反。因此,由正、负三角形分布荷载在 $M$ 点所引起的应力也大小相等,符号相反,其叠加计算结果相互抵消。由此可见,对于矩形面积作用梯形分布荷载时,基础中心点下任意深度 $M$ 点处的附加应力,可以用压力等于梯形荷载平均值 $\bar{p}_0$ 的均布荷载作用下的应力来代替。但需要指出,这里的 $M$ 点必须是矩形荷载面中心点下任意深度的一点,才能采用这种简化的方法计算,下面举例说明。

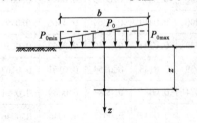

图2-24 矩形面积梯形荷载下 $M$ 点的应力

**【例题 2-7】** 某柱下独立基础,基底尺寸 $l \times b = 5.4\text{m} \times 3.0\text{m}$,埋深 $d = 1.5\text{m}$,基础高 1.2m,基础顶面作用一组内力:轴向力 $F_K = 2000\text{kN}$;弯矩 $M = 700\text{kN} \cdot \text{m}$;剪力 $V = 150\text{kN}$,如图 2-25 所示。试求:(1)矩形面积作用梯形荷载时,基底附加应力及其分布图形;(2)求基础中心点下深度 $Z = 1.5\text{m}$、3m、4.5m、6m 处的附加应力。

**【解】** (1)求基底附加应力及其分布图形

基底处总轴向力　　　$N = F_K + G_K = 2000 + 20 \times 5.4 \times 3 \times 1.5 = 2486\ \text{kN}$

基底处总弯矩　　　$M = M_K + Vh = 700 + 150 \times 1.2 = 880\ \text{kN} \cdot \text{m}$

总轴向力至基底形心偏心距　　　$e_0 = \dfrac{M}{N} = \dfrac{880}{2486} = 0.35\text{m} < \dfrac{b}{6} = 0.5\text{m}$

基底压力　　　$\dfrac{p_{K\max}}{p_{K\min}} = \dfrac{\sum N}{A}\left(1 \pm \dfrac{6e_0}{b}\right) = \dfrac{2486}{5.4 \times 3}\left(1 \pm \dfrac{6 \times 0.35}{3}\right) = \dfrac{261}{46}\text{kPa}$

基底附加压力　　　$p_{0\max} = p_{K\max} - \gamma \cdot d = 261 - 18 \times 1.5 = 234\ \text{kPa}$

　　　$p_{0\min} = p_{K\min} - \gamma \cdot d = 46 - 18 \times 1.5 = 19\ \text{kPa}$

基底附加应力分布图形如图 2-25 所示。

(2)求基础中心点下附加应力

先将矩形荷载面平分为四块小矩形荷载面,使基础中心点 $O$ 成为四块小矩形面积的公共角点,并设基底中心点处的平均附加应力 $\overline{p_0} = \dfrac{p_{0\max} + p_{0\min}}{2} = \dfrac{234 + 19}{2} = 126.5\ \text{kPa}$,I、II 面积上的荷载可视为由矩形均布荷载 $p_0$ 与 $\overline{p_0} - p_{0\min}$ 的三角形分布荷载两部分叠加组成;而 III、IV 面积上的荷载可视为矩形由均布荷载 $p_0$ 和 $p_{0\max} - \overline{p_0}$ 的负三角形分布荷载两部分叠加组成(图 2-25)。即基底边缘处正、负三角形荷载的边缘压力分别为:

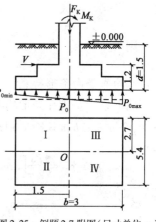

图 2-25　例题 2-7 附图(尺寸单位:m)

①I、II 面积上三角形分布荷载边缘压力为 $\overline{p_0} - p_{0\min} = 126.5 - 19 = 107.5\ \text{kPa}$。

②III、IV 面积上负三角形分布荷载边缘压力为 $p_{0\max} - \overline{p_0} = 234 - 126.5 = 107.5\ \text{kPa}$。

由于中心点 $O$ 是四块小矩形荷载面的公共角点,这样根据对称性和叠加原理,可以看出正、负三角形荷载大小相等而符号相反,使得叠加结果相互抵消。由此可知,正负三角形分布荷载在 $M$ 点所引起的应力也大小相等、符号相反,其叠加结果也相互抵消。所以 $M$ 点的附加应力,实际上是等于在矩形均布荷载 $\overline{p_0}$ 作用下 $M$ 点的附加应力。即 $\sigma_z = 4\overline{p_0} \cdot \alpha$,其计算结果列于表 2-8 中。

表 2-8

| 点 | $l/b$ | $Z(\text{m})$ | $z/b$ | $\alpha$ | $\overline{p_0}(\text{kPa})$ | $\sigma_z(\text{kPa})$ |
|---|---|---|---|---|---|---|
| 0 | | 0 | 0 | 0.250 | 126.5 | 126.5 |
| 1 | | 1.5 | 1.0 | 0.198 | 126.5 | 100.2 |
| 2 | 2.7/1.5 = 1.8 | 3.0 | 2.0 | 0.116 | 126.5 | 58.7 |
| 3 | | 4.5 | 3.0 | 0.069 | 126.5 | 34.9 |
| 4 | | 6.0 | 4.0 | 0.044 | 126.5 | 22.3 |

## 六 条形荷载作用下土中附加应力

条形荷载在理论上是指承载面积宽度为 $b$，长度为无限延伸的均布荷载。但在实际工程中并没有无限延长的荷载。研究表明，当矩形荷载面的长宽比 $l/b \geq 10$ 时，计算地基附加应力的数值与按 $l/b = \infty$ 时的解相差很小。因此在建筑工程中，将挡土墙基础、墙下或柱下条形基础、路基等均视为条形荷载，并按平面问题计算地基中竖向附加应力。

### 1. 均匀线荷载

如图 2-26a) 所示，假设条形均布荷载面宽度趋向于零，在无限延长的地基表面作用均布线荷载时，要计算地基中任意点 $M$ 的竖向附加应力，可用集中力 $\mathrm{d}p = p_0 \cdot \mathrm{d}y$ 代替 $y$ 轴上某微分长度上的均布荷载，然后可利用式(2-12)求得由集中力 $\mathrm{d}p$ 在地基中 $M$ 点处引起的附加应力，即：

$$\mathrm{d}\sigma_Z = \frac{3Z^3 \cdot p_0}{2\pi R^5} \mathrm{d}y$$

则

$$\sigma_Z = \int_{-\infty}^{\infty} \frac{3Z^3 \cdot p_0 \mathrm{d}y}{2\pi(x^2 + y^2 + Z^2)^{5/2}} \tag{2-18}$$

### 2. 均布竖向条形荷载

墙下条形基础在条形均布荷载 $p_0$ 作用下，可取宽度 $b$ 的中点作为坐标原点，如图 2-26b) 所示，令 $m = x/b$、$n = Z/b$，则地基中任意点 $M$ 处的竖向附加应力 $\sigma_Z$ 可进行积分求得：

$$\sigma_Z = \frac{p_0}{2\pi}\left[ \mathrm{arccot}\,\frac{m}{n} + \frac{mn}{m^2 + n^2} - \mathrm{arccot}\,\frac{m-1}{n} - \frac{n(m-1)}{n^2 + (m-1)^2} \right]$$

$$= \alpha_{\mathrm{sz}} \cdot p_0 \tag{2-19}$$

式中：$\alpha_{\mathrm{sz}}$——条形均布竖向荷作用下附加应力系数，它是 $x/b$ 和 $z/b$ 的函数，由表 2-9 求得。

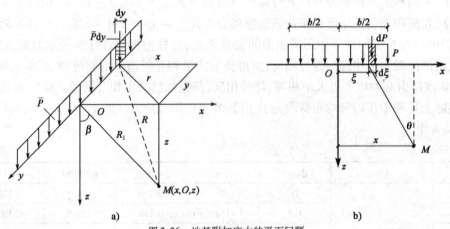

图 2-26 地基附加应力的平面问题

a)线荷载作用下；b)均布条形荷载作用下

| $Z/b$ | $x/b$ | | | | | |
|---|---|---|---|---|---|---|
| | 0.00 | 0.25 | 0.50 | 1.00 | 1.50 | 2.00 |
| | $K_{SZ}$ | $K_{SZ}$ | $K_{SZ}$ | $K_{SZ}$ | $K_{SZ}$ | $K_{SZ}$ |
| 0.00 | 1.00 | 1.00 | 0.50 | 0 | 0 | 0 |
| 0.25 | 0.96 | 0.90 | 0.50 | 0.02 | 0.00 | 0 |
| 0.5 | 0.82 | 0.74 | 0.48 | 0.08 | 0.02 | 0 |
| 0.75 | 0.67 | 0.61 | 0.45 | 0.15 | 0.04 | 0.02 |
| 1.00 | 0.55 | 0.51 | 0.41 | 0.19 | 0.07 | 0.03 |
| 1.25 | 0.46 | 0.44 | 0.37 | 0.2 | 0.10 | 0.04 |
| 1.50 | 0.40 | 0.38 | 0.33 | 0.21 | 0.11 | 0.06 |
| 1.75 | 0.35 | 0.34 | 0.30 | 0.21 | 0.13 | 0.07 |
| 2.00 | 0.31 | 0.31 | 0.28 | 0.20 | 0.14 | 0.08 |
| 3.00 | 0.21 | 0.21 | 0.20 | 0.17 | 0.13 | 0.10 |
| 4.00 | 0.16 | 0.16 | 0.15 | 0.14 | 0.12 | 0.10 |
| 5.00 | 0.13 | 0.13 | 0.12 | 0.12 | 0.11 | 0.09 |
| 6.00 | 0.11 | 0.10 | 0.10 | 0.10 | 0.10 | — |

【例题2-8】 如图2-26所示,某条形基础底面宽度 $b=2\text{m}$,基础底面处平均附加压力 $p_0=180\text{kPa}$,试求:(1)条形均布荷载中点 $O$ 轴线下以及条形荷载面以外 $O_1$ 点($x=3.0\text{m}$ 处)下的附加应力 $\sigma_z$ 及其分布图形;(2)深度 $Z=2\text{m}$、$4\text{m}$ 和 $6\text{m}$ 处水平面上的附加应力 $\sigma_z$ 及其分布图形。

【解】 (1)条形均布荷载中点 $O$ 轴线下及条形荷载面以外($x=3\text{m}$)$O_1$ 点下深度 $Z=0$、$1$、$2$、$3$、$4$、$6$、$8\text{m}$ 处的附加应力 $\sigma_z$ 值,并将各深度处的 $\sigma_z$ 值计算结果列于表2-10中。

(2)条形均布荷载作用下深度 $Z=2\text{m}$、$4\text{m}$ 和 $6\text{m}$ 处水平面上 $x=0$、$1$、$2$、$3$、$4\text{m}$ 处各点的附加应力 $\sigma_z$ 值,并将其计算结果列于表2-11中。

(3)地基附加应力 $\sigma_z$ 的分布图,如图2-27所示。

表2-10

| $Z(\text{m})$ | $Z/b$ | 条形均布荷载中点 $O$ 轴线下 $\sigma_z$ | | | 条形荷载面以外 $O_1$ 点下 $\sigma_z$ | | |
|---|---|---|---|---|---|---|---|
| | | $x/b$ | $\alpha_{SZ}$ | $\sigma_z = \alpha_{SZ} \cdot p_0(\text{kPa})$ | $x/b$ | $\alpha_{SZ}$ | $\sigma_z = \alpha_{SZ} \cdot p_0(\text{kPa})$ |
| 0 | 0 | 0 | 1.00 | 180 | 0 | | 0 |
| 1 | 0.5 | | 0.82 | 147.6 | | 0.02 | 3.6 |
| 2 | 1 | | 0.55 | 99 | | 0.07 | 12.6 |
| 3 | 1.5 | | 0.40 | 72 | 1.5 | 0.11 | 19.8 |
| 4 | 2 | | 0.31 | 55.8 | | 0.14 | 25.2 |
| 6 | 3.0 | | 0.21 | 37.8 | | 0.13 | 23.4 |
| 8 | 4.0 | | 0.16 | 28.8 | | 0.12 | 21.6 |

表 2-11

| $z(m)$ | $z/b$ | $x(m)$ | $x/b$ | $\alpha_{sz}$ | $\sigma_z = \alpha_{sz} \cdot p_0 (kPa)$ |
|---|---|---|---|---|---|
| 2 | 1.0 | 0 | 0 | 0.55 | 99 |
| | | 1 | 0.5 | 0.41 | 73.8 |
| | | 2 | 1.0 | 0.19 | 34.2 |
| | | 3 | 1.5 | 0.07 | 12.6 |
| | | 4 | 2.0 | 0.03 | 5.4 |
| 4 | 2.0 | 0 | 0 | 0.31 | 55.8 |
| | | 1 | 0.5 | 0.28 | 50.4 |
| | | 2 | 1.0 | 0.20 | 36 |
| | | 3 | 1.5 | 0.14 | 25.2 |
| | | 4 | 2.0 | 0.08 | 14.4 |
| 6 | 3.0 | 0 | 0 | 0.21 | 37.8 |
| | | 1 | 0.5 | 0.20 | 36 |
| | | 2 | 1.0 | 0.17 | 30.6 |
| | | 3 | 1.5 | 0.13 | 23.4 |
| | | 4 | 2.0 | 0.10 | 18 |

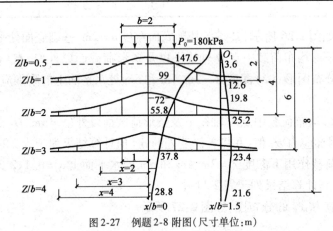

图 2-27　例题 2-8 附图(尺寸单位:m)

**小知识**

在某建筑物施工中遇到挡土墙下有一管道,如图 2-28 所示,如何求得由挡土墙荷载在管道顶点所产生的压应力?

要解决这个问题,首先假定挡土墙基础沿长度方向无限延伸,取 $l/b \geqslant 10$,然后根据角点法的具体做法画一些相应的辅助线,将整个压力图形看作由条形均布荷载及三角形分布荷载两部分组成,利用叠加原理计算基底下水管顶点的附加压力。即:

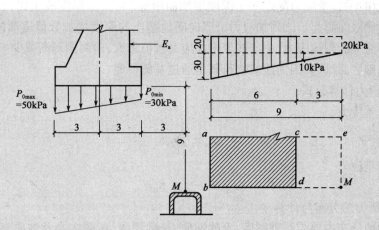

图 2-28　求挡土墙下管道顶点压应力(尺寸单位:m)

已知:大矩形附加压力　　　　$p_{大}=20\text{kPa}$;分布宽度 $b=9\text{m}$

小矩形附加压力　　　　　　$p_{小}=20\text{kPa}$;分布宽度 $b=3\text{m}$

大三角形附加压力　　　　　$p_{t大}=30\text{kPa}$;分布宽度 $b=9\text{m}$

小三角形附加压力　　　　　$p_{t小}=10\text{kPa}$;分布宽度 $b=3\text{m}$

附加应力系数:可按 $l/b\geqslant10$ 查表 2-4 条形荷载:

大矩形　　　　　　$\dfrac{Z}{b}=\dfrac{9}{9}=1$;$\alpha_{meab}=0.0205$

小矩形　　　　　　$\dfrac{Z}{b}=\dfrac{9}{3}=3$;$\alpha_{mecd}=0.099$

附加应力系数:可按 $l/b\geqslant10$ 查表 2-7 三角形荷载:

大三角形　　　　　$\dfrac{Z}{b}=\dfrac{9}{9}=1$;$\alpha_{t1}=0.0796$

小三角形　　　　　$\dfrac{Z}{b}=\dfrac{9}{3}=3$;$\alpha_{t1}=0.0476$

基底下水管顶点的压应力为:

$$\sigma_z = 2 \times (20 \times 0.205 - 20 \times 0.099 + 30 \times 0.0796 - 10 \times 0.0476) = 8.06\ \text{kPa}$$

◀ **本 章 小 结** ▶

(1)地基应力分两类:自重应力和附加应力。

(2)地基应力的定义、性质及分布规律:

①定义和性质:自重应力是由土自身重力产生的应力,因沉积年代久,在自重作用下变形已完成,所以,自重应力的性质是不引起地基产生新的变形。附加应力是由建筑物荷载在地基中产生的应力,其性质能引起地基产生新的变形。

②分布规律:①自重应力随地基土深度增加而增加(与土层厚度成正比);自重应力的分布图形应从天然地面画起。②附加应力沿竖向随地基土的深度增加数值逐渐减少;而在任意深度同一水平面上的附加应力,中心线处附加应力数值最大,向两侧逐渐减少。附加应力的分布图形应从基础底面画起,因为建筑物荷载是通过基础传递。

(3)自重应力计算公式:

①竖向自重应力

$$\sigma_{cz} = \sum_{i=1}^{n} \gamma_i h_i$$

②水平自重应力

$$\sigma_{cx} = \sigma_{cy} = K_0 \sigma_{cz}$$

(4)基底压力的分布与计算

基底压力的分布主要与基础刚度、土的性质、基础埋深、荷载大小及性质有关。轴压基础基底压力一般按均匀分布考虑,其计算公式:

$$p = \frac{F_K + G_K}{A}$$

偏压基础基底压力的分布,除上述影响因素外还与荷载作用位置(即偏心距大小)有关。当偏心距 $e < \dfrac{b}{6}$ 时,基底压力呈梯形分布;当偏心距 $e = \dfrac{b}{6}$ 时,基底压力呈三角形分布;其计算公式为:

$$\begin{matrix} p_{Kmax} \\ p_{Kmin} \end{matrix} = \frac{F_K + G_K}{A}\left(1 \pm \frac{6e}{b}\right)$$

当偏心距 $e > \dfrac{b}{6}$ 时,基底压力出现负值,按公式 $p_{Kmax} = \dfrac{2(F_K + G_K)}{3al}$ 计算。

(5)地基中附加应力计算公式,归纳为表2-12,要求重点掌握角点法的实际应用。

地基附加应力的计算公式 表2-12

| 序号 | 基底荷载作用形式 | 附加应力计算公式 | 查表方法 |
|---|---|---|---|
| 1 | 集中力作用下地基任意点竖向附加应力 | $\sigma_z = K \cdot \dfrac{p}{z^2}$ | $K$ 根据 $r/z$ 由表2-1查得 |
| 2 | 矩形面积均布荷载角点下任意深度竖向附加应力 | $\sigma_z = \alpha \cdot p_0$ | $\alpha$ 根据 $l/b$,$z/b$ 由表2-4查得 |
| 3 | 矩形面积均布荷载中心点下任意深度竖向附加应力 | $\sigma_z = 4 \cdot \alpha \cdot p_0$ | $\alpha$ 根据 $l/b$,$z/b$ 由表2-4查得 |
| 4 | 矩形面积三角形荷载角点下任意深度竖向附加应力 | 求压力为零的角点1轴上:<br>$\sigma_{z1} = \alpha_{t1} \cdot p_0$<br>求压力为最大值角点2轴上:<br>$\sigma_{z2} = \alpha_{t2} \cdot p_0$ | $\alpha_{t1}$,$\alpha_{t2}$ 根据 $l/b$,$z/b$ 由表2-7查得 |
| 5 | 条形均布荷载作用下土中竖向附加应力 | $\sigma_z = \alpha_{sz} \cdot p_0$ | $\alpha_{sz}$ 根据 $z/b$,$x/b$ 由表2-9查得 |

# 思 考 题

1. 什么是土的自重应力和附加应力？二者在地基中的分布规律有何不同？

2. 地下水位的升降,对土中自重应力有何影响？若地下水位大幅度下降,能否引起建筑物产生附加沉降？为什么？

3. 何谓基底压力、地基反力及基底附加压力？

4. 在中心荷载及偏心荷载作用下,基底压力分布图形主要与什么因素有关？影响基底压力分布的主要因素有哪些？

5. 在计算地基附加应力时,做了哪些基本假定？它与实际有哪些差别？

6. 什么是角点法？如何应用角点法计算地基中任意点附加应力？

# 综合练习题

2-1 某工程地质剖面及各层土的重度,如图 2-29 所示,其中水的重度 $\gamma_w = 9.8 \text{kN/m}^3$,试求:(1)$A$、$B$、$C$ 三点的自重应力及其应力分布图形;(2)地下水位下降4m后所产生附加应力、并画出相应的分布图形。

2-2 已知某柱下基础底面积为 $l \times b = 4 \times 2.5 \text{m}^2$,上部结构传至基础顶面处的竖向力 $F_K = 1200 \text{kN}$,基础埋深 $d = 1.5 \text{m}$,建筑场地土质条件:地面下第一层为1m厚杂填土,其重度 $\gamma = 16 \text{kN/m}^3$,第二层为4.5m厚黏土,重度 $\gamma = 18 \text{kN/m}^3$。试求基底压力和基底附加压力

2-3 某偏心受压柱下基础,如图 2-30 所示。在地面设计标高处作用偏心荷载 $F_K = 650 \text{kN}$,偏心距 $e = 0.3 \text{m}$,基础埋深 $d = 1.4 \text{m}$,基底尺寸 $l \times b = 4 \times 3 \text{m}^2$。试求:(1)基底压力及其分布图形;(2)如果 $F_K$ 不变,$M_K = 65 \text{kN} \cdot \text{m}$,基底压力有何变化？

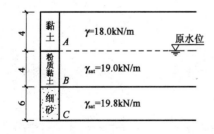

图 2-29 习题 2-1 附图(尺寸单位:m)

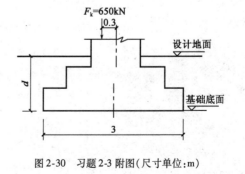

图 2-30 习题 2-3 附图(尺寸单位:m)

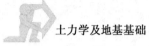

2-4 某教学楼筏形基础,如图 2-31 所示,已知基底附加压力 $p_0 = 180$kPa,试用角点法求基础底面 1,2 两点其深度 $Z = 6$m 处的附加应力。

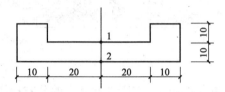

图 2-31 习题 2-4 附图(尺寸单位:m)

2-5 如图 2-32 所示,右侧部分为一全长 24m 条形基础,已知基底附加应力 $p_0 = 150$kN/m²,(1)若不计相邻基础,试分别计算基底下 $z = 4$m 处 $A$、$B$、$C$ 三点的附加应力;(2)如果左侧方形基础底面的附加压力及基底标高同条形基础,试求方形基础荷载在 $C$ 点 $z = 4$m 处所引起的附加压应力。

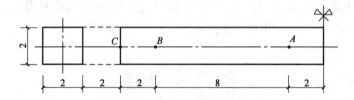

图 2-32 习题 2-5 附图(尺寸单位:m)

2-6 某建筑物为条形基础,宽 $b = 4$m,基底附加压力 $p_0 = 120$kPa,求基底下 $z = 2$m 的水平面上,沿宽度方向 $A$、$B$、$C$、$D$ 点距基础中心线距离 $x$ 分别为 0、1、2、3m 处土中附加应力(见图 2-33),并绘出附加应力分布曲线。

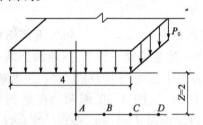

图 2-33 习题 2-6 附图(尺寸单位:m)

# 第三章
# 土的压缩性和地基变形计算

【内容提要】

本章主要讲解了土的压缩性；土的固结理论；地基变形计算；建筑物沉降与地基变形允许值。

通过本章的学习，掌握土的压缩性概念及土的压缩性指标，变形特性、变形模量；掌握土在侧限应力状态下的有效应力原理，单向渗透固结理论，土的固结和固结度；掌握求地基最终沉降的分层总和法与规范法，掌握建筑物沉降观测方法及地基变形特征类型。能够利用所学知识结合工程实际进行地基沉降观测，了解地基容许允许值，并能根据具体工程进行地基变形验算。

## 第一节　土的压缩性

### 一　基本概念

压缩性是指地基土在荷载作用下体积减小的特性。引起土的压缩性的主要因素有：

（1）内因：土中水的压缩、固相矿物颗粒本身被压缩以及土中孔隙体积的减小引起的。土的压缩主要是由于土中水和气体被挤出，致使土的孔隙体积减小引起的。在这一压缩过程中，土颗粒间产生相对移动，重新排列并互相挤紧。（对饱和土而言，则仅是一部分孔隙水被挤出）。这是引起土压缩性的内部原因。

（2）外因：建筑物荷载的作用，地下水位大幅度下降（相当于荷载的增加）、施工影响、持力层土的扰动、振动影响、温度变化、浸水下沉等也都会引起土的压缩，这些是引起土压缩性的外部原因。

### 二　压缩试验与压缩曲线

在计算地基的沉降量时，需要知道土的压缩性指标。土的压缩性指标可通过室内试验或现场荷载试验测定。试验时应力求试验条件与土的天然状态及其在外荷载作用下的实际应力条件相适应。

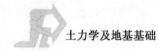
### (一)室内压缩试验

室内压缩试验是用侧限压缩仪(固结仪)进行的,如图 3-1 所示为三联式侧限压缩仪。"侧限"是指土样不能产生侧向膨胀只能产生竖向压缩变形。因此,该试验又称侧限试验或固结试验。

试验时,用金属环刀取保持天然结构的原状土样,置于圆筒形压缩容器的刚性护环内,如图 3-1 所示,土样上下各垫放一块透水石,使土样受压后土中水可以自由地从上下两面排出。由于金属环刀和刚性护环的限制,土样在压力作用下只能产生竖向压缩变形,而无侧向膨胀。在试验中,每个土样一般按 $p = 50$、$100$、$200$、$300$、$400$kPa 五级加载,并分别测记在每级荷载下土样的稳定变形量,然后算出相应压力下土的孔隙比,便可以绘出表示土的孔隙比 $e$ 与压力 $p$ 关系的压缩曲线。

### (二)土的压缩曲线

设原状土样初始高度为 $h_0$,原状土样的初始孔隙比为 $e_0$,设当施加压力 $p_i$ 后,土样的稳定变形量为 $s_i$,土样变形稳定后的孔隙比为 $e_i$,则土样变形稳定后的高度为 $h_i = h_0 - s_i$,根据试验过程中土粒体积 $V_s$ 不变和在侧限条件下土样横截面积 $A$ 不变的条件,可得:

$$\frac{1 + e_0}{h_0} = \frac{1 + e_i}{h_i}$$

代入 $h_i = h_0 - s_i$,整理得在压力 $p_i$ 作用下土样的孔隙比 $e_i$ 为:

$$e_i = e_0 - \frac{s_i}{h_0}(1 + e_0) \tag{3-1}$$

式中,$e_0$ 为原状土的孔隙比,可根据土样的基本物理性质指标求得。

根据某级荷载下的稳定变形量 $s_i$,按式(3-1)即可求出该级荷载下的孔隙比 $e_i$。然后以横坐标表示压力 $p$,纵坐标表示孔隙比 $e$,可绘出 $e\text{-}p$ 关系曲线,此曲线称为土的压缩曲线,如图 3-2 所示。

图 3-1　三联式侧限压缩仪

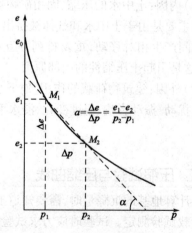

图 3-2　土的压缩曲线

## 三 压缩性指标

### 1. 压缩系数 a

压缩性不同的土，其 e-p 曲线的形状也是不一样的。曲线越陡，说明在相同压力增量下，土的孔隙比减少的愈显著，因而土的压缩性就愈高。因此，曲线上任一点的切线斜率就表示了相应的压力作用下土的压缩性高低。从如图 3-2 所示的 e-p 曲线可以看出，在侧限条件下，孔隙比 e 随压力 p 的增加而逐渐减小。当压力变化范围不大时，土的压缩性可近似用图 3-2 中割线 $M_1M_2$ 的斜率来表示，当压力由 $p_1$ 增至 $p_2$ 时，相应的孔隙比由 $e_1$ 减小到 $e_2$，则压缩系数为：

$$a = \tan\alpha = -\frac{\Delta e}{\Delta p} = \frac{e_1 - e_2}{p_2 - p_1} \tag{3-2}$$

压缩系数 a 表示在单位压力增量作用下土的孔隙比的减小。压缩系数 a 值越大，土的压缩性就越大。压缩系数 a 是判断土压缩性高低的一个重要指标。

压缩系数 a 的常用单位为 $MPa^{-1}$，p 的常用单位为 kPa，则上式可写为：

$$a = 1000 \times \frac{e_1 - e_2}{p_2 - p_1} \tag{3-3}$$

由图 3-2 还可以看出，同一种土的压缩系数并不是常数，而是随所取压力变化范围的不同而不同。为了评价不同种类土的压缩性高低，规范规定取 $p_1 = 100kPa$，$p_2 = 200kPa$ 时相对应的压缩系数 $a_{1-2}$ 来评价土的压缩性高低。

①当 $a_{1-2} < 0.1MPa^{-1}$ 时，为低压缩性土。

②当 $0.1MPa^{-1} \leqslant a_{1-2} < 0.5MPa^{-1}$ 时，为中压缩性土。

③当 $a_{1-2} \geqslant 0.5MPa^{-1}$ 时，为高压缩性土。

需要注意的是，在实际工程中，$p_1$ 一般是指地基计算深度处土的自重应力，$p_2$ 为计算深度处的总应力，即自重应力和附加应力之和。

### 2. 压缩指数 C

如图 3-3 所示，由 e-lgp 曲线可以看到，压力较大时，e-lgp 曲线接近于直线。将 e-lgp 曲线直线段的斜率用 C 表示，称为压缩指数。其计算公式为：

$$C = \tan\beta = \frac{e_1 - e_2}{\lg P_2 - \lg P_1} = \frac{e_1 - e_2}{\lg \dfrac{P_2}{P_1}} \tag{3-4}$$

压缩指数 C 与压缩系数 a 不同，压缩指数在压力较大时为常数，不随压力变化而变化。C 越大，压缩性越高。

①当 C < 0.2 时，为低压缩性土。

②当 $0.2 \leqslant C < 0.4$ 时，为中压缩性土。

③当 $C \geqslant 0.4$ 时，为高压缩性土。

### 3. 侧限压缩模量 $E_s$

土的侧限压缩模量是指土样在侧限条件下，竖

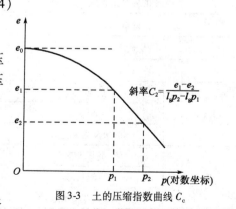

图 3-3　土的压缩指数曲线 $C_c$

向压应力变化量 $\Delta\sigma$ 和竖向压应变变化量 $\Delta\varepsilon$ 的比值,即:

$$E_s = \frac{\Delta\sigma}{\Delta\varepsilon} \tag{3-5a}$$

设土样在 $p_1$ 和 $p_2$ 作用下达稳定变形量时的高度分别为 $h_1$、$h_2$,土样变形量为 $s$,在变形稳定后土样孔隙比分别为 $e_1$ 和 $e_2$,如图 3-4 所示,则有:

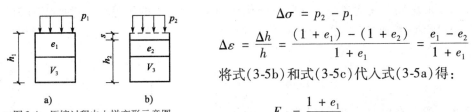

图 3-4 压缩过程中土样变形示意图
a)在 $p_1$ 作用下变形至稳定;b)在 $p_2$ 作用下变形至稳定

$$\Delta\sigma = p_2 - p_1 \tag{3-5b}$$

$$\Delta\varepsilon = \frac{\Delta h}{h} = \frac{(1+e_1)-(1+e_2)}{1+e_1} = \frac{e_1-e_2}{1+e_1} \tag{3-5c}$$

将式(3-5b)和式(3-5c)代入式(3-5a)得:

$$E_s = \frac{1+e_1}{a} \tag{3-6}$$

由式(3-6)可知,$E_s$ 与 $a$ 成反比,即 $E_s$ 越大,$a$ 越小,土的压缩性越低。一般 $E_s < 4\text{MPa}$,为高压缩性土,$E_s = 4 \sim 15\text{MPa}$ 为中压缩性土,$E_s > 15\text{MPa}$ 为低压缩性土。

**4. 变形模量 $E_0$**

土的试样在无侧限条件下竖向压应力与压应变之比称为变形模量 $E_0$。变形模量 $E_0$ 由现场静荷载试验测定,也可通过室内侧限压缩试验得到的压缩模量的换算公式求得,即:

$$E_0 = \beta E_s \tag{3-7}$$

$$\beta = 1 - \frac{2\mu^2}{1-\mu} \quad \mu = 0 \sim 0.5, \beta \leqslant 1.0 \tag{3-8}$$

式中:$\beta$——与土的泊松比 $\mu$ 有关的系数。可查表 3-1 得到。

式(3-7)是 $E_0$ 与 $E_s$ 的理论关系式,由于室内与现场试验的条件不同,室内对土扰动较大,且土的泊松比也不易测准,故对硬土 $E_0$ 可能较 $\beta E_s$ 大数倍;而对软土 $E_0$ 与 $\beta E_s$ 则比较接近。因此,要得到能较好地反映土的压缩性高低的指标,应在现场进行静荷载试验。

$\mu$、$\beta$ 的经验值　　　　　　　　　　　　　表 3-1

| 土的种类和状态 | | $\mu$ | $\beta$ |
|---|---|---|---|
| 碎石土 | | 0.15 ~ 0.20 | 0.95 ~ 0.90 |
| 砂土 | | 0.20 ~ 0.25 | 0.90 ~ 0.83 |
| 粉土 | | 0.25 | 0.83 |
| 粉质黏土 | 坚硬状态 | 0.25 | 0.83 |
| | 可塑状态 | 0.30 | 0.74 |
| | 软塑及流塑状态 | 0.35 | 0.62 |
| 黏土 | 坚硬状态 | 0.25 | 0.83 |
| | 可塑状态 | 0.35 | 0.62 |
| | 软塑及流塑状态 | 0.42 | 0.39 |

## 四 土的弹性模量

### 1. 土的回弹曲线

土样在外力作用下压缩后如果逐级卸载,一部分变形会逐渐恢复,能够恢复的变形称为土的弹性变形,不能恢复的变形称为土的残余变形。通过土样的压缩试验,得到如图 3-5 所示土的压缩曲线 $abc$、回弹曲线 $bed$、再压缩曲线 $db'$。由此可以看出:

土的卸荷回弹曲线不与原压缩曲线相重合,说明土不是理想的弹性体,土的压缩变形除了弹性变形外,还有相当一部分不能恢复的残余变形即塑性变形。

土的再压缩曲线比原压缩曲线斜率要小得多,说明土经过压缩卸荷后再压缩时,其压缩性明显降低。

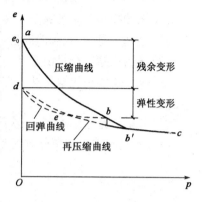

图 3-5　压缩与回弹曲线示意图

### 2. 弹性模量

土的弹性模量是土体在无侧限条件下瞬时压缩的应力应变模量,用 $E$ 来表示,即:

$$E = \frac{\sigma_z}{\varepsilon_z^e} \tag{3-9}$$

式中:$E$——土的弹性模量;

$\sigma_z$——竖向应力;

$\varepsilon_z^e$——竖向弹性应变,$\varepsilon_z^e = \varepsilon_z - \varepsilon_z^p$;

$\varepsilon_z$——竖向总应变;

$\varepsilon_z^p$——竖向塑性应变。

弹性模量的测定方法有两种,一种是采用静三轴仪,测得静弹性模量,即静力法;另一种是采用动三轴仪,测得动弹性模量,即动力法。

# 第二节　土的固结理论

### 1. 有效应力原理

对于饱和黏性土来说,土的固结问题是非常重要的。饱和土受到荷载作用的瞬间,土中的压应力全部由孔隙中的水来承担,这时孔隙水承担的应力称为孔隙水压力或超静水压力,用 $u$ 表示。荷载作用一段时间后,孔隙水由于渗透而逐渐排出,超静水压力逐渐变小,土颗粒骨架开始承受压力,并逐渐增大,土颗粒骨架上承担的应力称为有效应力,用 $\sigma'$ 表示。由静力平衡条件,土的有效应力 $\sigma'$ 与超静水压力 $u$ 之和等于由荷载作用产生的附加应力 $\sigma$,即

$$\sigma = \sigma' + u \tag{3-10}$$

上式就是太沙基(Terazghi)首先提出的有效应力原理。研究平面上的总应力、有效应力与孔隙水压力三者之间的关系。土的有效应力控制了土的变形及强度性能。

### 2. 单向(一维)渗透固结理论

单向固结是指沿竖向发生的土中孔隙水的渗流和土的压缩变形。这一理论计算简单,在

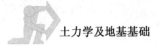

实际工程中得到了广泛的应用。

单向固结理论的基本假设为：

（1）土的排水和压缩只限于竖向，水平方向不排水，不发生压缩。

（2）地基土是均匀、各向同性和完全饱和的。

（3）土的压缩完全是由于孔隙体积的减小而引起的，土粒和孔隙水是不可压缩的。

（4）土中水的渗流服从达西定律，且土的渗透系数 $k$ 和压缩系数 $a$ 在整个固结过程中保持不变。

（5）外荷载是连续均布、一次瞬时施加的。

则太沙基一维固结微分方程为：

$$\frac{\partial u}{\partial t} = C_v \frac{\partial^2 u}{\partial z^2}$$

$$C_v = \frac{k(1 + e_1)}{a\gamma_w} \tag{3-11}$$

式中：$e_1$——土的初始孔隙比；

    $k$——土的渗透系数，cm/年；

    $\gamma_w$——水的重度，kN/m³；

    $C_v$——竖向固结系数 m²/年或 cm²/年。它综合反映了土的压缩及渗透性，由室内压缩试验确定。

**3. 固结和固结度**

土体的压缩随时间变化的过程，称为土的固结。土体完成压缩过程所需的时间与土的渗透性有关。对透水性大的无黏性土，其压缩过程在很短时间内就可完成。而透水性小的饱和黏性土，其压缩过程需要很长时间才能完成。一般认为，砂土的压缩在施工完毕时已基本结束，而高压缩性的饱和黏性土，由于渗透速度慢，施工完毕时只完成最终沉降量的 5% ~ 20%。

固结度 $U$ 是指土层在固结过程中，经历时间 $t$ 的沉降量与土层最终沉降量的比值，即：

$$U = \frac{s_t}{s} \tag{3-12}$$

式中：$s_t$——地基土在某一时刻的固结沉降；

    $s$——地基土的最终沉降。

土的固结度能够反映土颗粒承受的有效应力的变化过程，当固结过程确定为某一时刻时，有效应力与荷载作用产生的附加应力的比值即可反映出土体的固结程度。

**4. 正常固结土、超固结土和欠固结土**

固结压力是指土体产生固结或压缩的压力。天然土层在形成历史上沉积、固结过程中受到过的最大固结压力称为先期固结压力，用 $p_c$ 表示。先期固结压力和现在所受上覆土层的自重应力 $\sigma_{cz}$ 之比，称为超固结比，用 $OCR$ 表示，即 $OCR = \dfrac{p_c}{\sigma_{cz}}$。根据 $OCR$ 值可将土层分为正常固结土、超固结土和欠固结土。

（1）超固结土。土层先期固结压力大于现有覆盖土的自重应力。历史上由于河流冲刷或

58

人类活动等剥蚀作用,将其上部的一部分土体剥蚀掉,或古冰川由于气候转暖,冰川融化导致上覆压力减少,即 $p_c > \sigma_{cz}$,$OCR > 1.0$。

(2)正常固结土。一般土体的固结是在自重应力作用下随土的沉积过程逐渐达到的,当土体达到固结稳定后,土层中的应力未发生明显变化,也就是土层先期固结压力等于现有覆盖土的自重应力。是逐渐沉积到现在地面高度,并在土的自重应力下达到压缩稳定,即 $p_c = \sigma_{cz} = \gamma z$,$OCR = 1.0$。

(3)欠固结土。土层先期固结压力大于现有覆盖土的自重应力。新近沉积的黏性土或人工填土,因沉积时间不久,在土自重作用下还没有完全固结,即 $p_c < \sigma_{cz}$,$OCR < 1.0$。

# 第三节 地基变形计算

地基变形是指地基在建筑物荷载的作用下,变形稳定后基础底面的最终沉降量。计算地基最终沉降量的目的,是控制建筑物的地基变形值(沉降量、沉降差和倾斜)不大于地基变形允许值,以保证建筑物的安全和正常使用。地基变形计算目前采用分层总和法及《建筑地基基础设计规范》(GB 50007—2011)推荐的方法。

## 一 分层总和法

采用分层总和法是指将地基在变形计算深度范围划分为若干薄层,分别计算每一薄层土的竖向压缩变形值,然后将各薄层土的变形量相加,即可得到地基的最终沉降量的一种计算方法。

### (一)基本假设

在采用分层总和法计算地基最终变形时,通常作如下假定:

(1)地基土为均匀、连续、各向同性的半无限线性变形体,按直线变形理论计算土中应力。

(2)地基土在压缩变形时不发生侧向变形,即采用完全侧限条件下土的压缩性指标。

(3)以基础底面中心点下的附加应力 $\sigma_z$ 作为计算地基变形的依据,可弥补第2条假定使沉降量计算结果偏小所带来的误差。

### (二)计算方法

假设基础中心点以下任意深度处土的自重应力和附加应力都已知,并设地基压缩层分为 $n$ 层,如图 3-6a)所示,现分析第 $i$ 层土的压缩量。

现取基础中心点下截面为 $A$ 的小土柱进行分析,如图 3-6b)所示,在基底下 $z_i$ 深度处任取第 $i$ 层土进行分析,第 $i$ 层土层厚 $h_i$。施工前,该土层仅受到自重应力作用,自重应力的平均值为 $p_{1i}$,稳定时孔隙比为 $e_{1i}$;施工结束后时,土中增加了附加应力,附加应力的平均值为 $\overline{\sigma_{zi}}$。此时,该土层受到的总压力为 $p_{2i} = p_{1i} + \overline{\sigma_{zi}}$ 稳定时孔隙比为 $e_{2i}$。由于施工前后土中应力的变化,即 $p_{1i}$ 增至 $p_{2i}$ 引起的第 $i$ 层土的变形量 $\Delta s_i$ 利用公式(3-1)可得:

$$\Delta s_i = \frac{e_{1i} - e_{2i}}{1 + e_{1i}} h_i \tag{3-13}$$

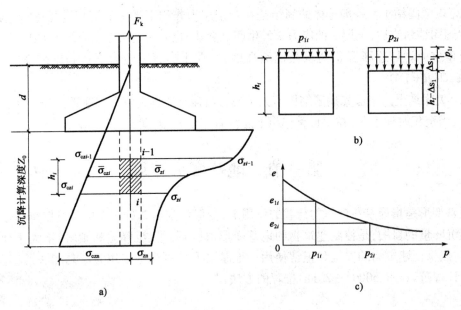

图3-6  分层总和法计算地基沉降

由式(3-2)得:

$$e_{1i} - e_{2i} = a_i(p_{2i} - p_{1i})$$

由式(3-6)得:

$$a_i = E_{si}(1 + e_{1i})$$

将上两式代入式(3-13),第 $i$ 层土的变形量 $\Delta s_i$ 又可表示为:

$$\Delta s_i = \frac{p_{2i} - p_{1i}}{E_{si}} h_i = \frac{\overline{\sigma_{zi}}}{E_{si}} h_i \tag{3-14}$$

则地基土的总变形为:

$$s = \sum_{i=1}^{n} \Delta s_i = \sum_{i=1}^{n} \frac{e_{1i} - e_{2i}}{1 + e_{1i}} h_i \tag{3-15}$$

或表示为:

$$s = \sum_{i=1}^{n} \frac{\overline{\sigma_{zi}}}{E_{si}} h_i \tag{3-16}$$

式中: $h_i$ ——第 $i$ 层土厚度;

$p_{1i}$ ——作用于第 $i$ 层土的平均自重应力 $\overline{\sigma_{czi}}$, $p_{1i} = \overline{\sigma_{czi}} = \frac{\sigma_{czi} + \sigma_{cz(i-1)}}{2}$, kPa;

$p_{2i}$ ——作用于第 $i$ 层土的平均自重应力 $\overline{\sigma_{czi}}$ 和平均附加应力 $\overline{\sigma_{zi}}$ 之和, $p_{2i} = \overline{\sigma_{czi}} + \overline{\sigma_{zi}}$, kPa;

$n$ ——计算深度范围内的土层数;

$\overline{\sigma}_{zi}$——第 $i$ 层土的附加应力平均值,$\overline{\sigma}_{zi} = \dfrac{\sigma_{zi} + \sigma_{z(i-1)}}{2}$,kPa;

$e_{1i}$——第 $i$ 层土的平均自重应力 $p_{1i}$ 作用下的孔隙比,kPa;

$e_{2i}$——第 $i$ 层土的平均总应力 $p_{2i}$ 作用下的孔隙比,kPa;

$E_{si}$——第 $i$ 层土的压缩模量,MPa。

### (三)分层总和法计算地基变形的步骤

(1)将基底以下土分为若干薄层,分层厚 $h_i \leqslant 0.4b$($b$ 为基底宽度)。天然土层面及地下水位标高处因为土质有变化,都应作为分层的一个界面。

(2)计算基底中心点下每一分层处土的自重应力 $\sigma_{cz}$ 和附加应力 $\sigma_z$,并绘出自重应力和附加应力曲线。

(3)确定地基压缩层深度 $z_n$,对一般土层应满足 $\sigma_{zn}/\sigma_{czn} \leqslant 0.2$,软弱土层应满足 $\sigma_{zn}/\sigma_{czn} \leqslant 0.1$ 的条件。

(4)确定每一分层土的平均自重应力 $\overline{\sigma}_{czi}$ 和平均附加应力 $\overline{\sigma}_{zi}$;或求 $p_{1i}$ 和 $p_{2i}$,进一步确定 $e_{1i}$ 和 $e_{2i}$。

(5)按照式(3-13)或式(3-14)分别计算每一层土的变形量。

(6)按式(3-15)或式(3-16)计算压缩层深度范围内地基最终变形量。

## 二 《建筑地基基础设计规范》(GB 5007—2011)推荐法

《建筑地基基础设计规范》(GB 5007—2011)推荐的计算地基最终沉降量的方法是一种简化的分层总和法,它是根据应力图形的性质,采用平均附加应力系数 $\overline{\alpha}_i$,对同一土层采用单一的压缩性指标,使计算得到简化,同时引入沉降计算经验系数 $\psi_s$ 使计算结果更接近于实际。

### (一)规范推荐法公式

根据大量建筑物的沉降观测资料,并与理论计算相对比。利用分层总和法计算的地基沉降,对于中等地基,计算沉降量与实测沉降量相近,即 $S_{计} \approx S_{实}$;对于软弱地基,计算沉降量小于实测沉降量,最多可相差 40%,即 $S_{计} < S_{实}$;对于坚实地基,计算地基沉降量远大于实测沉降量。

为了提高计算结果的准确性,规范在总结国内大量建筑物沉降观测资料的基础上,引入沉降经验系数来修正用分层总和法得到的计算值与实测值的差别。规范推荐的最终变形量的基本计算公式为:

$$s = \psi_s s' = \psi_s \sum_{i=1}^{n} \frac{p_0}{E_{si}} (\overline{\alpha}_i z_i - \overline{\alpha}_{i-1} z_{i-1}) \tag{3-17}$$

式中:$s$——地基最终沉降量,mm;

$s'$——按分层总和法计算出的地基最终沉降量,mm;

$n$——地基变形计算深度范围内所划分的土层数,如图3-7所示;

$p_0$——对应于作用的准永久组合时的基础底面处的附加压力,kPa;

$E_{si}$——基础底面下第 $i$ 层土的压缩模量,MPa,应取土的自重压力至土的自重压力与附加压力之和的压力段计算;

$z_i$、$z_{i-1}$——基础底面至第 $i$ 层土、第 $i-1$ 层土底面的距离,m;

$\overline{\alpha}_i$、$\overline{\alpha}_{i-1}$——基础底面计算点至第 $i$ 层土、第 $i-1$ 层土底面范围内平均附加应力系数,可按《建筑地基基础设计规范》(GB 5007—2011)附录 K 采用。可查表3-2得到;

$\psi_s$——沉降计算经验系数,根据地区沉降观测资料及经验确定,无地区经验时可根据变形计算深度范围内压缩模量的当量值 $\overline{E}_s$、基底附加压力按表3-3取值。

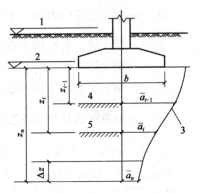

图3-7 基础沉降计算的分层示意图
1-天然地面标高;2-基底标高;3-平均附加应力系数 $\overline{\alpha}$ 曲线;4-$i-1$ 层、5-$i$ 层

矩形面积上均布荷载作用下角点的平均附加应力系数 $\overline{\alpha}$ 　　　　表3-2

| $z/b$ ＼ $l/b$ | 1.0 | 1.2 | 1.4 | 1.6 | 1.8 | 2.0 | 2.4 | 2.8 | 3.2 | 3.6 | 4.0 | 5.0 | 10.0 |
|---|---|---|---|---|---|---|---|---|---|---|---|---|---|
| 0.0 | 0.2500 | 0.2500 | 0.2500 | 0.2500 | 0.2500 | 0.2500 | 0.2500 | 0.2500 | 0.2500 | 0.2500 | 0.2500 | 0.2500 | 0.2500 |
| 0.2 | 0.2496 | 0.2497 | 0.2497 | 0.2498 | 0.2498 | 0.2498 | 0.2498 | 0.2498 | 0.2498 | 0.2498 | 0.2498 | 0.2498 | 0.2498 |
| 0.4 | 0.2474 | 0.2979 | 0.2481 | 0.2483 | 0.2483 | 0.2484 | 0.2485 | 0.2485 | 0.2485 | 0.2485 | 0.2485 | 0.2485 | 0.2485 |
| 0.6 | 0.2423 | 0.2437 | 0.2444 | 0.2448 | 0.2451 | 0.2452 | 0.2454 | 0.2455 | 0.2455 | 0.2455 | 0.2455 | 0.2455 | 0.2456 |
| 0.8 | 0.2346 | 0.2372 | 0.2387 | 0.2395 | 0.2400 | 0.2403 | 0.2407 | 0.2408 | 0.2409 | 0.2409 | 0.2410 | 0.2410 | 0.2410 |
| 1.0 | 0.2252 | 0.2291 | 0.2313 | 0.2326 | 0.2335 | 0.2340 | 0.2346 | 0.2349 | 0.2351 | 0.2352 | 0.2352 | 0.2353 | 0.2353 |
| 1.2 | 0.2149 | 0.2199 | 0.2229 | 0.2248 | 0.2260 | 0.2268 | 0.2278 | 0.2282 | 0.2285 | 0.2286 | 0.2287 | 0.2288 | 0.2289 |
| 1.4 | 0.2043 | 0.2102 | 0.2140 | 0.2164 | 0.2190 | 0.2191 | 0.02204 | 0.2211 | 0.2215 | 0.2217 | 0.2218 | 0.2220 | 0.2221 |
| 1.6 | 0.1939 | 0.2006 | 0.2049 | 0.2079 | 0.2099 | 0.2113 | 0.2130 | 0.2138 | 0.2143 | 0.2146 | 0.2148 | 0.2150 | 0.2152 |
| 1.8 | 0.1840 | 0.1912 | 0.1960 | 0.1994 | 0.2018 | 0.2034 | 0.2055 | 0.2066 | 0.2073 | 0.2077 | 0.2079 | 0.2082 | 0.2084 |
| 2.0 | 0.1746 | 0.1822 | 0.1875 | 0.1912 | 0.1938 | 0.1958 | 0.1982 | 0.1996 | 0.2004 | 0.2009 | 0.2012 | 0.2015 | 0.2018 |
| 2.2 | 0.1659 | 0.1737 | 0.1793 | 0.1833 | 0.1862 | 0.1883 | 0.1911 | 0.1927 | 0.1937 | 0.1943 | 0.1947 | 0.1952 | 0.1955 |
| 2.4 | 0.1578 | 0.1657 | 0.1715 | 0.1757 | 0.1789 | 0.1812 | 0.1843 | 0.1862 | 0.1873 | 0.1880 | 0.1885 | 0.1890 | 0.1895 |
| 2.6 | 0.1503 | 0.1583 | 0.1642 | 0.1686 | 0.1719 | 0.1745 | 0.1779 | 0.1799 | 0.1812 | 0.1820 | 0.1825 | 0.1832 | 0.1838 |
| 2.8 | 0.1433 | 0.1514 | 0.1574 | 0.1619 | 0.1654 | 0.1680 | 0.1717 | 0.1739 | 0.1753 | 0.1763 | 0.1769 | 0.1777 | 0.1784 |
| 3.0 | 0.1369 | 0.1449 | 0.1510 | 0.1556 | 0.1592 | 0.1619 | 0.1658 | 0.1682 | 0.1698 | 0.1708 | 0.1715 | 0.1725 | 0.1733 |
| 3.2 | 0.1310 | 0.1390 | 0.1450 | 0.1497 | 0.1533 | 0.1562 | 0.1602 | 0.1628 | 0.1645 | 0.1657 | 0.1664 | 0.1675 | 0.1685 |
| 3.4 | 0.1256 | 0.1334 | 0.1394 | 0.1441 | 0.1478 | 0.1508 | 0.1550 | 0.1577 | 0.1595 | 0.1607 | 0.1616 | 0.1628 | 0.1639 |
| 3.6 | 0.1205 | 0.1282 | 0.1342 | 0.1389 | 0.1427 | 0.1456 | 0.1500 | 0.1528 | 0.1548 | 0.1561 | 0.1570 | 0.1583 | 0.1595 |
| 3.8 | 0.1158 | 0.1234 | 0.1293 | 0.1340 | 0.1378 | 0.1408 | 0.1452 | 0.1482 | 0.1502 | 0.1516 | 0.1526 | 0.1541 | 0.1554 |
| 4.0 | 0.1114 | 0.1189 | 0.1248 | 0.1294 | 0.1332 | 0.1362 | 0.1408 | 0.1438 | 0.1459 | 0.1474 | 0.1485 | 0.1500 | 0.1516 |

| z/b \ l/b | 1.0 | 1.2 | 1.4 | 1.6 | 1.8 | 2.0 | 2.4 | 2.8 | 3.2 | 3.6 | 4.0 | 5.0 | 10.0 |
|---|---|---|---|---|---|---|---|---|---|---|---|---|---|
| 4.2 | 0.1073 | 0.1147 | 0.1205 | 0.1251 | 0.1289 | 0.1319 | 0.1356 | 0.1396 | 0.1418 | 0.1434 | 0.1445 | 0.1462 | 0.1479 |
| 4.4 | 0.1035 | 0.1107 | 0.1164 | 0.1210 | 0.1248 | 0.1279 | 0.1325 | 0.1357 | 0.1379 | 0.1396 | 0.1407 | 0.1425 | 0.1444 |
| 4.6 | 0.1000 | 0.1070 | 0.1127 | 0.1172 | 0.1209 | 0.1240 | 0.1287 | 0.1319 | 0.1342 | 0.1359 | 0.1371 | 0.1390 | 0.1410 |
| 4.8 | 0.0967 | 0.1036 | 0.1091 | 0.1136 | 0.1173 | 0.1204 | 0.1250 | 0.1283 | 0.1307 | 0.1324 | 0.1337 | 0.1357 | 0.1379 |
| 5.0 | 0.0935 | 0.1003 | 0.1057 | 0.1102 | 0.1139 | 0.1169 | 0.1216 | 0.1249 | 0.1273 | 0.1291 | 0.1304 | 0.1325 | 0.1348 |
| 5.2 | 0.0906 | 0.0972 | 0.1026 | 0.1070 | 0.1106 | 0.1136 | 0.1183 | 0.1217 | 0.1241 | 0.1259 | 0.1273 | 0.1295 | 0.1320 |
| 5.4 | 0.0878 | 0.0943 | 0.0996 | 0.1039 | 0.1075 | 0.1105 | 0.1152 | 0.1186 | 0.1211 | 0.1229 | 0.1243 | 0.1265 | 0.1292 |
| 5.6 | 0.0852 | 0.0916 | 0.0968 | 0.1010 | 0.1046 | 0.1076 | 0.1122 | 0.1156 | 0.1181 | 0.1200 | 0.1215 | 0.1238 | 0.1266 |
| 5.8 | 0.0828 | 0.0890 | 0.0941 | 0.0983 | 0.1018 | 0.1047 | 0.1094 | 0.1128 | 0.1153 | 0.1172 | 0.1187 | 0.1211 | 0.1240 |
| 6.0 | 0.0805 | 0.0866 | 0.0916 | 0.0957 | 0.0991 | 0.1021 | 0.1067 | 0.1101 | 0.1126 | 0.1146 | 0.1161 | 0.1185 | 0.1216 |
| 6.2 | 0.0783 | 0.0842 | 0.0891 | 0.0932 | 0.0966 | 0.0995 | 0.1041 | 0.1075 | 0.1101 | 0.1120 | 0.1136 | 0.1161 | 0.1193 |
| 6.4 | 0.0762 | 0.0820 | 0.0869 | 0.0909 | 0.0942 | 0.0971 | 0.1016 | 0.1050 | 0.1076 | 0.1096 | 0.1111 | 0.1137 | 0.1171 |
| 6.6 | 0.0742 | 0.0799 | 0.0847 | 0.0886 | 0.0919 | 0.0948 | 0.0993 | 0.1027 | 0.1053 | 0.1073 | 0.1088 | 0.1114 | 0.1149 |
| 6.8 | 0.0723 | 0.0779 | 0.0826 | 0.0865 | 0.0898 | 0.0926 | 0.0970 | 0.1004 | 0.1030 | 0.1050 | 0.1066 | 0.1092 | 0.1129 |
| 7.0 | 0.0705 | 0.0761 | 0.0806 | 0.0844 | 0.0877 | 0.0904 | 0.0949 | 0.0982 | 0.1008 | 0.1028 | 0.1044 | 0.1071 | 0.1109 |
| 7.2 | 0.0688 | 0.0742 | 0.0787 | 0.0825 | 0.0857 | 0.0884 | 0.0928 | 0.0962 | 0.0987 | 0.1008 | 0.1023 | 0.1051 | 0.1090 |
| 7.4 | 0.0672 | 0.0725 | 0.0769 | 0.0806 | 0.0838 | 0.0865 | 0.0908 | 0.0942 | 0.0967 | 0.0988 | 0.1004 | 0.1031 | 0.1071 |
| 7.6 | 0.0656 | 0.0709 | 0.0752 | 0.0789 | 0.0820 | 0.0846 | 0.0889 | 0.0922 | 0.0948 | 0.0968 | 0.0984 | 0.1012 | 0.1054 |
| 7.8 | 0.0642 | 0.0693 | 0.0736 | 0.0771 | 0.0802 | 0.0828 | 0.0871 | 0.0904 | 0.0929 | 0.0950 | 0.0966 | 0.0994 | 0.1036 |
| 8.0 | 0.0627 | 0.0678 | 0.0720 | 0.0755 | 0.0785 | 0.0811 | 0.0853 | 0.0886 | 0.0912 | 0.0932 | 0.0948 | 0.0976 | 0.1020 |
| 8.2 | 0.0614 | 0.0663 | 0.0705 | 0.0739 | 0.0769 | 0.0795 | 0.0837 | 0.0869 | 0.0894 | 0.0914 | 0.0931 | 0.0959 | 0.1004 |
| 8.4 | 0.0601 | 0.0649 | 0.0690 | 0.0724 | 0.0754 | 0.0779 | 0.0820 | 0.0852 | 0.0878 | 0.0898 | 0.0914 | 0.0943 | 0.0988 |
| 8.6 | 0.0588 | 0.0636 | 0.0676 | 0.0710 | 0.0739 | 0.0764 | 0.0805 | 0.0836 | 0.0862 | 0.0882 | 0.0898 | 0.0927 | 0.0973 |
| 8.8 | 0.0576 | 0.0623 | 0.0663 | 0.0696 | 0.0724 | 0.0749 | 0.0790 | 0.0821 | 0.0846 | 0.0866 | 0.0882 | 0.0912 | 0.0959 |
| 9.2 | 0.0554 | 0.0599 | 0.0637 | 0.0670 | 0.0697 | 0.0721 | 0.0761 | 0.0792 | 0.0817 | 0.0837 | 0.0853 | 0.0882 | 0.0931 |
| 9.6 | 0.0533 | 0.0577 | 0.0614 | 0.0645 | 0.0672 | 0.0696 | 0.0734 | 0.0765 | 0.0789 | 0.0809 | 0.0825 | 0.0855 | 0.0905 |
| 10.0 | 0.0514 | 0.0556 | 0.0592 | 0.0622 | 0.0649 | 0.0672 | 0.0710 | 0.0739 | 0.0763 | 0.0783 | 0.0799 | 0.0829 | 0.0880 |
| 10.4 | 0.0496 | 0.0533 | 0.0572 | 0.0601 | 0.0627 | 0.0649 | 0.0686 | 0.0716 | 0.0739 | 0.0759 | 0.0775 | 0.0804 | 0.0857 |
| 10.8 | 0.0479 | 0.0519 | 0.0553 | 0.0581 | 0.0606 | 0.0628 | 0.0664 | 0.0693 | 0.0717 | 0.0736 | 0.0751 | 0.0781 | 0.0834 |
| 11.2 | 0.0463 | 0.0502 | 0.0535 | 0.0563 | 0.0587 | 0.0606 | 0.0644 | 0.0672 | 0.0695 | 0.0714 | 0.0730 | 0.0795 | 0.0813 |
| 11.6 | 0.0448 | 0.0486 | 0.0518 | 0.0545 | 0.0569 | 0.0590 | 0.0625 | 0.0652 | 0.0675 | 0.0694 | 0.0709 | 0.0738 | 0.0793 |
| 12.0 | 0.0435 | 0.0471 | 0.0502 | 0.0529 | 0.0552 | 0.0573 | 0.0606 | 0.0634 | 0.0656 | 0.0674 | 0.0690 | 0.0719 | 0.0774 |
| 12.8 | 0.0409 | 0.0444 | 0.0474 | 0.0499 | 0.0521 | 0.0541 | 0.0573 | 0.0599 | 0.0621 | 0.0639 | 0.0654 | 0.0682 | 0.0739 |
| 13.6 | 0.0387 | 0.0420 | 0.0448 | 0.0472 | 0.0493 | 0.0512 | 0.0543 | 0.0568 | 0.0589 | 0.0607 | 0.0621 | 0.0649 | 0.0707 |

| $z/b$ \ $l/b$ | 1.0 | 1.2 | 1.4 | 1.6 | 1.8 | 2.0 | 2.4 | 2.8 | 3.2 | 3.6 | 4.0 | 5.0 | 10.0 |
|---|---|---|---|---|---|---|---|---|---|---|---|---|---|
| 14.4 | 0.0367 | 0.0398 | 0.0425 | 0.0448 | 0.0468 | 0.0486 | 0.0516 | 0.0540 | 0.0561 | 0.0577 | 0.0592 | 0.0619 | 0.0677 |
| 15.2 | 0.0349 | 0.0379 | 0.0404 | 0.0426 | 0.0446 | 0.0463 | 0.0492 | 0.0515 | 0.0535 | 0.0551 | 0.0565 | 0.0592 | 0.0650 |
| 16.0 | 0.0332 | 0.0361 | 0.0385 | 0.0407 | 0.0425 | 0.0442 | 0.0492 | 0.0469 | 0.0511 | 0.0527 | 0.0540 | 0.0567 | 0.0625 |
| 18.0 | 0.0297 | 0.0323 | 0.0345 | 0.0364 | 0.0381 | 0.0396 | 0.0442 | 0.0442 | 0.0460 | 0.0475 | 0.0487 | 0.0512 | 0.0570 |
| 20.0 | 0.0269 | 0.0292 | 0.0312 | 0.0330 | 0.0345 | 0.0359 | 0.0383 | 0.0402 | 0.0418 | 0.0432 | 0.0444 | 0.0468 | 0.0524 |

**沉降计算经验系数 $\varphi_s$**　　　　　　　表 3-3

| 基底附加应力 \ $\overline{E}_s$ (MPa) | 2.5 | 4.0 | 7.0 | 15.0 | 20.0 |
|---|---|---|---|---|---|
| $p_0 \geqslant f_{ak}$ | 1.4 | 1.3 | 1.0 | 0.4 | 0.2 |
| $p_0 \leqslant 0.75 f_{ak}$ | 1.1 | 1.0 | 0.7 | 0.4 | 0.2 |

注:1. $f_{ak}$ 为地基承载力特征值,kPa;

2. $\overline{E}_s$ 为变形计算深度范围内压缩模量的当量值。

$\overline{E}_s$ 应按下式计算:

$$\overline{E}_s = \frac{\sum A_i}{\sum \dfrac{A_i}{E_{si}}} \tag{3-18}$$

式中:$A_i$——第 $i$ 层土附加应力系数沿土层厚度的积分值;

$E_{si}$——第 $i$ 层土的压缩模量。

$$A_i = \overline{\alpha}_i z_i - \overline{\alpha}_{i-1} z_{i-1} \tag{3-19}$$

矩形面积三角形分布荷载作用下,圆形面积上均布荷载作用下中点的平均附加应力系数表见《建筑地基基础设计规范》(GB 5007—2011)附录 K。

**(二)地基变形计算深度 $z_n$**

与分层总和法的规定不同,规范规定地基变形计算深度 $z_n$ 应符合下式要求:

$$\Delta s_n' \leqslant 0.025 \sum_{i=1}^{n} \Delta s_i' \tag{3-20}$$

式中:$\Delta s_i'$——在计算深度范围内,第 $i$ 层土的计算变形值,mm;

$\Delta s_n'$——在计算深度向上取厚度为 $\Delta z$ 土层的计算变形值,mm。$\Delta z$ 按表 3-4 确定。

**$\Delta z$ 取值表**　　　　　　　表 3-4

| $b$ (m) | $b \leqslant 2$ | $2 < b \leqslant 4$ | $4 < b \leqslant 8$ | $8 < b$ |
|---|---|---|---|---|
| $\Delta z$ (m) | 0.3 | 0.6 | 0.8 | 1.0 |

如按式(3-20)确定的地基变形计算深度下部仍有较软土层时,在相同压力条件下,变形会增大,尚应继续向下计算,直至软弱土层中所取规定厚度 $\Delta z$ 的计算变形满足上式为止。

当无相邻荷载影响,基础宽度在 $1\sim30m$ 范围内时,基础中点的地基变形计算深度也可按简化公式(3-21)进行计算。在计算深度范围内存在基岩时,$z_n$ 可取至基岩表面;当存在较厚的坚硬黏性土层,其孔隙比小于0.5、压缩模量大于50MPa,或存在较厚的密实砂卵石层,其压缩模量大于80MPa时,$z_n$ 可取至该层土表面。

$$z_n = b(2.5 - 0.4\ln b) \tag{3-21}$$

式中:$b$——基础宽度,m。

【例题3-1】 已知矩形基础,底面尺寸为 $l \times b = 4 \times 2 m^2$,基础的埋置深度为 $d = 1.5m$,上部柱传到基础顶面的竖向荷载准永久值为 $F_k = 1100kN$,持力层土的地基承载力特征值为 $f_{ak} = 125kPa$,地基土层如图3-8a)所示,实测地基沉降量为78mm,试分别用分层总和法和规范方法计算基础中点处的最终沉降量,并与实测值进行比较。

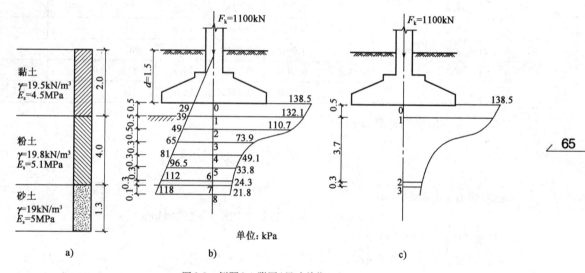

图3-8 例题3-1 附图(尺寸单位:m)

【解】 第一种方法:用分层总和法计算基础的最终沉降量。

(1)计算基础及其台阶上回填土的平均重量

$$G_k = \gamma_G A \bar{h} = 20 \times 4 \times 2 \times 1.5 = 240kN$$

(2)计算由准永久值产生的基底压力 $p_k$

$$p_k = \frac{F_k + G_k}{A} = \frac{1100 + 240}{4 \times 2} = 167.5kPa$$

(3)计算基底附加压力 $p_0$

$$p_0 = p_k - \sigma_{cz} = 167.5 - 19.5 \times 1.5 = 138.5kPa$$

(4)将基础底面以下的土层分层,天然土层面作为分层的界面。分层厚度 $h_i \leqslant 0.4b = 0.4 \times 2 = 0.8m$,具体的分层情况,如图3-8所示。

(5)计算各分层界面处的自重应力 $\sigma_{cz}$,其计算结果见表3-5,并画出自重应力分布图如图

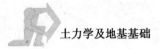

3-8b)所示。

现以 0、1、2 点为例说明计算过程：

0 点             $\sigma_{cz} = 19.5 \times 1.5 = 29\text{kPa}$

1 点             $\sigma_{cz} = 29 + 19.5 \times 0.5 = 39\text{kPa}$

2 点             $\sigma_{cz} = 39 + 19.8 \times 0.5 = 49\text{kPa}$

(6)计算各分层界面处的附加应力 $\sigma_z$，计算结果也见表3-5，画出附加应力分布图(如图3-8所示)。

各分层界面处的附加应力          表3-5

| 点 | $z(\text{m})$ | $l/b$ | $z/b$ | $\alpha$ | $4\alpha$ | $\sigma_{zi}(\text{kPa})$ | $\sigma_{czi}(\text{kPa})$ | $\sigma_z/\sigma_{cz}$ | $z_n(\text{m})$ |
|---|---|---|---|---|---|---|---|---|---|
| 0 | 0 | | 0 | 0.2500 | 1.000 | 138.5 | 29 | — | — |
| 1 | 0.5 | | 0.5 | 0.2384 | 0.9536 | 132.1 | 39 | — | — |
| 2 | 1.0 | | 1.0 | 0.1999 | 0.7996 | 110.7 | 49 | — | — |
| 3 | 1.8 | 2 | 1.8 | 0.1334 | 0.5336 | 73.9 | 65 | — | — |
| 4 | 2.6 | | 2.6 | 0.0887 | 0.3548 | 49.1 | 81 | — | — |
| 5 | 3.4 | | 3.4 | 0.0611 | 0.2444 | 33.8 | 96.5 | — | — |
| 6 | 4.2 | | 4.2 | 0.0439 | 0.1756 | 24.3 | 112 | — | — |
| 7 | 4.5 | | 4.5 | 0.0393 | 0.1572 | 21.8 | 118 | 0.185 | 4.5 |

现以 1 点为例说明计算过程：

$$\frac{l}{b} = 2/1 = 2, \frac{z}{b} = 0.5/1 = 0.5$$

查表得 $\alpha = 0.2384$。则：

$$\sigma_{z1} = 4\alpha p_0 = 4 \times 0.2384 \times 138.5 = 132.1\text{kPa}$$

(7)确定地基压缩层深度 $z_n$。

从自重应力和附加应力分布曲线上可知，当 $z = 4.5\text{m}$ 时，有：

$$\frac{\sigma_z}{\sigma_{cz}} = \frac{21.8}{118} = 0.185 < 0.2$$

所以取 $z_n = 4.5\text{m}$ 即可。

(8)计算各分层的平均自重应力 $\overline{\sigma}_{czi}$ 和平均附加应力 $\overline{\sigma}_{zi}$，计算结果见表3-6。

例如：对 0~1 分层，有：

$$\overline{\sigma}_{czi} = \frac{\sigma_{czi} + \sigma_{czi-1}}{2} = \frac{29 + 39}{2} = 34\text{kPa}$$

$$\overline{\sigma}_{zi} = \frac{\sigma_{zi} + \sigma_{zi-1}}{2} = \frac{138.5 + 132.1}{2} = 135.3\text{kPa}$$

(9)利用公式 $\Delta s_i = \dfrac{\overline{\sigma}_{zi}}{E_{si}} h_i$ 求各分层的沉降量，计算结果见表3-6。

（10）利用公式 $s = \sum\limits_{i=1}^{7} \Delta s_i = \Delta s_1 + \Delta s_2 + \cdots + \Delta s_7$，求总沉降量 $s$。

由表3-6得基础的最终沉降量为63.48mm。

**各分层土的沉降量** 表3-6

| 土 层 | 层厚(mm) | $\overline{\sigma}_{czi}$(kPa) | $\overline{\sigma}_{zi}$(kPa) | $E_{si}$(kPa) | $\Delta s_i = \dfrac{\overline{\sigma}_{zi}}{E_{si}} h_i$(mm) | $s = \sum\limits_{i=1}^{7} \Delta s_i$(mm) |
|---|---|---|---|---|---|---|
| 0~1 | 500 | 34 | 135.3 | 4.5 | 15.03 | — |
| 1~2 | 500 | 44 | 121.4 | 5.1 | 11.9 | — |
| 2~3 | 800 | 57 | 92.3 | 5.1 | 14.48 | — |
| 3~4 | 800 | 73 | 61.5 | 5.1 | 9.65 | — |
| 4~5 | 800 | 89 | 41.45 | 5.1 | 6.50 | — |
| 5~6 | 800 | 104 | 29.05 | 5.1 | 4.56 | — |
| 6~7 | 300 | 115 | 23.05 | 5.1 | 1.36 | 63.48 |

第二种计算方法：用规范法计算基础的最终沉降量。

计算步骤（1）、（2）、（3）同分层总和法。

（4）计算压缩层深度 $z_n$

$$z_n = b(2.5 - 0.4\ln b) = 2 \times (2.5 - 0.4\ln 2) = 4.445\text{m} \approx 4.5\text{m}$$

沉降深度计算至粉质黏土层底面。

（5）划分土层

取天然土层作为分界面，但考虑到变形比法复核计算深度是否满足，因为 $b = 2\text{m}$，按照表 3-4，取 $\Delta z = 0.3\text{m}$，则从粉质黏土层底面向上取 0.3m 作为一层，具体划分情况如图3-7c）所示。

（6）基础沉降量计算过程见表3-7。

表3-7

| 点 | $z$ (m) | $l/b$ | $z/b$ | $\overline{\alpha}_i$ | $\overline{\alpha}_i z_i$ (mm) | $\overline{\alpha}_i z_i - \overline{\alpha}_{i-1} z_{i-1}$ (mm) | $p_0$ (kPa) | $E_{si}$ (kPa) | $\Delta s'_i = \dfrac{p_0}{E_{si}}(\overline{\alpha}_i z_i - \overline{\alpha}_{i-1} z_{i-1})$ (mm) |
|---|---|---|---|---|---|---|---|---|---|
| 0 | 0 | | 0 | $4 \times 0.25 = 1.00$ | 0 | 0 | | 4.5 | |
| 1 | 0.5 | | 0.5 | $4 \times 0.2468 = 0.9872$ | 493.60 | 493.60 | | 5.1 | 0~1 层土：$\dfrac{138.5 \times 10^{-3} \times 493.6}{4.5} = 15.19$ |
| 2 | 4.2 | $2/1 = 2$ | 4.2 | $4 \times 0.1319 = 0.5276$ | 2215.92 | 1722.32 | 138.5 | 5.1 | 1~2 层土：$\dfrac{138.5 \times 10^{-3} \times 1722.6}{5.1} = 46.77$ |
| 3 | 4.5 | | 4.5 | $4 \times 0.126 = 0.504$ | 2268.00 | 52.08 | | 5.1 | 2~3 层土：$\dfrac{138.5 \times 10^{-3} \times 52.08}{5.1} = 1.41$ |
| — | — | | — | — | — | — | | $s = \sum \Delta s'_i = 63.37$ | |

注：对矩形基础的中点来说，求平均附加应力系数 $\overline{\alpha}_i$ 时，应把矩形分为四块相等的小面积，基础的中点为四个小矩形的角点，计算 $m = l/b$，$n = z/b$，查表3-2得到的平均附加应力系数应乘以4。

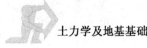

（7）复核压缩层深度 $z_n$

由表 3-7 计算可知，$\dfrac{\Delta s'_n}{\sum\limits_{i=1}^{3} \Delta s'_i} = \dfrac{1.41}{63.37} = 0.022 < 0.025$，符合要求。

（8）计算沉降经验系数 $\varphi_s$

$$\overline{E}_s = \frac{\sum A_i}{\sum \dfrac{A_i}{E_{si}}} = \frac{\sum (\overline{\alpha}_i z_i - \overline{\alpha}_{i-1} z_{i-1})}{\sum \dfrac{(\overline{\alpha}_i z_i - \overline{\alpha}_{i-1} z_{i-1})}{E_{si}}} = \frac{493.6 + 1722.32 + 52.08}{\dfrac{493.6}{4.5} + \dfrac{1722.32}{5.1} + \dfrac{52.08}{5.1}} = 4.96 \text{MPa}$$

因为 $p_0 = 138.5 > f_{ak} = 125 \text{kPa}$，查表 3-3 并用内插法得：

$$\varphi_s = 1.3 - \frac{1.3 - 1.0}{7 - 4} \times (4.96 - 4) = 1.2$$

（9）计算地基最终沉降量

$$s = \varphi_s \cdot s' = 1.2 \times 63.37 = 76 \text{mm}$$

分层总和法计算结果和规范法计算结果与实测值比较，可知规范法的计算结果更接近实测值。

### 三 相邻荷载对地基沉降的影响

相邻荷载产生附加应力扩散时，产生应力叠加，引起地基的附加沉降。在软弱地基中，这种附加沉降可达自身引起沉降量的 50% 以上，往往导致建筑物发生事故。

相邻荷载影响因素包括：①两基础的距离；②荷载大小；③地基土的性质；④施工先后顺序等。其中以两基础的距离为最主要因素。若距离越近，荷载越大，地基越软弱，则影响越大，因此要合理控制相邻建筑物基础间的净距。软弱地基相邻建筑物基础间的净距可按表 3-8 选用。

相邻建筑物基础间的净距　　　　　　　　　　　　　　表 3-8

| 影响建筑物的预估平均沉降 $s(\text{mm})$ | 被影响建筑物的长高比 | |
|---|---|---|
| | $2.0 \leqslant l/H_f < 3.0$ | $3.0 \leqslant l/H_f < 5.0$ |
| 70~150 | 2~3 | 3~6 |
| 160~250 | 3~6 | 6~9 |
| 260~400 | 6~9 | 9~12 |
| >400 | 9~12 | $\geqslant 12$ |

注：1. $l$ 表中为建筑物长度或沉降缝分隔的单元长度，m；$H_f$ 为自基础底面标高算起的建筑物高度，m。

　　2. 当被影响建筑物的长高比为 $1.5 < l/H_f < 2.0$ 时，其净间距可适当减小。

当需要考虑相邻荷载影响时，可用角点法计算相邻荷载引起地基中的附加应力，并按沉降计算公式计算附加沉降量。

例如，两个基础甲、乙相邻，需计算乙基础底面的附加应力 $p_0$ 对甲基础中心点引起的附加

沉降量 $s_0$。由图 3-9 可知:所求沉降量 $s_0$ 是由矩形均布荷载 $p_0$ 引起的,利用角点法应等于由矩形面积 $A_{oabc}$ 在 $o$ 点引起的沉降量 $s_{oabc}$ 减去由矩形面积 $A_{odec}$ 在 $O$ 点引起的沉降量的 $s_{odec}$ 两倍。即:

$$s_0 = 2(s_{oabc} - s_{odec})$$

由分层总和法或《建筑地基基础设计规范》(GB 50007—2011)推荐法,分别计算矩形面积受均布荷载作用下的 $s_{oabc}$ 与 $s_{odec}$ 即得。具体计算详见例题 3-2。

【例题 3-2】 已知基础平面和各层土的压缩模量,如图 3-10 所示,两基础在荷载效应准永久值作用下的底面处的平均压力均为 $p_k = 200kPa$,基础埋深 $d = 1.5m$,试按照规范推荐方法求基础 I 的最终沉降量,并考虑相邻基础 II 的影响。

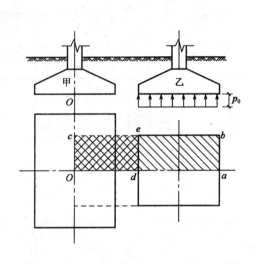

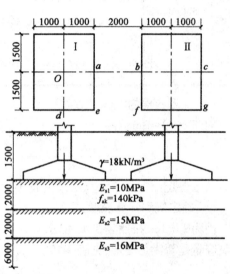

图 3-9　角点法计算相邻荷载影响　　　　图 3-10　例题 3-2 附图(尺寸单位:mm)

【解】 (1)计算基底附加压力 $p_0$

$$p_0 = p_k - \sigma_{cz} = 200 - 18 \times 1.5 = 173kPa$$

(2)计算平均附加应力系数 $\overline{\alpha_i}$。考虑基础 II 对基础 I 的影响,采用角点法。以基础中心点下 $z = 2m$ 处为例计算。

①基础 I 的荷载基础中心点下 $z = 2m$ 处产生附加应力系数 $\overline{\alpha_{1i}}$。

对面积 $oaed$:$m = l/b = 1.5/1.0 = 1.5$,$n = z/b = 2.0/1.0 = 2.0$,查表 3-2 并插值得 $\overline{\alpha}_{oaed} = 0.1894$,因为 $\overline{\alpha_{1i}} = 4\overline{\alpha}_{oaed}$,所以 $\overline{\alpha_1} = 4 \times 0.1894 = 0.7576$。

②基础 II 的荷载在基础 I 的中心点下 $z = 2m$ 处产生附加应力系数 $\overline{\alpha_{2i}}$。

由图可知:$\overline{\alpha_{2i}} = 2(\overline{\alpha}_{ocgd} - \overline{\alpha}_{obfd})$。

对面积 $ocgd$:$m = l/b = 5.0/1.5 = 3.0$,$n = z/b = 2.0/1.5 = 1.3$,查表 3-2 并插值得 $\overline{\alpha}_{ocgd} = 0.2250$。

对面积 $obfd$:$m = l/b = 3.0/1.5 = 2.0$,$n = z/b = 2.0/1.5 = 1.3$,查表 3-2 并插值得 $\overline{\alpha}_{obfd} = 0.2230$。

所以 $\overline{\alpha_2} = 2(\overline{\alpha}_{ocgd} - \overline{\alpha}_{obfd}) = 2 \times (0.2250 - 0.2230) = 0.0040$。

第三章　土的压缩性和地基变形计算

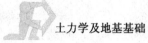 

③基础 I 的中心点下 $z = 2\text{m}$ 处总的平均附加应力系数为：

$$\overline{\alpha} = \overline{\alpha}_1 + \overline{\alpha}_2 = 0.7576 + 0.0040 = 0.7616$$

用相同的方法可得到其他深度范围内的平均附加应力系数见表3-9。

平均附加应力系数计算　　　　　　　　　　表3-9

| $z_i$ (m) | 基　础　 I | | | 基础 II 对基础 I 的影响 | | | $\overline{\alpha}_i$ |
|---|---|---|---|---|---|---|---|
| | $l/b$ | $z_i/b$ | $\overline{\alpha}_{1i}$ | $l/b$ | $z_i/b$ | $\overline{\alpha}_{2i}$ | |
| 0 | | 0 | — | | 0 | — | 0 |
| 2.0 | | $2/1 = 2.0$ | $4 \times 0.1894 = 0.7576$ | | $2/1.5 = 1.3$ | $2(0.2250 - 0.2230)$ $= 0.0040$ | 0.7616 |
| 3.7 | $1.5/1 = 1.5$ | $4/1 = 4.0$ | $4 \times 0.1271 = 0.5084$ | $5.0/1.5 = 3.3$ $3.0/1.5 = 2.0$ | $4/1.5 = 2.7$ | $2(0.1785 - 0.1713)$ $= 0.0144$ | 0.5228 |
| 4.0 | | $3.7/1 = 3.7$ | $4 \times 0.1341 = 0.5364$ | | $3.7/1.5 = 2.5$ | $2(0.1845 - 0.1779)$ $= 0.0133$ | 0.5497 |

（3）计算各层的沉降量 $\Delta s_i'$

对于 $z = 0 \sim 2\text{m}$，有：

$$\Delta s_i' = \frac{p_0(\overline{\alpha}_i z - \overline{\alpha}_{i-1} z_{i-1})}{E_{si}} = \frac{173}{8} \times (2 \times 0.7616 - 0) = 32.9\text{mm}$$

其余各层的沉降量计算结果见表3-10。

（4）确定沉降计算深度 $Z_n$

因为 $b = 2\text{m}$，按照表3-4，取 $\Delta z = 0.3\text{m}$，则从 $z = 4\text{m}$ 处向上取 $0.3\text{m}$ 作为一层，并验算该层的沉降量是否满足变形，见表3-10。

沉　降　计　算　结　果　　　　　　　　　　表3-10

| $z_i$(m) | $\overline{\alpha}_i z_i$ (m) | $\overline{\alpha}_i z_i - \overline{\alpha}_{i-1} z_{i-1}$ (m) | $E_{si}$ (kPa) | $\Delta s_i' = \frac{p_0}{E_{si}}(\overline{\alpha}_i z_i - \overline{\alpha}_{i-1} z_{i-1})$ (mm) | $\sum_{i=1}^{3} \Delta s_i'$ (mm) | $\dfrac{\Delta s_n'}{\sum_{i=1}^{3} \Delta s_i'}$ |
|---|---|---|---|---|---|---|
| 0 | 0 | — | | — | — | — |
| 2.0 | 1.523 | 1.523 | 10 | 26.5 | — | — |
| 3.7 | 2.034 | 0.511 | 15 | 5.89 | — | — |
| 4.0 | 2.091 | 0.057 | 15 | 0.66 | 32.9 | 0.02 |

由表3-10计算可知，$\dfrac{\Delta s_n'}{\sum\limits_{i=1}^{3} \Delta s_i'} = \dfrac{0.66}{32.9} = 0.62 < 0.025$，满足计算深度要求。故取计算深度 $Z_n = 4\text{m}$。

（5）计算沉降经验系数 $\psi_s$

$$\overline{E}_s = \frac{\sum A_i}{\sum \dfrac{A_i}{E_{si}}} = \frac{\sum(\overline{\alpha}_i z_i - \overline{\alpha}_{i-1} z_{i-1})}{\sum \dfrac{(\overline{\alpha}_i z_i - \overline{\alpha}_{i-1} z_{i-1})}{E_{si}}} = \frac{1.523 + 0.057 + 0.511}{\dfrac{1.523}{10} + \dfrac{0.057}{15} + \dfrac{0.511}{15}} = 11\text{MPa}$$

因为 $p_0 = 173 > f_{ak} = 140 \text{kPa}$，查表3-3并用内插法得 $\psi_s = 0.7$。

（6）计算地基最终沉降量

$$s = \psi_s \cdot s' = 0.7 \times 32.9 = 23.03 \text{mm}$$

### 四 地基沉降与时间的关系

在建筑物设计中，既要计算地基最终沉降量，还需要知道沉降与时间的关系，以便预留建筑物有关部分之间的净空，合理选择连接方法和施工顺序。对发生裂缝、倾斜等事故的建筑物，也需要知道沉降与时间的关系，以便对沉降计算值和实测值进行分析。

地基沉降的最终沉降量，是在建筑物荷载产生的附加应力作用下，使土的孔隙发生压缩而引起的。对于饱和土体，压缩必须使孔隙中的水分排出后才能完成。孔隙中水分的排除需要一定的时间，通常碎石土和砂土地基渗透性大、压缩性小，地基沉降趋于稳定的时间很短。而饱和厚黏性土地基的孔隙小、压缩性大，沉降往往需要几年甚至几十年才能达到稳定。一般建筑物在施工期间完成的沉降量，对于砂土可认为其最终沉降量已完成80%以上；对于低压缩性黏性土可以认为已完成最终沉降量的50%～80%；对于中压缩性土可以认为已完成20%～50%；对于高压缩性土可以认为已完成5%～20%。因此，工程实践中一般只考虑黏性土的变形与时间之间的关系。

地基沉降与时间的关系可采用固结理论或经验公式估算（具体应用时可参考有关资料）。

## 第四节　建筑物沉降观测与地基变形允许值

### 一 建筑物的沉降观测

**（一）沉降观测的目的**

（1）验证工程设计与沉降计算的正确性。

（2）判别建筑物施工的质量。

（3）发生事故后作为分析事故原因和加固处理的依据。

**（二）沉降观测的必要性**

对一级建筑物、高层建筑、重要的新型的或典型的建筑物、体型复杂、形式特殊或构造上使用上对不均匀沉降有严格限制的建筑物、大型高炉、平炉，以及软弱地基或地基软硬突变，存在故河道、池塘、暗浜或局部基岩出露等建筑物，为保障建筑物的安全，应进行施工期间与竣工后使用期间系统的沉降观测。

**（三）水准基点的设置**

以保证水准基点的稳定可靠为原则，宜设置在基岩上或压缩性较低的土层上。水准基点的位置应靠近观测点并在建筑物产生的压力影响范围以外不受行人车辆碰撞的地点。在一个观测区内水准基点不应少于 3 个。

### (四) 观测点的设置

观测点的布置应能全面反映建筑物的变形并结合地质情况确定,如建筑物 4 个角点、沉降缝两侧、高低层交界处、地基土软硬交界两侧等。数量不少于 6 个点。

### (五) 仪器与精度

沉降观测的仪器宜采用精密水平仪和钢尺,对第一观测对象宜固定测量工具、固定人员,观测前应严格校验仪器。

测量精度宜采用 Ⅱ 级水准测量,视线长度宜为 20 ~ 30m;视线高度不宜低于 0.3m。水准测量应采用闭合法。

### (六) 观测次数和时间

要求前密后稀。民用建筑每建完一层(包括地下部分)应观测一次;工业建筑按不同荷载阶段分次观测,施工期间观测不应少于 4 次。建筑物竣工后的观测:第一年不少于 3 ~ 5 次,第二年不少于 2 次,以后每年 1 次,直至下沉稳定为止。稳定标准半年沉降 $s \leqslant 2mm$,特殊情况如突然发生严重裂缝或大量沉降应增加观测次数。

在基坑较深时,可考虑开挖后的回弹观测。

## 二 地基允许变形值

### (一) 地基变形特征

不同类型的建筑物对地基变形的适应性不同。在验算地基变形时,对不同建筑物应采用不同的地基变形特征与允许变形值进行比较。《建筑地基基础设计规范》(GB 50007—2011) 将地基变形特征分为以下四种:

(1) 沉降量:指基础中心点的沉降量,如图 3-11 所示,以 mm 为单位。对单层排架结构柱基和地基均匀、无相邻荷载影响的高耸结构基础变形由沉降量控制。

(2) 沉降差:指两相邻单独基础沉降量的差值,$\Delta s = s_1 - s_2$,如图 3-12 所示,以 mm 为单位。对于建筑物地基不均匀、有相邻荷载影响和荷载差异较大的框架结构、单层排架结构,须验算基础沉降差。

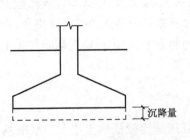

图 3-11　基础沉降量

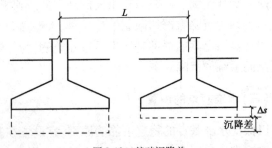

图 3-12　基础沉降差

（3）倾斜：指单独基础倾斜方向两端点的沉降差与其距离之比值 $\Delta s/b$，如图 3-13 所示。对于地基不均匀或有相邻荷载影响的多层、高层建筑物基础及高耸结构基础，须验算基础的倾斜。

（4）局部倾斜：指砌体承重结构沿纵墙 6~10m 之间基础两点的沉降差与其距离之比值，如图 3-14 所示。根据对实际工程的调查分析可知，砌体结构墙身开裂，大多数都是由于墙身局部倾斜超过允许值所引起的。因此，当地基均匀性较差、荷载差异较大，且建筑体型较复杂时，就需要对墙身进行倾斜验算。

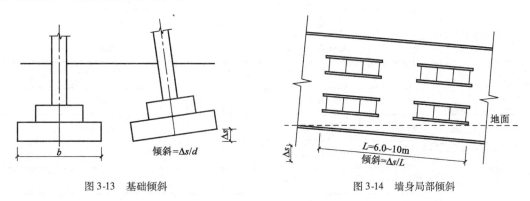

图 3-13　基础倾斜　　　　　　　　　图 3-14　墙身局部倾斜

## （二）地基变形允许值

《建筑地基基础设计规范》（GB 5007—2011）根据大量的常见建筑物的类型、变形特征及观测资料进行分析得出地基变形允许值，要求建筑物的地基变形特征值不应大于地基变形允许值。地基变形允许值见表 3-11。

建筑物的地基变形允许值　　　　　　　　　　　　表 3-11

| 变形特征 | | 地基土类别 | |
|---|---|---|---|
| | | 中、低压缩性土 | 高压缩性土 |
| 砌体承重结构基础的局部倾斜 | | 0.002 | 0.003 |
| 工业与民用建筑相邻柱基的沉降差 | 框架结构 | 0.002l | 0.003l |
| | 砌体墙填充的边排柱 | 0.0007l | 0.001l |
| | 当基础不均匀沉降时不产生附加应力的结构 | 0.005l | 0.005l |
| 单层排架结构（柱距为 6m）柱基的沉降量（mm） | | （120） | 200 |
| 桥式吊车轨面的倾斜（按不调整轨道考虑） | 纵向 | 0.004 | |
| | 横向 | 0.003 | |
| 多层和高层建筑的整体倾斜 | $H_g \leq 24$ | 0.004 | |
| | $24 < H_g \leq 60$ | 0.003 | |
| | $60 < H_g \leq 100$ | 0.0025 | |
| | $H_g > 100$ | 0.002 | |
| 体型简单的高层建筑基础的平均沉降量（mm） | | 200 | |

续上表

| 变形特征 | | 地基土类别 | |
|---|---|---|---|
| | | 中、低压缩性土 | 高压缩性土 |
| 高耸结构基础的倾斜 | $H_g \leq 20$ | 0.008 | |
| | $20 < H_g \leq 50$ | 0.006 | |
| | $50 < H_g \leq 100$ | 0.005 | |
| | $100 < H_g \leq 150$ | 0.004 | |
| | $150 < H_g \leq 200$ | 0.003 | |
| | $200 < H_g \leq 250$ | 0.002 | |
| 高耸结构基础的沉积量（mm） | $H_g \leq 100$ | 400 | |
| | $100 < H_g \leq 200$ | 300 | |
| | $200 < H_g \leq 250$ | 200 | |

注：1. 本表数值为建筑物地基实际最终变形允许值。

2. 有括号者仅适用于中压缩性土。

3. $l$ 为相邻柱基的中心距离（mm）；$H_g$ 为自室外地面起算的建筑物高度（m）。

4. 倾斜指基础倾斜方向两端点的沉降差与其距离的比值。

## 小知识

### 你知道地基土的污染问题吗？

面广量大的垃圾堆放在城市周围，已成为严重的环境问题。由于大多数垃圾和填埋场沥滤液防渗透及处理设施不完善甚至根本没有，已经或即将对场地周围的地表水、地下水和土壤造成难以处置的污染。污染物通过多种途径进入地基土后不断积累，如果超过土的自净能力，就会引起污染，使地基土的组成、结构和功能发生变化。

地基土被污染时，首先是颗粒间的胶结盐类被溶蚀，胶结强度被破坏，盐类在水作用下溶解流失，土孔隙比和压缩性增大，抗剪强度降低。其次，土颗粒本身腐蚀后，形成的新物质在土的孔隙中产生相变结晶而膨胀，并逐渐溶蚀或分裂碎化成小颗粒，新生成含结晶水的盐类，在干燥条件下，体积增大而膨胀，浸水收缩，经反复交替作用，土质受到破坏。再次，地基土遇到酸碱等腐蚀性物质，与土中的盐类形成离子交换，从而改变土的性质。

建筑物地基土经腐蚀后就会出现地基变形：一是土壤结构破坏，造成地基沉陷变形，如腐蚀的产物为易溶盐，在地下水中流失或使土变硬；二是土壤腐蚀后的生成物具有结晶膨胀性质，如氢氧化钠，生石灰等埋入地基内，将引起地基土膨胀。

◀**本 章 小 结**▶

**1. 基本概念**

(1) 压缩性:地基土在荷载作用下体积减小的特性,称为土的压缩性。

(2) 固结:土体的压缩随时间变化的过程,称为土的固结。

(3) 固结度:土在固结过程中某一时间 $t$ 的固结程度,它等于某一时间 $t$ 的固结沉降量 $s_t$ 与固结稳定的最终沉降量 $s$ 的比值。

(4) 孔隙水压力:孔隙水承担的应力称为孔隙水压力或称超静水压力。

(5) 有效应力:土颗粒骨架上承担的应力称为有效应力。

**2. 土的压缩性指标**

(1) 压缩系数 $a$ 是判断地基土压缩性高低的一个重要指标,它是在有侧限条件下测定的。压缩系数 $a$ 值越大,土的压缩性就越大。根据压缩系数 $a$ 的数值大小将地基土分为三种压缩性:

① 当 $a_{1-2} < 0.1\text{MPa}^{-1}$ 时,为低压缩性土。

② 当 $0.1\text{MPa}^{-1} \leqslant a_{1-2} < 0.5\text{MPa}^{-1}$ 时,为中压缩性土。

③ 当 $a_{1-2} \geqslant 0.5\text{MPa}^{-1}$ 时,为高压缩性土。

(2) 侧限压缩模量 $E_s$:土的侧限压缩模量是指在侧限条件下,竖向压应力变化量 $\Delta\sigma$ 和竖向压应变变化量 $\Delta\varepsilon$ 的比值。

由公式 $E_s = \dfrac{1+e_1}{a}$ 可以看出,$E_s$ 与 $a$ 成反比,即 $E_s$ 越大,$a$ 越小,土的压缩性越低。一般 $E_s < 4\text{MPa}$,为高压缩性土,$E_s = 4 \sim 15\text{MPa}$ 为中压缩性土,$E_s > 15\text{MPa}$ 为低压缩性土。

(3) 变形模量 $E_0$:土的试样在无侧限条件下竖向压应力与压应变之比称为变形模量 $E_0$。一般由现场静荷载试验测定,也可通过室内有侧限压缩试验得到的压缩模量换算求得。

**3. 分层总和法与《建筑地基基础设计规范》(GB 50007—2011)推荐方法的比较**

地基变形必须控制在建筑物所允许的范围内,即满足 $s \leqslant [s]$ 的要求。地基变形计算方法的比较见表 3-12。

**比较地基沉降计算方法的异同点**　　　　　　　表 3-12

| 项 目 | 分 层 总 和 法 | 规范推荐方法 |
|---|---|---|
| 计算步骤 | 分层计算沉降量,叠加 $s = \sum\limits_{i=1}^{n}\Delta s_i$ | 采用平均附加应力系数法 |
| 计算公式 | $s = \sum\limits_{i=1}^{n}\dfrac{e_{1i}-e_{2i}}{1+e_{1i}}h_i$;$s = \sum\limits_{i=1}^{n}\dfrac{\overline{\sigma_{zi}}}{E_{si}}h_i$ | $s = \varphi_s s' = \varphi_s \sum\limits_{i=1}^{n}\dfrac{p_0}{E_{si}}(\overline{\alpha_i}z_i - \overline{\alpha_{i-1}}z_{i-1})$ |
| 计算结果与实测值关系 | 1. 中等地基 $s_{计} \approx s_{实}$;<br>2. 软弱地基 $s_{计} < s_{实}$;<br>3. 坚实地基 $s_{计} \geqslant s_{实}$ | 引入沉降计算经验系数 $\psi_s$,使 $s_{计} \approx s_{实}$ |

续上表

| 项 目 | 分 层 总 和 法 | 规范推荐方法 |
|---|---|---|
| 沉降计算深度 | 1. 一般土层 $\sigma_{zn}/\sigma_{czn} \leqslant 0.2$;<br>2. 软弱土层 $\sigma_{zn}/\sigma_{czn} \leqslant 0.1$ | 1. 无相邻荷载影响时且 $b = 1 \sim 30$m 时,$z_n = b(2.5 - 0.4\ln b)$;<br>2. 存在相邻荷载影响时,$\Delta s'_n \leqslant 0.025 \sum\limits_{i=1}^{n} \Delta s'_i$ |
| 计 算 工 作 量 | 1. 绘制土的自重应力曲线;<br>2. 绘制地基中附加应力曲线;<br>3. 沉降计算每层厚度;<br>$h_i \leqslant 0.4b$<br>计算工作量大 | 如为匀质土无论厚度多大,只需一次计算,简便 |

# 思 考 题

1. 何为土的压缩性? 引起土压缩的原因是什么?

2. 土的压缩性指标有哪些? 怎样利用土的压缩性指标判别土的压缩性质?

3. 压缩模量 $E_s$ 和变形模量 $E_0$ 的物理意义是什么? 它们是如何确定的?

4. 简述分层总和法计算地基变形的步骤。

5. 为什么计算地基变形的规范法比分层总和法更接近工程实际值?

6. 有效应力与孔隙水压力的物理概念是什么? 在固结过程中两者是怎样变化的?

7. 试分析饱和土的渗透固结过程?

8. 地基变形的特征分为几类? 在工程实际中如何控制?

# 综合练习题

3-1 某地基中黏土的压缩试验资料如表 3-13 所示,求:(1)绘制黏土的压缩曲线,并分别计算土的压缩系数 $a_{1-2}$ 并评定土的压缩性;(2)若在工程实际中土的自重应力为 50kPa,土自重应力与附加应力之和为 200kPa,试计算此时土的压缩模量 $E_s$。

侧限压缩试结果      表 3-13

| $p$(kPa) | 0 | 50 | 100 | 200 | 400 |
|---|---|---|---|---|---|
| $e$ | 0.810 | 0.781 | 0.751 | 0.725 | 0.690 |

3-2 已知某工程钻孔取样,进行室内压缩试验,试样高为 $h_0 = 20$mm,在 $P_1 = 100$kPa 作用下测得压缩量为 $s_1 = 1.2$mm,在 $P_2 = 200$kPa 作用下的压缩量为 $s_2 = 0.58$mm,土样的初始孔隙

比为 $e_0 = 1.6$，试计算压力 $p = 100 \sim 200$kPa 范围内土地压缩系数，并评价土的压缩性。

3-3　某土层厚 2m，原自重应力为 50kPa，现在考虑在该土层上建造建筑物，估计会增加压力 150kPa，取土样做压缩试验结果见表 3-14，求：（1）土的压缩系数，并评价土的压缩性；（2）计算土层的压缩变形量。

侧 限 压 缩 结 果　　　　　　　　　　　　表 3-14

| $p$(kPa) | 0 | 50 | 100 | 200 | 300 | 400 |
|---|---|---|---|---|---|---|
| $e$ | 1.406 | 1.250 | 1.12 | 0.990 | 0.910 | 0.850 |

3-4　已知某独立柱基础，底面尺寸为 $l \times b = 2.5 \times 2.5$m$^2$，上部柱传到基础顶面的竖向荷载准永久值为 $F_k = 1250$kN，基础埋深为 2m，地基土层如图 3-15 所示，试用分层总和法计算基础中心点处的最终沉降量。

3-5　已知条件如题 3-4，地基土层分布如图 3-16 所示，试用规范法计算基础中点处的最终沉降量。

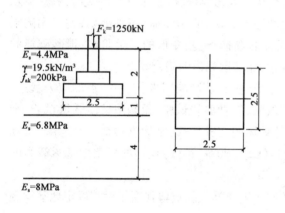

图 3-15　习题 4 附图（尺寸单位：m）

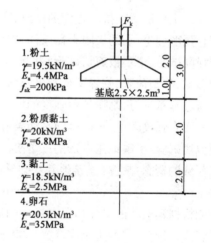

图 3-16　习题 5 附图（尺寸单位：m）

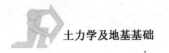

# 第四章
# 土的抗剪强度与地基承载力

【内容提要】

本章主要讲解了抗剪强度的概念、库仑定律、构成及影响因素;土中一点的应力状态、莫尔—库仑强度理论、土的极限平衡条件;抗剪强度的测定方法(直剪试验、三轴剪切试验、无侧限抗压强度试验、十字板剪切试验)和抗剪强度指标的选择;地基变形的三个阶段,地基破坏的三种形式,临塑荷载、临界荷载和极限荷载的概念,地基承载力的确定。

通过本章学习,掌握抗剪强度的概念、库仑定律、构成及影响因素、土中一点的应力状态、莫尔—库仑强度理论、土的极限平衡条件;直剪试验、三轴剪切试验、无侧限抗压强度试验、十字板剪切试验;了解地基变形的三个阶段和地基破坏的三种形式;掌握临塑荷载、临界荷载和极限荷载的概念;掌握《建筑地基基础设计规范》(GB 2007—2011)规定的确定地基承载力的方法。

能根据建筑物的具体情况和场地的地质条件正确选择土的抗剪强度指标和确定地基承载力的能力,具有一定的土工实验操作能力。

## 第一节 概 述

进行地基基础设计时,不仅要求地基变形限制在建筑物所允许范围内,同时还要求地基必须具有足够的抗剪强度和稳定性。在建筑物荷载作用下,地基中各点不仅产生竖向应力和变形,同时也产生水平剪应力和剪切变形。如果剪应力超过土的抗剪强度,则该点的土将沿着剪应力作用方向产生相对滑动,此时称该点发生剪切破坏。若荷载继续增大,土体中形成剪切破坏的塑性区越来越大,最后形成连续的滑动面,导致整个地基发生滑移而丧失整体稳定。土的强度问题实质上就是抗剪强度问题。并且地基基础属于隐秘工程,因此,必须予以高度重视,否则可能引发严重的地基失稳事故,而且往往是灾难性的,难以挽救。

在工程实践中,如道路的边坡、路基、土石坝、建筑物的地基等失稳破坏的例子很多,如图4-1 所示。

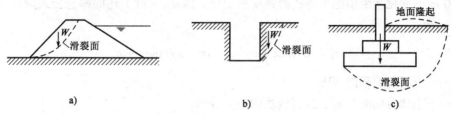

a)                                  b)                                  c)

图 4-1　土坝,基坑和建筑物地基失稳示意图

a)土坝;b)基坑;c)建筑物地基

# 第二节　土的抗剪强度

土的抗剪强度是指土体抵抗剪切破坏的极限能力,其数值等于土体发生剪切破坏时滑动面上的剪应力。抗剪强度是土的主要力学性质之一。工程实践中,土的抗剪强度主要应用于地基承载力的计算、地基稳定性分析、土坡稳定性分析、挡土墙及地下结构的土压力计算等问题。

## 一　库仑定律

为了研究土的抗剪强度,法国科学家库仑(C. A. Coulomb)1776 年通过一系列砂土剪切试验的结果和黏性土的试验结果,总结出土的抗剪强度规律:砂土的抗剪强度 $\tau_f$ 与作用在剪切面上的法向压力 $\sigma$ 成正比,比例系数为内摩擦系数;黏性土的抗剪强度 $\tau_f$ 比砂土的抗剪强度增加一项土的黏聚力。可以用总应力表示法来表示,即:

砂土　　　　　　　　　　　　$\tau_f = \sigma \cdot \tan\varphi$　　　　　　　　　　　　　　(4-1)

黏性土　　　　　　　　　　$\tau_f = \sigma \cdot \tan\varphi + c$　　　　　　　　　　　(4-2)

式中:$\tau_f$——土的抗剪强度,kPa;

　　　$\sigma$——作用在剪切面上的法向应力,kPa;

　　　$\varphi$——土的内摩擦角,°;

　　　$c$——土的黏聚力,kPa。

式(4-1)与式(4-2)是土的抗剪强度规律的数学表达式,称为库仑定律或库仑公式。以 $\sigma$ 为横坐标轴,$\tau_f$ 为纵坐标轴,绘制抗剪强度 $\tau_f$ 与法向应力 $\sigma$ 的关系曲线,如图 4-2 所示,此时抗剪强度包线为一条直线。对于砂土,曲线通过坐标原点,它与横坐标轴的夹角即为内摩擦角 $\varphi$;对于黏性土,曲线在纵坐标轴上的截距为黏聚力 $c$,与横坐标轴的夹角为 $\varphi$。$c$、$\varphi$ 称为土的抗剪强度指标,是土的总应力指标。

后来,太沙基(Terzaghi)于 1925 年提出土的有效应力概念,认识到饱和土体承受的总应力 $\sigma$ 是由土颗粒骨架和孔隙水来分担的,而孔隙水不能承担剪力,故剪力只能由土颗粒骨架承担,即土的抗剪强度不取决于剪切面上的总应力 $\sigma$,而是取决于剪切面上的有效应力 $\sigma'$。也就是说,只有

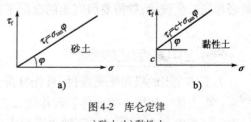

图 4-2　库仑定律

a)砂土;b)黏性土

有效应力 $\sigma'$ 的变化才能引起土体抗剪强度的变化。因此,又将上述的库仑公式改写为有效应力表示法,即:

$$\tau_f = \sigma'\tan\varphi' + c' = (\sigma - u)\tan\varphi' + c' \tag{4-3}$$

式中:$\tau_f$——土的抗剪强度,kPa;

$\quad\sigma'$——土体剪切破裂面上的有效法向应力,kPa;

$\quad\varphi'$——土的有效内摩擦角,°;

$\quad c'$——土的有效黏聚力,kPa;

$\quad u$——土中的超静水压力,kPa。

$c'$ 和 $\varphi'$ 称为土的有效抗剪强度指标,也称有效应力指标。对于同一种土,$c'$ 和 $\varphi'$ 的数值在理论上与试验方法无关,应接近于常数。由此可见,用有效应力指标进行土体的稳定分析更合理,但是,目前仅对于饱和黏性土能测定其有效应力指标,而非饱和黏性土由于土体孔隙中存在气体压力,有效应力难以测定,因此实际工程中仍广泛采用总应力指标。

### 二 土的抗剪强度构成及影响因素

库仑定律表明,土的抗剪强度主要是由两部分组成,即内摩擦力 $\sigma\tan\varphi$ 和黏聚力 $c$。

(1)内摩擦力由两部分组成:表面摩擦力(由于颗粒表面粗糙不平产生的摩擦力)和咬合摩擦力(由于颗粒之间相互嵌入、咬合、连锁作用产生的机械咬合力)。影响内摩擦力的主要因素是:土的密实度、土粒矿物成分、颗粒大小及形状、颗粒级配、表面粗糙程度、含水量等。

(2)黏聚力是土颗粒间的胶结作用和各种物理化学作用力,包括库伦力(静电力)、范德华力、胶结作用等等。影响黏聚力的主要因素是:土粒矿物成分、含水量、颗粒间距离、土的结构等。

## 第三节 土的极限平衡条件

当土中任意点在某一平面上的剪应力达到土的抗剪强度时,称该点处于极限平衡状态。极限平衡状态的应力条件称为极限平衡条件。

$$\tau = \tau_f \tag{4-4}$$

式(4-4)就是土体中某一点处于极限平衡状态的应力条件,也就是土体剪切破坏条件。

如果土中某点在某一平面上的剪应力 $\tau$,由小不断增大,那么在最大剪应力 $\tau_{max}$ 的平面处是否最先发生破坏,就需要研究土的极限平衡条件。

### 一 土中某点应力状态

为了建立土的极限平衡条件,首先分析土中某点的应力状态。下面以平面应力状态进行分析。在土体中任取一微元体。设作用在该微元体上的大、小主应力为 $\sigma_1$ 和 $\sigma_3$,在微元体上任取一斜截面 m-n,与大主应面即水平面成 $\alpha$ 角,截面 m-n 上作用有法向应力 $\sigma$ 和剪应力 $\tau$,

如图 4-3a)所示。为了建立 $\sigma$、$\tau$ 与 $\sigma_1$、$\sigma_3$ 之间的关系,取楔形隔离体 $abc$ 为分析对象,如图 4-3b)所示。

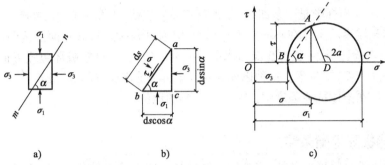

图 4-3 土中某点的应力状态
a)微元体上的应力;b)隔离体上的应力;c)莫尔应力圆

根据静力平衡条件,取水平与竖向合力为零,得:

$$\begin{cases} \sigma \cdot \mathrm{d}s \cdot \sin\alpha - \tau \cdot \mathrm{d}s \cdot \cos\alpha - \sigma_3 \cdot \mathrm{d}s \cdot \sin\alpha = 0 & (4\text{-}5) \\ \sigma \cdot \mathrm{d}s \cdot \cos\alpha + \tau \cdot \mathrm{d}s \cdot \sin\alpha - \sigma_1 \cdot \mathrm{d}s \cdot \cos\alpha = 0 & (4\text{-}6) \end{cases}$$

将以上方程联立求解,可得任意截面 $m$-$n$ 上的法向应力 $\sigma$ 与剪应力 $\tau$ 为:

$$\begin{cases} \sigma = \dfrac{\sigma_1 + \sigma_3}{2} + \dfrac{\sigma_1 - \sigma_3}{2}\cos 2\alpha & (4\text{-}7) \\ \tau = \dfrac{\sigma_1 - \sigma_3}{2}\sin 2\alpha & (4\text{-}8) \end{cases}$$

式中:$\sigma$——与大主应面成 $\alpha$ 角的截面 $m-n$ 上的法向应力,kPa;

$\tau$——同一截面上的剪应力,kPa。

由式(4-7)与式(4-8)可知,当截面 $m$-$n$ 与大主应面的夹角 $\alpha$ 发生变化时,截面 $m$-$n$ 上的法向应力 $\sigma$ 与剪应力 $\tau$ 也相应变化。即在 $\sigma_1$、$\sigma_3$ 已知的情况下,截面 $m$-$n$ 上的 $\sigma$ 与 $\tau$ 仅与该截面与大主应面的夹角 $\alpha$ 有关。因此,可以用莫尔应力圆来表示任意 $\alpha$ 角时斜截面 $m$-$n$ 上的 $\sigma$ 与 $\tau$ 的关系。方法如下:

在 $\sigma$-$\tau$ 直角坐标系中,按一定的应力比例尺,在横坐标 $O\sigma$ 上截取 $OB$ 和 $OC$ 分别表示 $\sigma_3$ 和 $\sigma_1$,以坐标为 $\left(\dfrac{\sigma_1 + \sigma_3}{2}, 0\right)$ 的 $D$ 点为圆心,$(\sigma_1 - \sigma_3)$ 为直径作圆,即为莫尔应力圆,如图 4-3c)所示。以 $D$ 为圆心,自 $DC$ 开始逆时针方向旋转 $2\alpha$ 角,与应力圆相关于 $A$ 点。可以证明,此 $A$ 点的坐标$(\sigma, \tau)$即为土中任一点 $M$ 处与最大主应面成 $\alpha$ 角的斜面 $m$-$n$ 上的法向应力 $\sigma$ 和剪应力 $\tau$。由此可见,用莫尔应力圆可以表示土体中任意点的应力状态,最大剪应力 $\tau_{\max}$ 作用面与大主应力作用面的夹角为 45°。

## 二 莫尔—库仑强度理论

莫尔—库仑强度理论认为土体的破坏为剪切破坏,当土体中某点的任一截面上的剪应力

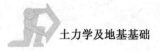
达到了土的抗剪强度,该点就发生破坏,破坏面上的剪应力 $\tau_f$ 是该面上法向应力 $\sigma$ 的函数:

$$\tau_f = f(\sigma) \tag{4-9}$$

此函数在 $\sigma$-$\tau_f$ 坐标中是一条曲线,称为莫尔破坏包线,见图4-4中的实线。

莫尔破坏包线表示土体在不同应力作用下达到极限状态时,破坏面上法向应力 $\sigma$ 与剪应力 $\tau_f$ 的关系。实验证明,一般土在应力水平不很高的情况下,莫尔破坏包线近似于一条直线,可以用库仑公式(4-2)来表示。这种以库仑定律表示莫尔破坏包线的理论称为莫尔—库仑强度理论。该理论在土体抗剪强度中占有十分重要的地位。

### 三 土的极限平衡条件

为了建立土的极限平衡条件,将表示土体中某点应力状态的莫尔应力圆与土的抗剪强度包线绘在同一直角坐标系中,如图4-5所示。从图上可以看出,莫尔应力圆与抗剪强度包线的位置关系有以下三种情况:

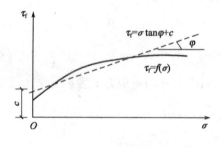

图4-4 莫尔破坏包线

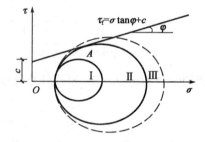

图4-5 莫尔应力圆与抗剪强度包线之间的关系

(1)相离。当莫尔应力圆 I 位于抗剪强度包线下方时,说明土中该点任一截面上的剪应力都小于土的抗剪强度($\tau < \tau_f$),故该点不会发生剪切破坏,处于弹性平衡状态。

(2)相切。当莫尔应力圆 II 与抗剪强度包线相切时,切点为 A,说明在 A 点所代表的平面上,剪应力正好等于土的抗剪强度($\tau = \tau_f$),故该点处于极限平衡状态。此莫尔应力圆称为莫尔破裂圆,也称极限应力圆。

(3)相割。当莫尔应力圆 III 与抗剪强度包线相割时,说明土中该点某些平面上的剪应力已经超过了土的抗剪强度($\tau > \tau_f$),实际上该点早已破坏,在这些点处已产生了塑性流动和应力重分布。因此该应力圆所代表的应力状态是不存在的,所以用虚线圆 III 来表示。

由此可见,通过对莫尔应力圆与抗剪强度包线的位置关系的比较,可以判断土体某点是否达到极限平衡状态。

根据莫尔破裂圆与抗剪强度包线之间的几何关系,可建立极限平衡条件的方程式,如图4-6所示。

图4-6a)为土体某点微元体的受力情况。截面 m-n 为破裂面,它与大主应力作用面的夹角为 $\alpha_f$。图4-6b)为该点达到极限平衡状态的莫尔破裂圆与抗剪强度包线的关系。设抗剪强度包线的延长线与 $\sigma$ 轴交于 R 点,根据三角形 ARD 的边角关系,得到黏性土的极限平衡条件,即:

$$\sin\varphi = \frac{DA}{DR} = \frac{\frac{1}{2}(\sigma_1 - \sigma_3)}{c \cdot \cot\varphi + \frac{1}{2}(\sigma_1 + \sigma_3)} = \frac{\sigma_1 - \sigma_3}{2c \cdot \cot\varphi + \sigma_1 + \sigma_3}$$

化简后得：

$$\sigma_1 = \sigma_3 \cdot \tan^2\left(45° + \frac{\varphi}{2}\right) + 2c \cdot \tan\left(45° + \frac{\varphi}{2}\right) \tag{4-10}$$

或

$$\sigma_3 = \sigma_1 \cdot \tan^2\left(45° - \frac{\varphi}{2}\right) - 2c \cdot \tan\left(45° - \frac{\varphi}{2}\right) \tag{4-11}$$

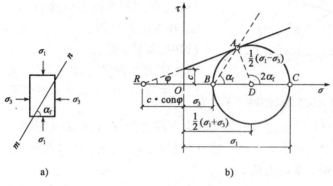

图 4-6　土中某点达到极限平衡状态时的莫尔应力圆

a)微元体上的应力；b)极限平衡状态时的莫尔应力圆

对于无黏性土，$c = 0$，可得无黏性土的极限平衡条件，即：

$$\sigma_1 = \sigma_3 \cdot \tan^2\left(45° + \frac{\varphi}{2}\right) \tag{4-12}$$

或

$$\sigma_3 = \sigma_1 \cdot \tan^2\left(45° - \frac{\varphi}{2}\right) \tag{4-13}$$

在图 4-6b)中，三角形 $ARD$ 为直角三角形，$\angle DAR = 90°$，$2\alpha_f = 90° + \varphi$，即某点处于极限平衡状态时，破裂面与大主应面的夹角 $\alpha_f$（称为破裂角）为：

$$\alpha_f = 45° + \frac{\varphi}{2} \tag{4-14}$$

应该指出，式(4-10)~式(4-13)是用于判断土体达到极限平衡状态时的最大与最小主应力之间的关系，而不是任何应力条件下的恒等式。这一表达式是土的强度理论的基本关系式，在讨论分析地基承载力和土压力问题时应用。

综合上述分析，关于土的强度理论可归纳出以下几点结论：

(1)土的抗剪强度随该面上的正应力的大小而变。

(2)土的强度破坏是剪切破坏，当土体中某点的任一截面上的剪应力达到了土的抗剪强度($\tau = \tau_f$)，该点就发生破坏。

(3)土中某点达到剪切破坏状态时，破坏面上法向应力 $\sigma$ 与剪应力 $\tau_f$ 的关系应符合极限

平衡条件。

（4）剪切破坏时，破裂面并不一定发生在最大剪应力 $\tau_{max}$ 的作用面上（$\alpha = 45°$），而是在莫尔应力圆与抗剪强度包线相切点所代表的截面上，即与大主应力作用面成某一夹角 $\left(\alpha_f = 45° + \dfrac{\varphi}{2}\right)$ 的截面上。

（5）当土中某点处于极限平衡状态时，该点的莫尔破裂圆与抗剪强度线相切。如果同一种土有几个试样在不同的大、小主应力组合下受剪破坏，则在 $\sigma$-$\tau$ 图上可得一组莫尔破裂圆，这组莫尔破裂圆的公切线即为土的抗剪强度包线。抗剪强度包线与纵坐标的截距为土的黏聚力，与横坐标的夹角为土的内摩擦角，如图4-7所示。

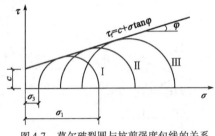

图4-7 莫尔破裂圆与抗剪强度包线的关系

（6）根据土的极限平衡条件[式（4-10）～式（4-13）]，在已测得抗剪强度指标 $c$、$\varphi$ 的条件下，已知大、小主应力中的任何一个，即可求得另一个；或在已知抗剪强度指标 $c$、$\varphi$ 与大、小主应力的情况下，判断土体的平衡状态；也可利用这一关系求出土体中已发生剪切破坏的破裂面的位置。

【例题4-1】 已知砂土地基中某点的大主应力为 $\sigma_1 = 600kPa$，小主应力 $\sigma_3 = 200kPa$，砂土的内摩擦角 $\varphi = 25°$，黏聚力 $c = 0$。求：（1）最大剪应力 $\tau_{max}$；（2）判断该点的应力状态。

【解】 （1）求最大剪应力值 $\tau_{max}$

由式（4-8）得：

$$\tau = \frac{\sigma_1 - \sigma_3}{2}\sin2\alpha = \frac{600 - 200}{2}\sin2\alpha = 200\sin2\alpha$$

当 $\sin2\alpha = 1$ 时，即 $2\alpha = 90°$，$\alpha = 45°$ 时，$\tau = \tau_{max} = 200kPa$。

（2）为加深对本节内容的理解，以下采用多种方法求解。

方法一：根据该点某一平面上的 $\tau$ 与 $\tau_f$ 的大小关系来判断。

根据式（4-14），极限平衡状态时破裂面与大主应面的夹角为 $\alpha_f = 45° + \dfrac{\varphi}{2}$，将此角度值代入式（4-7）和式（4-8），可以求得破裂面上的法向应力 $\sigma$ 和剪应力 $\tau$：

$$\sigma = \frac{\sigma_1 + \sigma_3}{2} + \frac{\sigma_1 - \sigma_3}{2}\cos2\alpha = \frac{600 + 200}{2} + \frac{600 - 200}{2}\cos\left[2 \times \left(45° + \frac{25°}{2}\right)\right] = 315.48kPa$$

$$\tau = \frac{\sigma_1 - \sigma_3}{2}\sin2\alpha = \frac{600 - 200}{2}\left[\sin2 \times \left(45° + \frac{25°}{2}\right)\right] = 181.26kPa$$

由库仑定律式（4-1）得：

$$\tau_f = \sigma \cdot \tan\varphi = 315.48\tan25° = 147.11kPa < \tau$$

由于破裂面上的剪应力 $\tau$ 大于抗剪强度 $\tau_f$，故可判断该点已发生剪切破坏。

方法二：图解法，按莫尔应力圆与抗剪强度包线的位置关系来判断。

按一定的比例尺作出莫尔应力圆,圆心坐标为(400,0),直径为400。按同样的比例绘出抗剪强度包线,如图4-8所示。由图可知,莫尔应力圆与抗剪强度包线相割,故可判断该点已发生剪切破坏。

方法三:按式(4-12)判断。

$$\sigma_{1f} = \sigma_3 \cdot \tan^2\left(45° + \frac{\varphi}{2}\right)$$

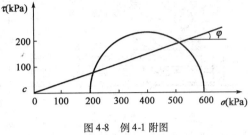

图4-8 例4-1附图

$$= 200 \cdot \tan^2\left(45° + \frac{25°}{2}\right)$$

$$= 492.78 \text{kPa} < \sigma_1 = 600 \text{kPa}$$

$\sigma_{1f}$小于该点的实际大主应力$\sigma_1$,极限应力圆半径小于实际应力圆半径,故该点已发生剪切破坏。

方法四:按式(4-13)判断。

$$\sigma_{3f} = \sigma_1 \cdot \tan^2\left(45° - \frac{\varphi}{2}\right) = 600 \cdot \tan^2\left(45° - \frac{25°}{2}\right) = 243.52 \text{kPa} \geqslant 200\sigma_3 \text{kPa}$$

$\sigma_{3f}$大于该点的实际小主应力$\sigma_3$,极限应力圆半径小于实际应力圆半径,故该点已发生剪切破坏。

# 第四节 抗剪强度的测定方法

土的抗剪强度指标包括内摩擦角$\varphi$与黏聚力$c$两项,是土的重要力学指标,在确定地基承载力、挡土墙的土压力、土坡稳定性分析中都会用到。因此,正确测定和选择土的抗剪强度指标在工程中有重要意义。

土的抗剪强度指标可通过土工试验确定。试验方法有室内剪切试验和现场原位测试两种。室内试验常用方法有直接剪切试验、三轴剪切试验、无侧限抗压强度试验,现场原位测试方法有十字板剪切试验和大型直剪试验等。

##  一 直接剪切试验

### (一)试验过程

直接剪切试验简称直剪试验,主要仪器为直剪仪,是测定土的抗剪强度的最简单的方法。按施加剪切荷载方式的不同,分为应力控制式和应变控制式两种。

应力控制式采用砝码与杠杆对试样分级加荷来施加剪应力;应变控制式采使试样产生一定的位移,用弹性量力环上的测微计(百分表)量测位移换算出剪应力。目前大多采用应变控制式直剪仪,如图4-9所示。

应变控制式直剪仪的主要部分为固定的上盒和活动的下盒。试验前,用销钉把上下盒固定成一完整的剪切盒,将环刀内土样推入,土样上下各放一块透水石。试验时,先由垂直加压

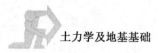 

框架通过加压板给土样施加一垂直压力,再按规定的速率等速转动手轮推动活动下盒,给土样施加水平推力使土样在上下盒之间的固定水平面上产生剪切变形,定时测记量力环表读数,直至剪坏。根据量力环表读数计算出剪应力 $\tau$ 的大小,并绘制 $\tau\text{-}\Delta l$ 关系曲线,一般将曲线的峰值作为该级垂直压力下相应的抗剪强度 $\tau_f$。试验时对同一种土一般取 $4 \sim 6$ 个土样,分别在不同的垂直压力作用下剪切破坏,得到相应的抗剪强度。再在 $\sigma\text{-}\tau_f$ 坐标上将各试验点连成直线,即为该土的抗剪强度包线,该直线方程即为库仑定律,直线在纵坐标上的截距为黏聚力 $c$,与横坐标的夹角为内摩擦角 $\varphi$。

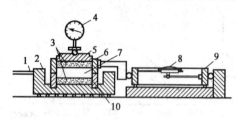

图4-9 应变控制式直剪仪

1-轮轴;2-底座;3-透水石;4-测微表;5-活塞;6-上盒;7-土样;8-测微表;9-量力环;10-下盒

### (二)试验方法分类

试验及工程实践表明,土的抗剪强度与土受力后的固结排水状况有关。对同一种土,即使施加同一法向应力,若剪切前试样的固结过程和剪切时试样的排水条件不同,其强度指标也不尽相同。

为了考虑实际工程中的不同固结程度和排水条件,采用不同加荷速率的试验方法来近似模拟土体在受剪时的不同排水条件,由此产生了快剪、固结快剪和慢剪三种试验方法。

(1)快剪试验。在土样上下两面贴上蜡纸,施加垂直压力后以 $0.8\text{mm/min}$ 快速施加水平剪力,使土样在 $3 \sim 5\text{min}$ 内剪坏。由于剪切速率快,可以认为土样在短暂的剪切过程中来不及排水固结。得到的抗剪强度指标用 $c_q$、$\varphi_q$ 表示。

(2)固结快剪试验。施加垂直压力后,使土样充分排水固结,待固结稳定后,再以 $0.8\text{mm/min}$ 快速施加水平剪力,使土样在剪切过程中来不及排水。得到的抗剪强度指标用 $c_{cq}$、$\varphi_{cq}$ 表示。

(3)慢剪试验。施加垂直压力后,使土样充分排水固结,待固结稳定后,再以 $0.6\text{mm/min}$ 缓慢施加水平剪力,使土样在剪切过程中充分排水,直至剪坏。得到的抗剪强度指标用 $c_s$、$\varphi_s$ 表示。

### (三)直剪试验的优缺点和适用范围

(1)优点:仪器设备简单、操作方便等。

(2)缺点:①剪切面限定在上下盒之间的平面,而不是沿土样最薄弱的面剪切破坏;②剪切面上剪应力分布不均匀,应力条件复杂;③在剪切过程中,土样剪切面逐渐缩小,而在计算抗剪强度时仍按土样的原截面积计算;④试验时不能严格控制排水条件,不能量测孔隙水压力。

(3)适用范围:乙级、丙级建筑物的可塑状态黏性土与饱和度不大于 0.5 的粉土。

**【例题 4-2】** 某工程地质勘查时,取原样土进行直剪试验(快剪试验)。其中一组试验结果如下:4 个试样分别施加垂直压力为 100kPa、200kPa、300kPa 和 400kPa,测得破坏时相应的抗剪强度分别为 60kPa、90kPa、120kPa 和 150kPa。试用作图法求该土样的抗剪强度指标 $c$ 与 $\varphi$ 值。若作用在此土中某点的法向应力为 220kPa,剪应力为 90kPa,该点是否会发生剪切破坏?又如法向应力提高为 360kPa,剪应力提高为 138kPa,该点是否会发生破坏?

**【解】** （1）以垂直压力 $\sigma$ 为横坐标,以抗剪强度 $\tau_f$ 为纵坐标,按相同比例将 4 个试样点绘在坐标系上,以"×"表示。连接这 4 个点,即得试样的抗剪强度包线,如图 4-10 所示。从图中量得抗剪强度包线与纵轴的截距值即为土的黏聚力 $c=30\text{kPa}$,直线与横坐标的夹角即为内摩擦角 $\varphi=16.7°$。

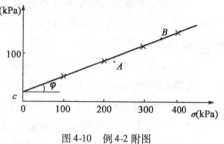

（2）将表示 $\sigma=220\text{kPa}$, $\tau=90\text{kPa}$ 的 $A$ 点,绘在同一坐标图上。由图可见,$A$ 点位于抗剪强度包线之下,故不会发生剪切破坏。

（3）同理,表示 $\sigma=360\text{kPa}$, $\tau=138\text{kPa}$ 的 $B$ 点,正好位于抗剪强度包线上,则土样已发生剪切破坏。

图 4-10  例 4-2 附图

##  三轴剪切试验

### （一）试验过程

三轴剪切试验采用的三轴剪切仪由压力室、周围压力控制系统、轴向加压系统、孔隙水压力系统以及试样体积变化量测系统等组成,如图 4-11 所示。试验时,将圆柱体土样用橡皮膜包裹,固定在压力室内的底座上。先向压力室内注入液体(一般为水),使土样受到周围压力 $\sigma_3$,并在试验过程中保持不变。然后在压力室上端的活塞杆上施加垂直压力直至土样受剪破坏,求出破坏时对应的大主应力 $\sigma_1$。由 $\sigma_1$ 和 $\sigma_3$ 可绘制出一个莫尔应力圆。用同一种土制成 $3\sim4$ 个土样,按上述方法进行试验,对每个土样施加不同的周围压力 $\sigma_3$,分别求得剪切破坏时对应的 $\sigma_1$,将这些结果绘成一组莫尔圆。根据土的极限平衡条件可知,通过这些莫尔圆的切点的直线就是土的抗剪强度线,由此可得抗剪强度指标 $c$ 和 $\varphi$ 值。

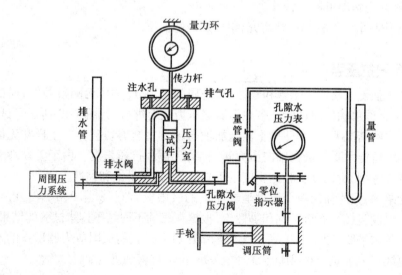

图 4-11  应变控制三轴压缩仪

**（二）试验方法分类**

三轴剪切试验根据试样剪切前的固结程度和剪切过程中的排水条件不同，可分为不固结不排水剪（UU）、固结不排水剪（CU）和固结排水剪（CD）三种方法。分别对应于直剪试验的快剪、固结快剪和慢剪试验。

1. 不固结不排水剪试验（UU 试验）

施加周围压力前，先关闭排水阀门，在不固结的情况下施加竖向压力进行剪切。试验过程自始至终关闭排水阀门，不允许土中水排出，使土样中存在孔隙水压力。即在施加周围压力和剪切过程中均不允许土样排水固结。得到的抗剪强度指标用 $c_u$、$\varphi_u$ 表示。

2. 固结不排水剪试验（CU 试验）

施加周围压力后，打开排水阀门，使土样中的水充分排出，待土样完全固结后关闭排水阀门。然后再施加竖向压力，使土样在不排水条件下剪切破坏。得到的抗剪强度指标用 $c_{cu}$、$\varphi_{cu}$ 表示。

3. 固结排水剪试验（CD 试验）

施加周围压力时允许土样排水固结，待固结稳定后，再缓慢施加竖向压力，使土样在剪切过程中充分排水，整个过程排水阀门始终打开。实质上是使土样中孔隙水压力完全消散，故施加的应力就是作用于土样上的有效应力。得到的抗剪强度指标用 $c_d$、$\varphi_d$ 表示。

**（三）三轴剪切试验的优缺点和适用范围**

（1）优点：①能根据工程实际需要，严格控制试样排水条件，准确量测孔隙水压力的变化；②土样沿最薄弱的面产生剪切破坏，受力状态比较明确；③试样中的应力分布比较均匀；④可以测定出图的其他性质，如土的弹性模量。

（2）缺点：①仪器设备复杂，试样制备较复杂，操作技术要求高；②试验在轴对称条件下进行，与土体实际受力情况可能不符。

（3）适用范围：重大工程与科学研究；甲级建筑物。

## 三 无侧限抗压强度试验

无侧限抗压强度试验适用于饱和黏性土，是周围压力 $\sigma_3 = 0$（无侧限条件）时的一种特殊三轴剪切试验，又称单轴压缩试验。多在无侧限压力仪上进行，如图 4-12 所示。试验时，在不加任何周围压力的情况下，对圆柱体土样施加轴向压力直至剪切破坏。土样在无侧限压力条件下剪切破坏时所能承受的最大轴向压力 $q_u$，称为无侧限抗压强度。由于无黏性土在无侧限条件下试样难以成型，所以该实验主要应用于黏性土，尤其是饱和黏性土。

根据试验结果，只能作出一个通过坐标原点的极限应力圆（$\sigma_3 = 0$，$\sigma_1 = q_u$），对一般黏性土做不出抗剪强度包线。而对于饱和黏性土，根据在三轴不固结不排水试验的结果，其抗剪强度包线近于一条水平线，即 $\varphi_u = 0$，所以无侧限抗压试验得到的极限应力圆所作的水平切线就是抗剪强度包线。由于 $\varphi_u = 0$，则饱和黏性土的不排水抗剪强度为：

$$\tau_f = c_u = \frac{q_u}{2} \tag{4-15}$$

式中：$c_u$——土的不排水抗剪强度，kPa；

$\quad\quad q_u$——无侧限抗压强度，kPa。

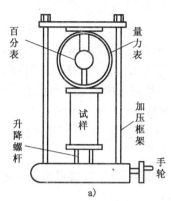

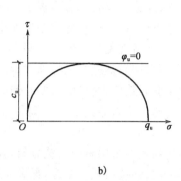

图 4-12　无侧限抗压强度试验

a)无侧限压力仪；b)无侧限抗压强度试验结果

　　无侧限抗压强度试验由于只需向试样施加轴向压力，仪器构造简单，操作方便，所以可以代替三轴剪切试验测定饱和黏性土的不排水强度。

　　无侧限抗压强度试验还可用来测定黏性土的灵敏度 $S_t$，其方法是将原状土样和重塑土样（在含水量不变的情况下，彻底破坏土的结构，并迅速重塑成与原土样同体积的土样）分别进行无侧限抗压强度试验，得到土的无侧限抗压强度 $q_u$ 和 $q'_u$，进而求得灵敏度 $S_t = \dfrac{q_u}{q'_u}$。

## 四 十字板剪切试验

　　为避免室内抗剪强度试验在取土、运送及制备试样过程中对土的扰动，特别是在取原状土样困难时，可以采用现场原位测试方法。

　　十字板剪切试验由于仪器简单，操作方便，对土的扰动小，特别适用于现场测定饱和黏性土的不排水抗剪强度。

　　十字板剪切试验采用的试验设备主要是十字板剪力仪，如图 4-13 所示。试验时，先将十字板插至测试深度，然后由地面上的扭力装置对钻杆施加扭矩，使埋在土中的十字板扭转，带动板内的土体与其周围土体产生相对扭剪直至剪坏，破坏面为十字板旋转所形成的圆柱面。测出剪切破坏时相应的最大扭力矩，并根据力矩的平衡条件推算出破坏面上土的抗剪强度。

　　十字板剪切试验为不排水剪切试验，因此，其试验

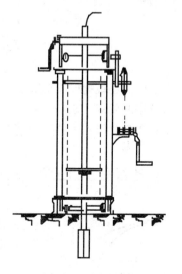

图 4-13　十字板剪切仪

结果与无侧限抗压强度试验结果接近。对于饱和黏性土的不排水剪，$\varphi_u = 0$，则 $\tau_f$ 即为 $c_u$ 值。十字板剪切试验还可测定软黏土的灵敏度。

### 五 抗剪强度指标的选择

土的抗剪强度指标随试验方法、排水条件的不同而异。

前已阐述,库仑定律有总应力表示法和有效应力表示法。试验表明,对于同一种土,在不同的排水条件下进行试验,总应力指标完全不同;而有效应力强度指标却不随试验方法的改变而不同。因此,抗剪强度与有效应力指标有唯一的对应关系。但有效应力指标测定的要求比较高,因此是否采用有效应力指标需要根据工程问题的性质来确定。一般认为,由三轴固结不排水试验确定的有效应力指标宜用于分析地基的长期稳定性(如土坡的长期稳定分析,估计挡土结构的长期土压力等);而对于饱和黏性土的短期稳定问题,则宜采用不固结不排水试验的强度指标,用总应力法分析。

一般工程问题多采用总应力法分析,在实际工程问题中,应尽可能根据现场条件选用试验方法,以获得合适的抗剪强度指标,见表4-1。

地基土试验方法的选择

表4-1

| 试验方法 | 适用条件 |
|---|---|
| 不固结不排水试验<br>或快剪试验 | 1. 地基为饱和状态的厚黏土层;<br>2. 地基土的透水性小、排水条件不良、施工速度较快 |
| 固结排水试验<br>或慢剪试验 | 1. 地基为薄层黏性土、粉土层或砂土层;<br>2. 地基土的透水性大、排水条件较佳、施工速度慢 |
| 固结不排水试验<br>或固结快剪试验 | 1. 地基条件介于上述两种情况之间;<br>2. 地基已充分固结;<br>3. 建筑物竣工以后较久,荷载又突然增大;<br>4. 一般地基的稳定验算 |

# 第五节　地基承载力

为了保证建筑物的安全和正常使用,除了控制地基变形外,还须确保地基具有足承载力承受上部结构的荷载。地基承载力是指地基承受荷载的极限能力。要研究地基承载力,首先要研究地基在荷载作用下的变形特征。

### 一 地基变形的三个阶段

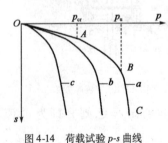

图4-14　荷载试验 p-s 曲线

试验表明,地基从开始承受荷载到破坏,经历了三个变形发展阶段。如图4-14所示为荷载试验得到的 p-s 曲线,它反映了荷载 p 与沉降 s 之间的关系。

1. 线弹性变形阶段或压密阶段

相应于 p-s 曲线的 OA 段,接近于直线关系。此阶段荷载较小($p < p_{cr}$),地基中各点的剪应力均小于土的抗剪强度,地基处于弹性平衡状态。地基变形主要是由于土的孔隙体积减

小而产生的压缩变形,此时土的沉降量很小,如图4-15a)所示。A 点所对应的荷载称为临塑荷载或比例极限,用$p_{cr}$表示。

2. 剪切阶段或塑性变形阶段

相应于$p$-$s$曲线上的 AB 段。当荷载继续增加($p_{cr} \leqslant p < p_u$)时,荷载与变形的关系不再是线性关系,曲线的斜率逐渐增大,曲线向下弯曲。其原因是地基土在局部区域内发生剪切破坏[图4-15b)],土体出现塑性变形区。随着荷载的增加,塑性变形区的范围逐步扩大,土体沉降量显著增大。所以这一阶段是地基由稳定状态向不稳定状态发展的过渡性阶段。B 点所对应的荷载称为极限荷载,用$p_u$表示。

3. 失稳阶段或完全破坏阶段

相应于$p$-$s$曲线上的 BC 段。当荷载继续增加($p \geqslant p_u$)时,地基变形突然增大,说明地基中的塑性变形区已经形成与地面贯通的连续滑动面。土向基础的一侧或两侧挤出,地面隆起,地基丧失整体稳定性而破坏,基础也随之突然下陷,如图4-15c)所示。

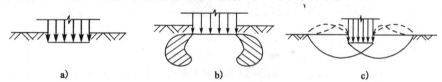

图 4-15　地基变形的三个阶段

a)$p < p_{cr}$,直线变形阶段;b)$p_{cr} \leqslant p < p_u$,塑性变形阶段;c)$p \geqslant p_u$,失稳阶段

## 二　地基破坏的三种形式

通过原位荷载试验和室内模型试验,可以发现地基发生破坏时的一些特征,如地基中滑动面的形式、荷载与沉降曲线的特点、基础两侧地面的变形情况和基础的位移方式等。

根据不同的破坏特征,地基可能有三种破坏形式:整体剪切破坏、局部剪切破坏及冲剪破坏。

1. 整体剪切破坏

如图 4-14 中曲线 a 所示,其破坏特征:

(1)$p$-$s$曲线上有两个明显的转折点,可以区分地基变形的三个阶段。

(2)地基内产生塑性变形区,随着荷载的增加,塑性变形区发展,并出现与地面贯通的连续滑动面。

(3)达到极限荷载后,地基土向两侧挤出,基础急剧下沉,并可能向一侧倾斜,基础两侧地面明显隆起,属于脆性破坏。

2. 局部剪切破坏

如图 4-14 中曲线 b 所示,其破坏特征:

(1)$p$-$s$曲线的转折点不明显,没有明显的直线段。

(2)塑性变形区只在地基中的局部区域出现,不延伸到地面。

(3)达到极限荷载后,基础两侧地面微微隆起。

3. 冲剪破坏

如图 4-14 中曲线 c 所示,其破坏特征:

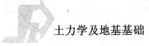 

（1）$p\text{-}s$ 曲线没有明显的转折点。

（2）地基不出现明显的连续滑动面，土体发生垂直剪切破坏。

（3）荷载达到极限荷载后，基础两侧地面不隆起，而是下陷，基础"切入"土中。

地基发生何种破坏形式，主要与土体的压缩性有关（图4-16）。一般整体剪切破坏常发生在压缩性较低的较硬土地基中，如密实的砂土地基和坚硬的黏性土地基等；而在压缩性较高的软土地基中，如中密砂土、松砂和软黏土地基等，可能发生局部剪切破坏，也可能发生冲剪破坏。此外，地基的破坏形式还与受荷情况、基础的宽度、形状和埋深等因素有关。

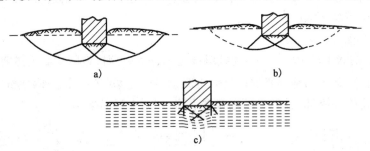

图 4-16　地基破坏的三种形式

a）整体剪切破坏；b）局部剪切破坏；c）冲剪破坏

## 三　地基承载力的确定

### （一）按照土的强度理论确定地基承载力

确定地基承载力的主要依据为土的强度理论。地基承载力的理论计算，需要应用土的抗剪强度指标。

#### 1. 临塑荷载

临塑荷载是指在外荷载作用下，地基中即将出现剪切变形（即塑性变形）时的基底压力。在 $p\text{-}s$ 曲线上，如图4-14所示，由直线变形阶段转为塑性变形阶段的临界点 $A$ 所对应的荷载即为临塑荷载。

临塑荷载是地基承载力确定的依据，可以按下式计算：

$$p_{cr} = \frac{\pi(\gamma_m d + c \cdot \cot\varphi)}{\cot\varphi + \varphi - \dfrac{\pi}{2}} + \gamma_m d = N_d \gamma_m d + N_c c \tag{4-16}$$

式中：$p_{cr}$——地基的临塑荷载，kPa；

　　　$\gamma_m$——基础底面以上土的加权平均重度，地下水位以下取浮重度，$kN/m^3$；

　　　$d$——基础的埋置深度，m；

　　　$c$——基础底面以下土的黏聚力，kPa；

　　　$\varphi$——内摩擦角，°；

　　$N_d$、$N_c$——承载力系数，由内摩擦角 $\varphi$ 按式（4-17）、式（4-18）计算。

$$N_{\mathrm{d}} = \frac{\cot\varphi + \varphi + \dfrac{\pi}{2}}{\cot\varphi + \varphi - \dfrac{\pi}{2}} \qquad (4\text{-}17)$$

$$N_{\mathrm{c}} = \frac{\pi\cot\varphi}{\cot\varphi + \varphi - \dfrac{\pi}{2}} \qquad (4\text{-}18)$$

**2. 临界荷载**

临界荷载是指允许地基产生一定范围塑性区所对应的荷载。工程实践表明,采用临塑荷载作为地基承载力往往偏于保守。因为在临塑荷载作用下,地基尚处于压密状态,并将要出现塑性变形区。对于一般地基土(软弱地基除外),即使地基中存在局部塑性变形区,只要塑性变形区的范围不超过某一限度,就不致影响建筑物的安全。因此,可以适当提高地基承载力的数值,以节省造价。究竟允许地基中塑性变形区发展多大范围,这与建筑物的规模、重要性、荷载大小与性质、地基土的物理力学性质等因素有关。工程经验表明,中心荷载作用下,塑性变形区的最大深度可取基础宽度的 1/4,相应的临界荷载用 $p_{\frac{1}{4}}$ 表示;偏心荷载作用下,塑性变形区的最大深度可取基础宽度的 1/3,相应的临界荷载用 $p_{\frac{1}{3}}$ 表示:

$$p_{\frac{1}{4}} = \frac{\pi(\gamma_{\mathrm{m}}d + c\cot\varphi + \dfrac{1}{4}\gamma \cdot b)}{\cot\varphi + \varphi - \dfrac{\pi}{2}} + \gamma_{\mathrm{m}}d = N_{\frac{1}{4}}\gamma \cdot b + N_{\mathrm{d}}\gamma_{\mathrm{m}}d + N_{\mathrm{c}}c \qquad (4\text{-}19)$$

$$p_{\frac{1}{3}} = \frac{\pi(\gamma_{\mathrm{m}}d + c\cot\varphi + \dfrac{1}{3}\gamma \cdot b)}{\cot\varphi + \varphi - \dfrac{\pi}{2}} + \gamma_{\mathrm{m}}d = N_{\frac{1}{3}}\gamma \cdot b + N_{\mathrm{d}}\gamma_{\mathrm{m}}d + N_{\mathrm{c}}c \qquad (4\text{-}20)$$

式中: $b$——条形基础宽度;矩形基础短边,圆形基础采用 $b = \sqrt{A}$,$A$ 为圆形基础底面积;

$\gamma$——基础底面以下土的重度,地下水位以下取浮重度,$kN/m^3$;

$N_{\frac{1}{4}}$、$N_{\frac{1}{3}}$——承载力系数,由内摩擦角 $\varphi$ 按式(4-20)、式(4-21)计算:

$$N_{\frac{1}{4}} = \frac{\pi}{4\left(\cot\varphi + \varphi - \dfrac{\pi}{2}\right)} \qquad (4\text{-}21)$$

$$N_{\frac{1}{3}} = \frac{\pi}{3\left(\cot\varphi + \varphi - \dfrac{\pi}{2}\right)} \qquad (4\text{-}22)$$

**3. 极限荷载**

极限荷载是指在外荷载作用下,地基即将丧失整体稳定性而破坏时的基底压力。在 $p$-$s$ 曲线上,如图 4-14 所示,由塑性变形阶段转为失稳阶段的临界点 $B$ 所对应的荷载即为极限荷载。

极限荷载的计算公式较多,常用的公式有太沙基公式:

$$p_{\mathrm{u}} = \frac{1}{2}\gamma \cdot bN_{\mathrm{r}} + cN_{\mathrm{c}} + qN_{\mathrm{q}} \qquad (4\text{-}23)$$

式中： $p_u$——地基极限荷载,kPa;

　　　　$q$——基础的旁侧荷载,其值为基础埋深范围土的自重压力 $\gamma d$ ,kPa;

$N_r$、$N_c$、$N_q$——地基承载力系数,均为内摩擦角 $\varphi$ 的函数,可直接计算或查有关图表确定。

太沙基公式适用于条形基础、方形基础和圆形基础;另外还有斯凯普顿公式,适用于内摩擦角 $\varphi = 0$ 的饱和软土地基和浅基础;汉森公式,适用于倾斜荷载的情况。限于篇幅,在此不再详细介绍,读者可以参考有关资料。

极限荷载是地基即将丧失整体稳定的荷载,在进行建筑物基础设计时,当然不能采用极限荷载作为地基承载力,必须有一定的安全系数 $K$。$K$ 值的大小,应根据建筑工程的等级、规模与重要性及各种极限荷载公式的理论、假定条件与适用情况确定,通常取 $K = 1.5 \sim 3.0$。

**(二)按照《建筑地基基础设计规范》( GB 50007—2011)确定地基承载力特征值**

地基承载力特征值是指由荷载试验测定的地基土压力变形曲线线性变形段内规定的变形所对应的压力值,其最大值为比例界限值。

规范规定:地基承载力特征值可由荷载试验或其他原位测试、公式计算、并结合工程实践经验等方法综合确定。

1. 按载荷试验方法确定地基承载力特征值

对于设计等级为甲级的建筑物或地质条件复杂、土质不均匀的情况下,采用现场荷载试验法,可以取得较精确可靠的地基承载力数值。

(1)浅层平板荷载试验可适用于确定浅部地基土层的承压板下应力主要影响范围内的承载力。地基承载力特征值的确定应符合下列规定:

①当 p-s 曲线上有比例界限时,取该比例界限所对应的荷载值。

②当极限荷载小于对应比例界限的荷载值的 2 倍时,取极限荷载值的一半。

③当不能按上述两条要求确定时,当压板面积为 $0.25 \sim 0.50 \text{m}^2$ ,可取 $s/b = 0.01 \sim 0.015$ 所对应的荷载,但其值不应大于最大加载量的一半。

④同一土层参加统计的试验点不应少于三点,当试验实测值的极差不超过其平均值的 30% 时,取此平均值作为该土层的地基承载力特征值 $f_{ak}$。

(2)深层平板荷载试验适用于确定深部地基土层及大直径桩桩端土层在承压板下应力主要影响范围内的承载力。承压板采用直径为 0.8m 的刚性板,紧靠承压板周围外侧的土层高度应不少于 80cm。地基承载力特征值可由 p-s 曲线确定,具体试验要点参见规范。

(3)螺旋板荷载试验适用于深层地基土或地下水位以下的地基土。试验时,将一螺旋形的承压板,旋入地面以下预定深度,通过传力杆对螺旋形承压板施加荷载,并观测承压板的位移,以测定土层的荷载—变形—时间关系,以确定地基承载力特征值。

2. 其他原位测试方法确定地基承载力特征值

(1)静力触探试验

静力触探试验适用于软土、一般黏性土、粉土、砂土和含少量碎石的土。试验时,用静压力将装有探头的触探器压入土中,通过压力传感器及电阻应变仪测出土层对探头的贯入阻力。探头贯入阻力的大小直接反映了土的强度的大小,利用贯入阻力与地基承载力之间的相关关系可以确定地基承载力。

（2）标准贯入试验

标准贯入试验适用于砂土、粉土、黏性土。试验时，先行钻孔，再把上端接有钻杆的标准贯入器放至孔底，然后用质量为 63.5kg 的锤，以 76cm 的高度自由下落将贯入器先打入土中 15cm，然后测出累计打入 30cm 的锤击数，该击数称为标准贯入锤击数。利用标准贯入锤击数与地基承载力之间的相互关系，可以得到相应的地基承载力。

3. 按公式计算方法确定地基承载力特征值

当偏心距 $e$ 小于或等于 0.033 倍基础底面宽度时，根据土的抗剪强度指标确定地基承载力特征值可按下式计算，并应满足变形要求：

$$f_a = M_b \gamma \cdot b + M_d \gamma_m d + M_c c_k \tag{4-24}$$

式中：　　$f_a$——由土的抗剪强度指标确定的地基承载力特征值，kPa；

$M_b$、$M_d$、$M_c$——承载力系数，按表 4-2 确定；

$\gamma$——基础底面以下土的重度，地下水位以下取浮重度，$kN/m^3$；

$\gamma_m$——基础底面以上土的加权平均重度，地下水位以下取浮重度，$kN/m^3$；

$c_k$——基底下一倍短边宽深度内土的黏聚力标准值，kPa；

$b$——基础底面宽度，大于 6m 时按 6m 取值，对于砂土小于 3m 时按 3m 取值，m；

$d$——基础埋置深度（m），一般自室外地面标高算起。在填方整平地区，可自填土地面标高算起，但填土在上部结构施工后完成时，应从天然地面标高算起。对于地下室，如采用箱形基础或筏基时，基础埋置深度自室外地面标高算起；当采用独立基础或条形基础时，应从室内地面标高算起。

承载力系数 $M_b$、$M_d$、$M_c$　　　　　　　　　　　表 4-2

| 土的内摩擦角标准值 $\varphi_k$（°） | $M_b$ | $M_d$ | $M_c$ |
|---|---|---|---|
| 0 | 0 | 1.00 | 3.14 |
| 2 | 0.03 | 1.12 | 3.32 |
| 4 | 0.06 | 1.25 | 3.51 |
| 6 | 0.10 | 1.39 | 3.71 |
| 8 | 0.14 | 1.55 | 3.93 |
| 10 | 0.18 | 1.73 | 4.17 |
| 12 | 0.23 | 1.94 | 4.42 |
| 14 | 0.29 | 2.17 | 4.69 |
| 16 | 0.36 | 2.43 | 5.00 |
| 18 | 0.43 | 2.72 | 5.31 |
| 20 | 0.51 | 3.06 | 5.66 |
| 22 | 0.61 | 3.44 | 6.04 |
| 24 | 0.80 | 3.87 | 6.45 |
| 26 | 1.10 | 4.37 | 6.90 |
| 28 | 1.40 | 4.93 | 7.40 |

续上表

| 土的内摩擦角标准值 $\varphi_k$(°) | $M_b$ | $M_d$ | $M_c$ |
|---|---|---|---|
| 30 | 1.90 | 5.59 | 7.95 |
| 32 | 2.60 | 6.35 | 8.55 |
| 34 | 3.40 | 7.21 | 9.22 |
| 36 | 4.20 | 8.25 | 9.97 |
| 38 | 5.00 | 9.44 | 10.80 |
| 40 | 5.80 | 10.84 | 11.73 |

注:$\varphi_k$ 为基底下一倍短边宽深度内土的内摩擦角标准值。

**4.按经验方法确定地基承载力**

对于设计等级为丙级的次要的轻型建筑物可根据临近建筑物的经验确定地基承载力特征值。

**5.地基承载力特征值的修正**

规范规定:当基础宽度大于 3m 或埋置深度大于 0.5m 时,从荷载试验或其他原位测试、经验值等方法确定的地基承载力特征值,尚应按下式修正:

$$f_a = f_{ak} + \eta_b \gamma (b - 3) + \eta_d \gamma_m (d - 0.5) \qquad (4\text{-}25)$$

式中:$f_a$——修正后的地基承载力特征值,kPa;

$f_{ak}$——地基承载力特征值,kPa;

$b$——基础底面宽度,当基宽小于 3m 按 3m 取值,大于 6m 按 6m 取值,m;

$\eta_b$、$\eta_d$——基础宽度和埋深的地基承载力修正系数,按基底下土的类别查表 4-3。

承载力修正系数                                       表 4-3

| 土 的 类 别 | | $\eta_b$ | $\eta_d$ |
|---|---|---|---|
| 淤泥和淤泥质土 | | 0 | 1.0 |
| 人工填土 $e$ 或 $I_L$ 大于等于 0.85 的黏性土 | | 0 | 1.0 |
| 红黏土 | 含水比 $\alpha_w > 0.8$ | 0 | 1.2 |
| | 含水比 $\alpha_w \leq 0.8$ | 0.15 | 1.4 |
| 大面积压实填土 | 压实系数大于 0.95、黏粒含量 $\rho_c \geq 10\%$ 的粉土 | 0 | 1.5 |
| | 最大干密度大于 2.1t/m³ 的级配砂石 | 0 | 2.0 |
| 粉土 | 黏粒含量 $\rho_c \geq 10\%$ 的粉土 | 0.3 | 1.5 |
| | 黏粒含量 $\rho_c < 10\%$ 的粉土 | 0.5 | 2.0 |
| $e$ 及 $I_L$ 均小于 0.85 的黏性土 | | 0.3 | 1.6 |
| 粉砂、细砂(不包括很湿与饱和时的稍密状态) | | 2.0 | 3.0 |
| 中砂、粗砂、砾砂和碎石土 | | 3.0 | 4.4 |

注:1.强风化和全风化的岩石,可参照所风化形成的相应土类取值,其他状态下的岩石不修正。

2.地基承载力特征值按深层平板荷载试验确定时 $\eta_d$ 取 0。

96

## 小知识

你知道造成滑坡的原因吗？

滑坡事件在雨季发生的概率很高,重大的滑坡事件时有发生。香港地区的楼房大多紧靠山坡而建,因而要修建不少高陡的挡土墙以抵抗山坡的外力。挡土墙上表土严重风化破碎,在暴雨期突发性地沿着陡峭的山坡迅速倾泻而下,并在下滑过程中不断地冲刷坡面,造成路毁、楼塌、人亡等严重事故。陡峭的山坡、独特的地质条件、倚山而建的高密集城市发展以及频繁而强烈的暴雨,使得滑坡灾害一直以来成为香港地区的主要自然灾害。

当大量雨水渗入挡土墙后填土中时,使土的黏聚力减小,抗剪强度显著降低以及挡土墙及坡体岩土的严重风化,促使边坡滑动或倒塌。此外,雨水通过边坡裂隙渗入坡体后,由于排泄速度较慢,加上在雨季经常有雨水补充,导致坡体内地下水长期处于较高水位,由地下水对潜在的滑动体产生的水压力也随之增加,从而降低了坡体的抗滑力,引起滑坡。

◀ 本章小结 ▶

**1. 土的抗剪强度**

是指土体抵抗剪切破坏的极限能力,其数值等于土体发生剪切破坏时滑动面上的剪应力。库仑定律描述了抗剪强度 $\tau_f$ 与法向应力 $\sigma$ 的关系,抗剪强度包线为一条直线。黏性土的抗剪强度来源于土的黏聚力 $c$ 和内摩擦力 $\sigma\tan\varphi$。工程实践中,土的抗剪强度主要应用于地基承载力的计算、地基稳定性分析、土坡稳定性分析、挡土结构的土压力计算等问题。

**2. 土的极限平衡条件**

当土中任意点在某一平面上的剪应力达到土的抗剪强度时($\tau = \tau_f$),该点处于极限平衡状态,也是莫尔应力圆与抗剪强度包线相切时的应力状态。极限平衡条件(莫尔—库仑强度理论),是目前判别土体所处状态的最常用或最基本的准则。

莫尔应力圆可以表示土中某点在任一截面的应力状态,通过它与抗剪强度包线的位置关系的比较,可以判断土体某点所处于的应力状态:相离,$\tau < \tau_f$,弹性平衡状态;相切,$\tau = \tau_f$,极限平衡状态;相割,$\tau > \tau_f$,破坏。

**3. 抗剪强度指标的测定**

正确测定和选择土的抗剪强度指标在工程上有重要意义。土的抗剪强度指标可通过土工试验确定,但土的抗剪强度指标随试验方法、排水条件的不同而异。工程实际中应尽可能根据其受力条件和排水条件选用试验方法。

**4. 地基承载力**

地基承载力是指在保证地基稳定的条件下,地基单位面积上所能承受的最大应力。重点掌握地基承载力特征值的修正。根据地基三个变形阶段,可得到如下三个荷载:

(1)地基临塑荷载 $p_{cr}$ 为地基即将出现塑性变形时的荷载。

（2）地基极限荷载 $p_u$ 为地基丧失整体稳定时的荷载。

（3）地基临界荷载为地基塑性变形区发展深度 $z_{max}$ 等于基础宽度的 1/4（或 1/3）时基底单位面积上的荷载，常用 $p_{\frac{1}{4}}$（或 $p_{\frac{1}{3}}$）表示。

它们在工程中的实用意义是确定地基承载力：如用临塑荷载作为地基承载力偏于保守；用临界荷载作为地基承载力比较合理，既安全、又能充分发挥地基的承载能力。如用极限荷载作为地基承载力，必须除以一个安全系数。实际工程中按地基规范规定，地基承载力特征值可由荷载试验或其他原位测试、理论公式计算、并结合工程实践经验等方法综合确定。

# 思 考 题

1. 何谓土的抗剪强度？同一种土的抗剪强度是不是一个定值？

2. 土的抗剪强度由哪两部分组成？什么是土的抗剪强度指标？

3. 影响土的抗剪强度的因素有哪些？

4. 土体发生剪切破坏的平面是否为剪应力最大的平面？在什么情况下，破裂面与最大剪应力面一致？一般情况下，破裂面与大主应力面成什么角度？

5. 什么是土的极限平衡状态？土的极限平衡条件是什么？

6. 如何从库仑定律和莫尔应力圆的关系说明：当 $\sigma_1$ 不变时，$\sigma_3$ 越小越易破坏；反之，$\sigma_3$ 不变时，$\sigma_1$ 越大越易破坏？

7. 为什么土的抗剪强度与试验方法有关？如何根据工程实际选择试验方法？

8. 地基变形分哪三个阶段？各阶段有何特点？

9. 临塑荷载、临界荷载及极限荷载三者有什么关系？

10. 什么是地基承载力特征值？怎样确定？地基承载力特征值与土的抗剪强度指标有何关系？

# 综合练习题

4-1　某土样进行三轴剪切试验，剪切破坏时，测得 $\sigma_1 = 600\text{kPa}$，$\sigma_3 = 100\text{kPa}$，剪切破坏面与水平面夹角为 $60°$，求：（1）土的 $c$、$\varphi$ 值；（2）计算剪切破坏面上的正应力和剪应力。

4-2　某条形基础下地基土中一点的应力为：$\sigma_z = 250\text{kPa}$，$\sigma_x = 100\text{kPa}$，$\tau_{zx} = 40\text{kPa}$。已知地基土为砂土，$\varphi = 30°$，问该点是否发生剪切破坏？若 $\sigma_z$、$\sigma_x$ 不变，$\tau_{zx}$ 增至 $60\text{kPa}$，则该点是否发生剪切破坏？

4-3　已知某土的抗剪强度指标为 $c = 15\text{kPa}$，$\varphi = 25°$。若 $\sigma_3 = 100\text{kPa}$，求：（1）达到极限平衡状态时的大主应力 $\sigma_1$；（2）极限平衡面与大主应力面的夹角；（3）当 $\sigma_1 = 300\text{kPa}$，试判断该点所处应力状态。

# 第五章
# 土压力与支挡结构

【内容提要】

本章主要讲解了土压力的概念,土压力类型及影响因素;静止土压力计算;朗肯土压力和库仑土压力理论;挡土墙的类型和重力式挡土墙设计;边坡稳定性评价与分析。

通过本章的学习,能掌握土压力的概念与计算,理解土压力类型及影响因素,重点掌握主动土压力的计算与应用。明确区分朗肯与库仑两种土压力理论在基本假定条件与计算方面的异同点;理解边坡稳定性分析原理。

## 第一节　概　　述

土压力是指挡土墙后的填土自重或作用填土面上的荷载对挡土墙背产生的侧向压力,简称为土压力。土压力的计算是支挡结构断面设计和稳定性验算的重要依据,计算非常复杂,形成土压力的主要荷载一般包括土体自重引起的侧向压力、水压力、影响区域内的构筑物荷载、交通荷载、施工荷载等。挡土墙是防止填土或土体变形失稳的构筑物。挡土墙形式不同,作用在其上的土压力和分布也不同。作用在挡土墙上的土压力与墙体的位移和变形有关,刚性挡土墙和柔性挡土墙由于墙体本身变形的影响也有很大的区别。

土压力是研究土力学的一个重要课题,18 世纪开始就有很多学者对此进行研究,也提出了土压力的计算理论和计算方法,而最著名的就是 1773 年法国著名科学家库仑(C. A. Coulomb)发表的库仑土压力理论和 1857 年英国科学家朗肯(W. J. M. Rankine)发表的朗肯土压力理论。

在建筑工程中,挡土结构上的土压力计算、边坡稳定与基坑支护都是比较常见的实际基础工程问题。挡土结构的形式较多,如图 5-1 所示的边坡挡土墙、地下室外墙、拱脚基础、隧道侧壁、薄壁式挡土墙、基坑板桩墙等。

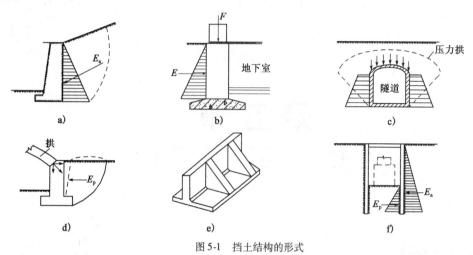

图 5-1　挡土结构的形式

a)边坡挡土墙;b)地下室外墙;c)隧道侧壁;d)拱脚基础;e)薄壁式挡土墙;f)基础板桩墙

# 第二节　土压力类型及影响因素

## 一　土压力类型

根据挡土结构的位移情况,可分为以下三种类型。

### 1. 静止土压力

挡土墙在土压力作用下不发生任何位移(平移或倾覆),墙后土体处于弹性平衡状态。此时墙后土体对墙背所产生的侧向压力称为静止土压力(例如地下室外墙所承受的土压力),用符号 $E_0$ 表示,单位 kN/m,如图 5-2a)所示。

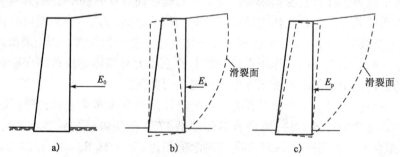

图 5-2　挡土墙上的三种土压力

a.静止压力;b)主动土动力;c 被动土压力

### 2. 主动土压力

挡土墙在土压力作用下背离土体方向产生位移或转动,使墙后填土松动下滑,墙背上的侧向土压力随之减小。当墙体达到一定位移量时,墙后填土处于主动极限平衡状态,这时填土对墙背所产生的侧向压力称为主动土压力,用符号 $E_a$ 表示,单位 kN/m,如图 5-2b)所示。

### 3. 被动土压力

挡土墙在外力作用下向土体方向产生位移(如桥梁结构的边桥墩),使墙后土体被挤压,土压力随之增加。当挡土墙达到一定位移量时，墙后土体处于被动极限平衡状态并出现滑动面时，土体对墙背所产生的侧向压力称为被动土压力，用符号 $E_p$ 表示，单位 kN/m，如图 5-2c）所示。

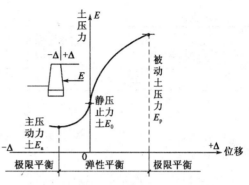

图 5-3　墙身水平位移与土压力的关系

挡土墙计算属于平面应变问题，所以计算过程中均取一延米的墙长度，土压力的单位取 kN/m，土压力强度单位取 kPa。根据三种土压力与挡土墙位移的关系，可绘出如图 5-3 所示的土压力 $E \sim \Delta$（位移）之间的关系曲线。在相同的条件下，三种土压力在数值上是主动土压力最小，被动土压力最大，静止土压力介于二者之间。即：

$$E_a < E_0 < E_p$$

## 二　影响土压力的因素

在工程实践中，土压力的计算类型主要取决于挡土墙的位移情况。作用挡土墙上的土压力不是一个常数，其土压力的性质、大小以及沿挡土墙高度的分布规律与下列因素有关。

（1）与挡土墙的位移方向及位移量有关。

（2）与挡土墙的高度及填土的性质有关。

（3）与挡土墙的类型及填土中有无地下水有关。

（4）与挡土墙的形状、结构形式及墙背的粗糙程度有关。

（5）与墙后填土表面的倾斜程度以及是否作用荷载有关。

# 第三节　静止土压力计算

当填土表面没有作用外荷载，则作用在挡土墙背上的土压力可视为天然土层自重应力的水平分量。所以，当挡土墙无任何位移时，墙后填土微元体上的水平应力 $\sigma_x$ 即为作用在墙背上的静止土压力，如图 5-4 所示，静止土压力强度为：

$$\sigma_0 = \sigma_x = K_0 \cdot \gamma \cdot z \tag{5-1}$$

计算土压力通常是沿挡土墙纵向取单位长度计算。静止土压力强度沿墙高为三角形分布，其分布图形的面积为静止土压力的合力 $E_0$（kN/m），$E_0$ 作用点距墙踵 $h/3$ 处。

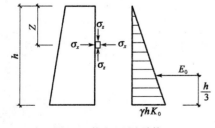

图 5-4　静止土压力计算

$$E_0 = \frac{1}{2}\gamma h^2 K_0 \tag{5-2}$$

式中：$K_0$——静止土压力系数，宜通过试验测定。当无试验条件时，对正常固结土可按表 5-1 估算。

$\gamma$——墙后填土重度，kN/m³；

$h$——挡土墙高度，m。

静止土压力系数 表 5-1

| 土类 | 坚硬土 | 硬～可塑黏性土<br>粉质黏土、砂土 | 可～软塑<br>黏性土 | 软塑<br>黏性土 | 流塑<br>黏性土 |
|---|---|---|---|---|---|
| $K_0$ | 0.2～0.4 | 0.4～0.5 | 0.5～0.6 | 0.6～0.75 | 0.75～0.8 |

# 第四节 朗肯土压力理论

朗肯土压力理论是英国科学家朗肯(W.J.M.Rankin)根据土中应力状态和极限平衡条件建立的。朗肯理论基本假定:①视挡土墙为刚体;②挡土墙背垂直、光滑;③墙后填土表面水平且无限延伸。

由于忽略了墙背与填土之间的摩擦力,因此没有剪应力,故墙背竖直和水平面为主应力面。然后根据墙身的位移情况,按墙后填土内任一点处于主动或被动极限平衡状态时的最大和最小主应力间的关系,求得主动和被动土压力,其值等于土压力强度分布图形的面积。

## 一 主动土压力

挡土墙在填土侧压力作用下向前位移,墙后填土产生侧向膨胀伸展,使 $\sigma_x$ 值减小,直到填土处于主动极限平衡状态而土体被剪裂时的水平应力 $\sigma_x$,即为主动土压力 $\sigma_a$,这时 $\sigma_a$ 为最小主应力 $\sigma_3$,而竖直应力 $\sigma_z$ 为最大主应力 $\sigma_1$,如图 5-5 所示,则黏性土主动土压力强度为:

$$\sigma_a = \sigma_3 = \sigma_1 \tan^2\left(45° - \frac{\varphi}{2}\right) - 2c\tan\left(45° - \frac{\varphi}{2}\right)$$

将 $\sigma_1 = \gamma z$、并令 $K_a = \tan^2\left(45° - \frac{\varphi}{2}\right)$ 代入上式可得:

$$\sigma_a = \gamma \cdot z K_a - 2c\sqrt{K_a} \tag{5-3}$$

由式(5-3)可以看出,黏性土的主动土压力强度由两部分组成。一部分是由填土自重产生的土压力 $\gamma \cdot z \cdot K_a$;另一部分是由黏聚力 $C$ 产生的土压力。当 $z = 0$ 时,$\sigma_a = -2c\sqrt{K_a}$,表明在填土表面处土压力出现了负值,如图 5-5 所示。虽然黏性土能维持 $z_0$ 高度的垂直边坡脱墙而自立,但实际上墙背与土之间不可能传递拉应力。这里 $z_0$ 称为临界高度,其数值可通过公式(5-3)令 $z = 0$ 的条件求得,即:

当 $z = z_0$ 时 $\qquad\qquad \gamma z_0 K_a - 2c\sqrt{K_a} = 0$

则临界高度 $\qquad\qquad z_0 = \dfrac{2c}{\gamma\sqrt{K_a}}$ $\qquad\qquad\qquad$ (5-4)

当 $z = h$ 时 $\qquad\qquad \sigma_a = \gamma h K_a - 2c\sqrt{K_a}$ $\qquad\qquad$ (5-5)

式中:$\sigma_a$——主动土压力强度,kPa;

$\qquad K_a$——主动土压力系数, $K_a = \tan^2\left(45° - \dfrac{\varphi}{2}\right)$;

$\gamma$——墙后填土重度，$kN/m^3$；

$z$——计算点距填土表面的距离，m；

$\varphi$——墙后填土的内摩擦角，°；

$c$——填土的黏聚力，kPa；

$h$——挡土墙高度，m。

主动土压力合力 $E_a$ 等于土压力强度分布图形（阴影三角形）面积，即：

黏性土

$$E_a = \psi_c \left[ \frac{1}{2} (\gamma h K_a - 2c \sqrt{K_a})(h - z_0) \right] \qquad (5\text{-}6)$$

无黏性土（$c = 0$）

$$E_a = \psi_c \frac{1}{2} \gamma h^2 K_a \qquad (5\text{-}7)$$

式中 $\psi_c$ 为主动土压力增大系数，当土坡高度小于 5m 时宜取 1.0；高度为 5~8m 时宜取 1.1；高度大于 8m 时宜取 1.2。

土压力合力 $E_a$ 的作用点：黏性土为 $\frac{1}{3}(h - z_0)$、无黏性土为 $\frac{h}{3}$ 处，即分别作用在土压力强度分布图形（阴影面积）的形心处，如图 5-5 所示。

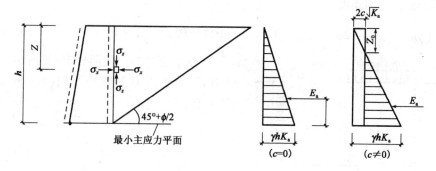

图 5-5　朗肯主动土压力

【例题 5-1】　某挡土墙高 $h = 6m$，其墙背垂直、光滑，填土表面水平，墙后填土为砂土，重度 $\gamma = 19.5 kN/m^3$，内摩擦角 $\varphi = 30°$，黏聚力 $c = 0$，试求作用墙背上的主动土压力 $E_a$ 及其作用点。

【解】　（1）求主动土压力强度

$$K_a = \tan^2 \left(45° - \frac{\varphi}{2}\right) = \tan^2 \left(45° - \frac{30°}{2}\right) = 0.33$$

$$\sigma_a = \gamma \cdot h K_a = 19.5 \times 6 \times 0.33 = 38.6 kPa$$

（2）求主动土压力

$$E_a = \psi_c \cdot \frac{1}{2} \gamma \cdot h^2 K_a = 1.1 \times \frac{1}{2} \times 38.6 \times 6 = 127.4 \ kN/m$$

(3)主动土压力作用点

当墙后填土为无黏性土时,其土压力强度图形呈三角形分布,土压力作用点应距墙踵为 $\frac{h}{3} = 2\text{m}$。

**【例题 5-2】** 某挡土墙高度 $h = 5\text{m}$,墙背垂直光滑,填土表面水平,其上作用均布荷载 $q = 10\text{kPa}$,墙后填土重度 $\gamma = 19\text{kN/m}^3$,内摩擦角 $\varphi = 30°$,黏聚力 $c = 12\text{kPa}$,试求作用在墙背上的主动土压力合力及其作用位置。

**【解】** (1)求墙顶处土压力系数

$$K_a = \tan^2\left(45° - \frac{\varphi}{2}\right) = \tan^2\left(45° - \frac{30°}{2}\right) = 0.33$$

主动土压力强度

$$\sigma_{a1} = qK_a - 2c\sqrt{K_a} = 10 \times 0.33 - 2 \times 12 \times \sqrt{0.33} = -10.49\text{ kPa}$$

(2)求土压力为零处的临界高度 $z_0$

由 $\sigma_a = (\gamma z_0 + q)K_a - 2c\sqrt{K_a} = 0$,得:

$$z_0 = \frac{2c}{\gamma\sqrt{K_a}} - \frac{q}{\gamma} = \frac{2 \times 12}{19 \times \sqrt{0.33}} - \frac{10}{19} = 1.67\text{m}$$

(3)墙踵处土压力强度

$$\sigma_{a2} = (\gamma h + q)K_a - 2c\sqrt{K_a} = (19 \times 5 + 10) \times 0.33 - 2 \times 12 \times \sqrt{0.33} = 20.86\text{ kPa}$$

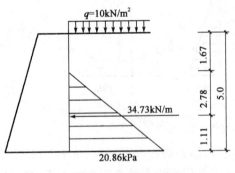

图 5-6 例题 5-2 附图(尺寸单位:m)

土压力强度按三角形分布,如图 5-6 所示,其合力 $E_a$ 等于压力图形的面积($h = 5\text{m}$,取 $\psi_c = 1.0$),即:

$$E_a = \psi_c \frac{1}{2}(h - z_0)\sigma_{a2}$$

$$= 1 \times \frac{1}{2} \times (5 - 1.67) \times 20.86 = 34.73\text{ kN/m}$$

$E_a$ 作用点距墙踵为:

$$\frac{1}{3}(h - z_0) = \frac{1}{3}(5 - 1.67) = 1.11\text{m}$$

## 二 被动土压力

如果挡土墙在外力作用下被推向土体(即向后位移),使墙后土体被挤压、$\sigma_x$ 逐渐增大,当达到被动极限平衡状态土体被剪裂时的 $\sigma_x$ 即为被动土压力 $\sigma_p$。因此,这时 $\sigma_p$ 为最大主应力 $\sigma_1$,而竖直应力 $\sigma_z$ 为最小主应力 $\sigma_3$,如图 5-7 所示,则被动土压力强度计算公式为:

$$\sigma_p = \sigma_1 = \sigma_3\tan^2\left(45° + \frac{\varphi}{2}\right) + 2c\tan\left(45° + \frac{\varphi}{2}\right)$$

$$= \gamma z K_p + 2c\sqrt{K_p} \tag{5-8}$$

式中令 $\quad K_p = \tan^2(45° + \dfrac{\varphi}{2})$，$\sigma_3 = \sigma_z = \gamma \cdot z$ 代入求得。

如果令 $\quad z = 0$（填土表面）

$$\sigma_p = 2c\tan(45° + \frac{\varphi}{2}) = 2c\sqrt{K_p}$$

$z = h$（填土底面）

$$\sigma_p = \gamma h K_p + 2c\sqrt{K_p} \tag{5-9}$$

黏性土被动土压力强度也是由两部分组成，土压力分布强度图形呈梯形分布。其中由填土自重产生的土压力呈三角形分布；由黏聚力产生的土压力是呈矩形分布，如图 5-7 所示。

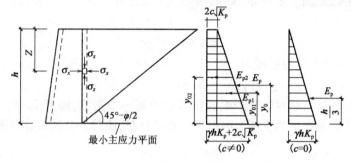

图 5-7　朗肯被动土压力

无黏性土（$c = 0$）被动土压力强度为：

$$\sigma_p = \sigma_3 \tan^2(45° + \frac{\varphi}{2}) = \gamma z K_p \tag{5-10}$$

同理，被动土压力的合力 $E_p$ 等于土压力强度分布图形的面积，即：

黏性土
$$E_p = \frac{1}{2}\gamma h^2 K_p + 2c\sqrt{K_p} \cdot h \tag{5-11}$$

无黏性土
$$E_p = \frac{1}{2}\gamma h^2 K_p \tag{5-12}$$

被动土压力 $E_p$ 的作用点均在土压力分布图形的形心处。滑动面（即剪裂面）与水平面（即最小主应力面）成 $(45° - \dfrac{\varphi}{2})$ 的角度。无黏性土被动土压力合力的作用点、距墙踵 $\dfrac{h}{3}$ 处；黏性土被动土压力合力的作用点，根据力学求截面形心的方法求得。对于图 5-7（$c \neq 0$）所示的土压力分布图，即：

$$y_0 = \frac{E_{p1} \cdot y_{01} + E_{p2} \cdot y_{02}}{E_p} = \frac{\dfrac{1}{2} \cdot \gamma \cdot h^2 K_p \cdot \dfrac{h}{3} + 2c\sqrt{K_p} \cdot h \cdot \dfrac{h}{2}}{E_p} \tag{5-13}$$

式中：$K_p$——被动土压力系数；

$\quad E_p$——被动土压力合力，kN/m；

$E_{p1}$、$y_{01}$——由填土产生的被动土压力及其作用点至墙底的距离，kN/m、m；

$E_{p2}$、$y_{02}$——由黏聚力产生的被动土压力及其作用点至墙底的距离，kN/m、m。

### 三 几种常见情况土压力计算

由于朗肯土压力理论忽略了墙背摩擦力的存在，往往使主动土压力计算结果偏大，这在实用上是偏于安全的。因此，在工程中常用朗金土压力基本公式解决经常遇到的挡土结构土压力计算问题。下面介绍几种常见情况的土压力计算。

#### （一）填土表面作用连续均布荷载

当填土表面作用均布荷载 $q(\mathrm{kN/m^2})$ 时，一般可将连续均布荷载换算成墙后填土的当量土层视为作用在填土面上，其当量土层的等效厚度 $h' = \dfrac{q}{\gamma}$（$\gamma$ 为填土重度），并设想这时填土的厚度为 $h' + h$，如图 5-8 所示，则墙后填土（填土为无黏性土）表面处主动土压力强度为：

$$\sigma_{a1} = \gamma h' K_a = q K_a \tag{5-14}$$

填土底面处土主动土压力强度为：

$$\sigma_{a2} = \gamma (h' + h) K_a = (q + \gamma h) K_a \tag{5-15}$$

由此可见，均布连续荷载对墙背产生的压力增量是一个定值，即等于 $q K_a$，其压力分布图形为矩形；而由填土自重产生的土压力图形为三角形分布，墙背上总压力分布图形为梯形。

#### （二）墙后填土分层时

如图 5-9 所示，当墙后填土由不同性质的土层组成时，由第一层土产生的土压力强度值为 $\gamma_1 \cdot h_1 K_{a1}$，而计算第二层土的压力强度时，可将上层土视为作用在第二层土界面上的均布荷载 $q$，即 $q = \gamma_1 \cdot h_1(\mathrm{kN/m^2})$。也可将该均布荷载折算成下一层土的当量土层，其等效厚度 $h'_1 = \dfrac{q}{\gamma_2} = \dfrac{\gamma_1 h_1}{\gamma_2}$。然后按假设土层厚度 $h'_1 + h_2$ 计算土压力。同理，计算第三层土时，将一、二层土的自重压力视为作用在第三层土表面的均布荷载，即 $q = \gamma_1 h_1 + \gamma_2 h_2$。当然，也可将其均布荷载换算成第三层土的当量土层，其等效厚度为 $h'_2 = \dfrac{q}{\gamma_3} = \dfrac{\gamma_1 h_1 + \gamma_2 h_2}{\gamma_3}$。下面计算（图 5-9）的

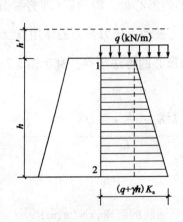

图 5-8 填土面有均布荷载

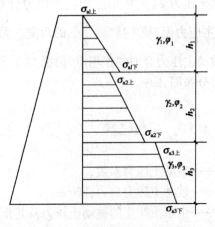

图 5-9 分层填土的土压力计算

主动土压力(无黏性土)为:

填土表面 $\qquad\qquad\qquad \sigma_{a1\pm} = 0$

第一层土底面 $\qquad\qquad \sigma_{a1\top} = \gamma_1 h_1 K_{a1}$

第二层土顶面 $\qquad\quad \sigma_{a2\pm} = q_2 K_{a2} = \gamma_1 h_1 K_{a2}$

第二层土底面 $\qquad \sigma_{a2\top} = (q_2 + \gamma_2 h) K_{a2} = (\gamma_1 h_1 + \gamma_2 h_2) K_{a2}$

第三层土顶面 $\qquad \sigma_{a3\pm} = q_3 K_{a3} = (\gamma_1 h_1 + \gamma_2 h_2) K_{a3}$

第三层土底面 $\quad \sigma_{a3\top} = (q_3 + \gamma_3 h_3) K_{a3} = (\gamma_1 h_1 + \gamma_2 h_2 + \gamma_3 h_3) K_{a3}$

式中:$q_2$、$q_3$——表示把第二层填土、第三层填土以上的土看作均布荷载 $q_2 = \gamma_1 h_1$、$q_2 = \gamma_1 h_1 + \gamma_2 h_2$。

### (三)填土中有地下水时

如果墙后填土有地下水,对于不能采取有效排水措施的挡土墙,应考虑地下水作用的影响,分水上和水下计算压力强度。这时墙背除作用土压力外,还有静水压力作用。

为了简化计算,在一般工程中可不计地下水对土体抗剪强度的影响,即水位上、下填土均采用同一个 $\varphi$ 和 $c$ 值,但水位以下的填土要考虑浮力影响,采用有效重度 $\gamma'$ 计算土压力。此时,作用在墙背上的总压力为 $E_{a1} + E_{a2} + E_w$,其总压力作用点的位置应在 $abcfed$ 图形的形心标高处,如图 5-10 所示。图中 $E_{a1}$ 为水位以上填土所引起的土压力,其值等于 $abce$ 图形面积;$E_{a2}$ 为水位以下填土引起的土压力,其值等于 $ecf$ 图形面积;$E_w$ 为水压力,其值等于 $efd$ 图形面积。

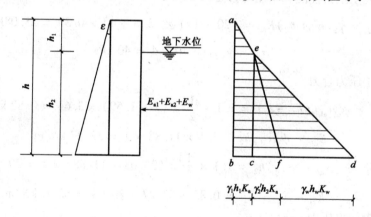

图 5-10　填土中有地下水时墙背上的压力分布

【**例题 5-3**】　如图 5-11 所示的挡土墙,试求主动土压力 $E_a$、水压力 $E_w$($\gamma_w = 10 \text{kN/m}^3$)及总压力 $E$。

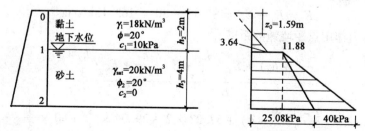

图 5-11　例题 5-3 附图

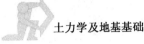

【解】 （1）土压力系数 $K_{a1} = \tan^2(45° - \dfrac{20°}{2}) = 0.49$

$$K_{a2} = \tan^2(45° - \dfrac{30°}{2}) = 0.33$$

（2）土压力强度 $\sigma_{a0} = -2c\sqrt{K_{a1}} = -2 \times 10 \times \sqrt{0.49} = -14\text{kPa}$

（3）土压力为零的临界高度 $z_0$

$$Z_0 = \frac{2c_1}{\gamma\sqrt{K_{a1}}} = \frac{2 \times 10}{18 \times \sqrt{0.49}} = 1.59\text{m}$$

（4）第一层土底面处土压力强度

$$\sigma_{a1\text{上}} = \gamma h_1 K_{a1} - 2c_1\sqrt{K_{a1}} = 18 \times 2 \times 0.49 - 2 \times 10 \times \sqrt{0.49} = 3.64\text{kPa}$$

（5）地下水位标高处土压力强度，先将水位上土层换算成水位下土的当量土层，其等效厚度为：

$$h' = \frac{\gamma_1 h_1}{\gamma'_2} = \frac{18 \times 2}{20 - 10} = 3.6\text{m}$$

$$\sigma_{a1\text{下}} = \gamma'_2 h' K_{a2} = (20 - 10) \times 3.6 \times 0.33 = 11.88\text{kPa}$$

（6）墙踵处土压力强度和水压力强度

$$\sigma_{a2} = \gamma'_2 (h' + h_2) K_{a2} = (20 - 10) \times (3.6 + 4) \times 0.33 = 25.08\text{kPa}$$

$$\sigma_w = \gamma_w h_2 = 10 \times 4 = 40\text{kPa}$$

（7）主动土压力合力

$$E_{a1} = \psi_c \sigma_{a1\text{上}} (h_1 - z_0) = 1.1 \times \frac{1}{2} \times (2 - 1.59) \times 3.64 = 0.82\text{ kN/m}$$

$$E_{a2} = \psi_c \sigma_{a1\text{下}} h_2 = 1.1 \times 11.88 \times 4 = 52.27\text{ kN/m}$$

$$E_{a3} = \psi_c \frac{1}{2} (\sigma_{a2} - \sigma_{a1\text{下}}) h_2 = 1.1 \times \frac{1}{2} \times (25.08 - 11.88) \times 4 = 29.04\text{ kN/m}$$

$$E_a = E_{a1} + E_{a2} + E_{a3} = 0.82 + 52.27 + 29.04 = 82.13\text{kN/m}$$

（8）墙背上的水压力

$$E_w = \frac{1}{2}\gamma_w h_2^2 = \frac{1}{2} \times 10 \times 4^2 = 80\text{kN/m}$$

（9）墙背上总压力

$$E = E_a + E_w = 82.13 + 80 = 162.13\text{kN/m}$$

（10）求总压力作用点距墙踵的距离 $y_0$

$$y_0 = \frac{E_{a1} \cdot (\dfrac{h_1 - z_0}{3} + h_2) + E_{a2} \cdot \dfrac{h_2}{2} + E_{a3} \cdot \dfrac{h_2}{3} + E_w \cdot \dfrac{h_2}{3}}{E}$$

$$= \frac{0.82 \times (\dfrac{2 - 1.59}{3} + 4) + 52.27 \times 2 + 29.04 \times \dfrac{4}{3} + 80 \times \dfrac{4}{3}}{162.13} = 1.56\text{m}$$

# 第五节　库仑土压力理论

库仑土压力理论是法国科学家库仑(C. A. Coulomb)根据研究挡土墙后滑动土楔体上的静力平衡条件,提出的一种土压力计算理论。库仑土压力理论的关键是破坏面形状和位置的确定,库仑土压力理论基本假定:①墙后填土为无黏性土($c=0$);②滑动土楔体为刚体;③滑动破坏面为通过墙踵的平面。

当挡土墙发生移动或转动而达到某种程度时,墙后一部分土体将沿某一滑动面产生整体滑动(趋势)以致达到极限平衡状态,如图5-12所示,根据滑动面上的刚性土楔体的静力平衡条件求解主动土压力或被动土压力。库仑土压力也是按平面问题考虑。

库仑土压力理论适用于墙后填土为无黏性土、墙背倾斜、粗糙(即填土与墙背之间有摩擦力,摩擦角$\delta \neq 0$),填土表面倾斜的情况。库仑土压力理论多用于工程中计算主动土压力。

## 一　主动土压力计算

如图5-12所示,如果挡土墙向前位移时,墙后无黏性填土楔体△$ABC$开始下滑,此时填土内滑动面$AC$与水平面的夹角为$\theta$。瞬间滑动土楔体进入主动极限平衡状态。取土楔体△$ABC$为脱离体,其作用力有三个:①土楔体自重为$G$;②墙背上土压力反力$E$,其作用方向与墙背法线成$\delta$角(土对墙背的摩擦角);③$AC$滑动面上的反力为$R$,其作用方向与$AC$滑动面的法线成$\varphi$角并位于法线的下方。由于土楔体在三力作用下处于静力平衡,即可绘出三力组成的闭合的力平衡三角形,如图5-12b)所示。

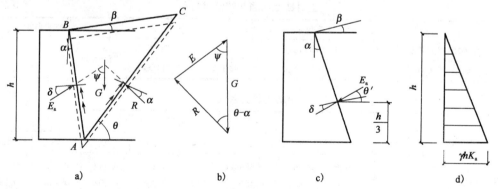

图5-12　库仑主动土压力
a)滑动楔体;b)力三角形;c)合力作用点;d)土压力分布

如图5-12a)所示,反力$E$与竖直线的夹角$\psi=90° - \delta - \alpha$,于是$E$与$R$的夹角为$[180° - (\theta - \varphi) - \psi]$,根据静力平衡条件,由力的平衡三角形正弦定理可得:

$$\frac{E}{G} = \frac{\sin(\theta - \varphi)}{\sin[180° - (\theta - \varphi) - \psi]} = \frac{\sin(\theta - \varphi)}{\sin(\theta - \varphi + \psi)}$$

$$E = \frac{G \cdot \sin(\theta - \varphi)}{\sin(\theta - \varphi + \psi)} \tag{5-16}$$

$E$ 值是随滑动面倾角 $\theta$ 而变化的。由于滑动面 $AC$ 是任意选择的，因此它不一定是最危险的滑动面。因为 $E$ 值越大，楔体向下滑动的可能性越大。所以，实际上产生最大 $E$ 值的滑动面即是最危险的滑动面。按微分求极值的方法，令 $\dfrac{\mathrm{d}E}{\mathrm{d}\theta} = 0$ 可确定 $E$ 值最大时的坡角 $\theta$，即真正滑动面的位置。然后将 $\theta$ 代入式(5-16)便求得主动土压力 $E_a$ 的值，即：

$$E_a = \frac{\gamma h^2}{2} \cdot \frac{\cos^2(\varphi - \alpha)}{\cos^2\alpha \cdot \cos(\delta + \alpha)\left[1 + \sqrt{\dfrac{\sin(\delta + \varphi) \cdot \sin(\varphi - \beta)}{\cos(\delta + \alpha) \cdot \cos(\alpha - \beta)}}\right]^2}$$

$$= \frac{1}{2}\gamma h^2 K_a \tag{5-17}$$

主动土压力分布：

$$\sigma_a = \frac{\mathrm{d}E_a}{\mathrm{d}z} = \frac{\mathrm{d}(\frac{1}{2}\gamma z^2 K_a)}{\mathrm{d}z} = \gamma z K_a \tag{5-18}$$

上两式中：$\delta$——土对挡土墙背的摩擦角，可由表5-2查得；

$\quad\quad\alpha$——墙背倾斜角（即墙背与垂线的夹角）；以垂线为准，反时针倾角 $\alpha$ 为正，称为俯斜（图5-12）；顺时针倾角 $\alpha$ 为负，称为仰斜；

$\quad\quad\beta$——墙后填土面坡角；

$\quad\quad\varphi$——墙后填土的内摩擦角；

$\quad\quad K_a$——主动土压力系数，为 $\alpha$、$\beta$、$\varphi$、$\delta$ 的8函数，可由表5-3查得。

**土对挡土墙墙背的摩擦角 $\delta$** 表5-2

| 挡土墙情况 | 摩擦角 $\delta$ | 挡土墙情况 | 摩擦角 $\delta$ |
|---|---|---|---|
| 墙背平滑、排水不良 | $(0 \sim 0.33)\varphi_K$ | 墙背很粗糙、排水良好 | $(0.5 \sim 0.67)\varphi_K$ |
| 墙背粗糙、排水良好 | $(0.33 \sim 0.5)\varphi_K$ | 墙背与填土间不可能滑动 | $(0.67 \sim 1.0)\varphi_K$ |

**主动土压力系数 $K_a$** 表5-3

| $\delta(°)$ | $\alpha(°)$ | $\beta(°)$ | $\varphi(°)$ | | | | | | | |
|---|---|---|---|---|---|---|---|---|---|---|
| | | | 15 | 20 | 25 | 30 | 35 | 40 | 45 | 50 |
| 0 | 0 | 0 | 0.589 | 0.490 | 0.406 | 0.333 | 0.271 | 0.217 | 0.172 | 0.132 |
| | | 10 | 0.704 | 0.569 | 0.462 | 0.374 | 0.300 | 0.238 | 0.186 | 0.142 |
| | | 15 | 0.933 | 0.639 | 0.505 | 0.402 | 0.319 | 0.251 | 0.194 | 0.147 |
| | | 20 | | 0.833 | 0.573 | 0.441 | 0.344 | 0.267 | 0.204 | 0.154 |
| | | 30 | | | 0.750 | 0.436 | 0.318 | 0.235 | 0.172 |
| | 10 | 0 | 0.652 | 0.560 | 0.478 | 0.407 | 0.343 | 0.288 | 0.238 | 0.194 |
| | | 10 | 0.784 | 0.655 | 0.550 | 0.461 | 0.384 | 0.318 | 0.261 | 0.211 |
| | | 15 | 1.039 | 0.737 | 0.603 | 0.498 | 0.411 | 0.337 | 0.274 | 0.221 |
| | | 20 | | 1.015 | 0.685 | 0.548 | 0.444 | 0.360 | 0.291 | 0.231 |
| | | 30 | | | 0.925 | 0.566 | 0.433 | 0.337 | 0.262 |

| δ(°) | α(°) | β(°) | φ(°) | | | | | | | |
|---|---|---|---|---|---|---|---|---|---|---|
| | | | 15 | 20 | 25 | 30 | 35 | 40 | 45 | 50 |
| 0 | 20 | 0 | 0.736 | 0.648 | 0.569 | 0.498 | 0.434 | 0.375 | 0.322 | 0.274 |
| | | 10 | 0.896 | 0.768 | 0.663 | 0.572 | 0.492 | 0.421 | 0.358 | 0.302 |
| | | 15 | 1.196 | 0.868 | 0.730 | 0.621 | 0.52 | 0.450 | 0.380 | 0.318 |
| | | 20 | | 1.205 | 0.834 | 0.688 | 0.0.576 | 0.484 | 0.405 | 0.337 |
| | | 30 | | | | 1.169 | 0.740 | 0.586 | 0.474 | 0.385 |
| | −10 | 0 | 0.540 | 0.433 | 0.344 | 0.270 | 0.209 | 0.158 | 0.117 | 0.083 |
| | | 10 | 0.644 | 0.500 | 0.389 | 0.301 | 0.229 | 0.171 | 0.125 | 0.088 |
| | | 15 | 0.860 | 0.5620 | 0.425 | 0.322 | 0.243 | 0.180 | 0.130 | 0.090 |
| | | 20 | | 0.785 | 0.482 | 0.353 | 0.261 | 0.190 | 0.136 | 0.094 |
| | | 30 | | | | 0.614 | 0.331 | 0.226 | 0.155 | 0.104 |
| | −20 | 0 | 0.497 | 0.380 | 0.287 | 0.212 | 0.1530 | 0.106 | 0.070 | 0.043 |
| | | 10 | 0.595 | 0.439 | 0.323 | 0.234 | 0.166 | 0.114 | 0.074 | 0.045 |
| | | 15 | 0.809 | 0.494 | 0.352 | 0.250 | 0.175 | 0.119 | 0.076 | 0.046 |
| | | 20 | | 0.707 | 0.401 | 0.274 | 0.188 | 0.125 | 0.080 | 0.047 |
| | | 30 | | | | 0.498 | 0.239 | 0.147 | 0.090 | 0.051 |
| 10 | 0 | 0 | 0.533 | 0.447 | 0.373 | 0.309 | 0.253 | 0.204 | 0.163 | 0.127 |
| | | 10 | 0.664 | 0.531 | 0.431 | 0.350 | 0.282 | 0.225 | 0.177 | 0.136 |
| | | 15 | 0.947 | 0.609 | 0.476 | 0.379 | 0.301 | 0.238 | 0.185 | 0.141 |
| | | 20 | | 0.897 | 0.549 | 0.420 | 0.326 | 0.254 | 0.195 | 0.148 |
| | | 30 | | | | 0.762 | 0.423 | 0.306 | 0.226 | 0.166 |
| | 10 | 0 | 0.603 | 0.520 | 0.448 | 0.384 | 0.326 | 0.275 | 0.230 | 0.189 |
| | | 10 | 0.759 | 0.626 | 0.524 | 0.440 | 0.369 | 0.307 | 0.253 | 0.206 |
| | | 15 | 1.089 | 0.721 | 0.582 | 0.480 | 0.396 | 0.326 | 0.267 | 0.216 |
| | | 20 | | 1.064 | 0.671 | 0.534 | 0.432 | 0.351 | 0.284 | 0.227 |
| | | 30 | | | | 0.969 | 0.564 | 0.427 | 0.332 | 0.258 |
| | 20 | 0 | 0.695 | 0.615 | 0.543 | 0.478 | 0.419 | 0.365 | 0.316 | 0.271 |
| | | 10 | 0.890 | 0.752 | 0.646 | 0.558 | 0.482 | 0.414 | 0.354 | 0.30 |
| | | 15 | 1.298 | 0.872 | 0.723 | 0.613 | 0.522 | 0.444 | 0.377 | 0.317 |
| | | 20 | | 1.308 | 0.844 | 0.687 | 0.573 | 0.481 | 0.403 | 0.337 |
| | | 30 | | | | 1.268 | 0.758 | 0.594 | 0.478 | 0.388 |
| | −10 | 0 | 0.477 | 0.385 | 0.309 | 0.245 | 0.191 | 0.146 | 0.109 | 0.078 |
| | | 10 | 0.590 | 0.455 | 0.354 | 0.275 | 0.211 | 0.159 | 0.116 | 0.082 |
| | | 15 | 0.847 | 0.520 | 0.390 | 0.297 | 0.224 | 0.167 | 0.121 | 0.085 |
| | | 20 | | 0.773 | 0.450 | 0.328 | 0.242 | 0.177 | 0.127 | 0.088 |
| | | 30 | | | | 0.605 | 0.313 | 0.212 | 0.146 | 0.098 |

| $\delta(°)$ | $\alpha(°)$ | $\beta(°)$ | $\varphi(°)$ | | | | | | | |
|---|---|---|---|---|---|---|---|---|---|---|
| | | | 15 | 20 | 25 | 30 | 35 | 40 | 45 | 50 |
| 10 | −20 | 0 | 0.427 | 0.330 | 0.252 | 0.188 | 0.137 | 0.096 | 0.064 | 0.039 |
| | | 10 | 0.529 | 0.388 | 0.286 | 0.209 | 0.149 | 0.103 | 0.068 | 0.041 |
| | | 15 | 0.772 | 0.445 | 0.315 | 0.225 | 0.158 | 0.108 | 0.070 | 0.042 |
| | | 20 | | 0.675 | 0.364 | 0.248 | 0.170 | 0.114 | 0.073 | 0.044 |
| | | 30 | | | | 0.475 | 0.220 | 0.135 | 0.082 | 0.047 |
| 15 | 0 | 0 | 0.518 | 0.434 | 0.363 | 0.301 | 0.248 | 0.201 | 0.160 | 0.125 |
| | | 10 | 0.656 | 0.522 | 0.423 | 0.343 | 0.277 | 0.222 | 0.174 | 0.135 |
| | | 15 | 0.966 | 0.603 | 0.470 | 0.373 | 0.297 | 0.235 | 0.183 | 0.140 |
| | | 20 | | 0.914 | 0.546 | 0.415 | 0.323 | 0.251 | 0.194 | 0.147 |
| | | 30 | | | | 0.777 | 0.422 | 0.305 | 0.225 | 0.165 |
| | 10 | 0 | 0.592 | 0.511 | 0.441 | 0.378 | 0.323 | 0.273 | 0.228 | 0.189 |
| | | 10 | 0.760 | 0.623 | 0.520 | 0.437 | 0.366 | 0.305 | 0.252 | 0.206 |
| | | 15 | 1.129 | 0.723 | 0.581 | 0.478 | 0.395 | 0.325 | 0.267 | 0.216 |
| | | 20 | | 1.103 | 0.679 | 0.535 | 0.432 | 0.351 | 0.284 | 0228 |
| | | 30 | | | | 1.005 | 0.571 | 0.430 | 0.334 | 0.260 |
| | 20 | 0 | 0.690 | 0.611 | 0.540 | 0.467 | 0.419 | 0.366 | 0.317 | 0.273 |
| | | 10 | 0.904 | 0.757 | 0.649 | 0.560 | 0.484 | 0.416 | 0.357 | 0.303 |
| | | 15 | 1.372 | 0.889 | 0.731 | 0.618 | 0.526 | 0.448 | 0.380 | 0.321 |
| | | 20 | | 1.383 | 1.372 | 0.697 | 0.579 | 0.486 | 0.408 | 0.341 |
| | | 30 | | | | 1.341 | 0.778 | 0.606 | 0.487 | 0.395 |
| | −10 | 0 | 0.458 | 0.371 | 0.298 | 0.237 | 0.186 | 0.142 | 0.106 | 0.076 |
| | | 10 | 0.576 | 0.442 | 0.344 | 0.267 | 0.205 | 0.155 | 0.114 | 0.081 |
| | | 15 | 0.850 | 0.509 | 0.380 | 0.289 | 0.219 | 0.163 | 0.119 | 0.084 |
| | | 20 | | 0.776 | 0.441 | 0.320 | 0.237 | 0.174 | 0.125 | 0.087 |
| | | 30 | | | | 0.607 | 0.308 | 0.209 | 0.143 | 0.097 |
| | −20 | 0 | 0.405 | 0.314 | 0.240 | 0.180 | 0.132 | 0.093 | 0.062 | 0.038 |
| | | 10 | 0.509 | 0.372 | 0.275 | 0.201 | 0.144 | 0.100 | 0.066 | 0.040 |
| | | 15 | 0.763 | 0.429 | 0.303 | 0.216 | 0.152 | 0.104 | 0.068 | 0.041 |
| | | 20 | | 0.667 | 0.352 | 0.239 | 0.164 | 0.110 | 0.071 | 0.042 |
| | | 30 | | | | 0.470 | 0.214 | 0.131 | 0.080 | 0.046 |
| 20 | 0 | 0 | | | 0.357 | 0.297 | 0.245 | 0.199 | 0.160 | 0.125 |
| | | 10 | | | 0.419 | 0.340 | 0.275 | 0.220 | 0.174 | 0.135 |
| | | 15 | | | 0.467 | 0.371 | 0.295 | 0.234 | 0.183 | 0.140 |
| | | 20 | | | 0.547 | 0.414 | 0.322 | 0.251 | 0.193 | 0.147 |
| | | 30 | | | | 0.798 | 0.425 | 0.306 | 0.225 | 0.166 |

| $\delta(°)$ | $\alpha(°)$ | $\beta(°)$ | $\varphi(°)$ | | | | | | | |
|---|---|---|---|---|---|---|---|---|---|---|
| | | | 15 | 20 | 25 | 30 | 35 | 40 | 45 | 50 |
| 20 | 10 | 0 | | | 0.438 | 0.377 | 0.322 | 0.273 | 0.229 | 0.190 |
| | | 10 | | | 0.521 | 0.438 | 0.367 | 0.306 | 0.254 | 0.208 |
| | | 15 | | | 0.586 | 0.480 | 0.397 | 0.328 | 0.269 | 0.218 |
| | | 20 | | | 0.690 | 0.540 | 0.436 | 0.354 | 0.286 | 0.230 |
| | | 30 | | | 1.051 | 0.582 | 0.437 | 0.338 | 0.264 | |
| | 20 | 0 | | | 0.543 | 0.479 | 0.422 | 0.370 | 0.321 | 0.277 |
| | | 10 | | | 0.659 | 0.568 | 0.490 | 0.423 | 0.363 | 0.309 |
| | | 15 | | | 0.747 | 0.629 | 0.535 | 0.456 | 0.387 | 0.327 |
| | | 20 | | | 0.891 | 0.715 | 0.592 | 0.496 | 0.417 | 0.349 |
| | | 30 | | | 1.434 | 0.807 | 0.624 | 0.501 | 0.406 | |
| | −10 | 0 | | | 0.291 | 0.232 | 0.182 | 0.140 | 0.105 | 0.076 |
| | | 10 | | | 0.373 | 0.262 | 0.202 | 0.153 | 0.113 | 0.080 |
| | | 15 | | | 0.374 | 0.284 | 0.215 | 0.161 | 0.117 | 0.083 |
| | | 20 | | | 0.437 | 0.316 | 0.233 | 0.171 | 0.124 | 0.086 |
| | | 30 | | | 0.614 | 0.306 | 0.207 | 0.142 | 0.096 | |
| | −20 | 0 | | | 0.231 | 0.174 | 0.128 | 0.090 | 0.061 | 0.038 |
| | | 10 | | | 0.266 | 0.195 | 0.140 | 0.097 | 0.062 | 0.039 |
| | | 15 | | | 0.294 | 0.210 | 0.148 | 0.102 | 0.067 | 0.040 |
| | | 20 | | | 0.344 | 0.233 | 0.160 | 0.108 | 0.069 | 0.042 |
| | | 30 | | | 0.468 | 0.210 | 0.129 | 0.079 | 0.045 | |

## 二 主动土压力的方向和作用点

由式(5-18)可知,主动土压力沿墙高呈三角形分布,如图5-12d)所示,在墙踵处的主动土压力强 $\sigma_a = \gamma h K_a$。因此,主动土压力合力 $E_a$ 作用点的位置是在土压力图形的形心标高处,即距墙踵 $h/3$ 的标高。

可以看出,当遇到挡土墙墙背倾斜、粗糙并且填土面也倾斜等较复杂情况,库仑土压力理论就显示出优越性。而主动土压力 $E_a$ 的作用方向主要是与挡土墙墙背的倾斜程度和粗糙程度有关。如果令主动土压力 $E_a$ 与水平面成 $\theta'$ 角度,如图5-12c)所示:

①当墙背俯斜时,$\theta' = \delta + \alpha$。

②当墙背仰斜时,$\theta' = \delta - \alpha$。

③当墙背垂直时,则 $\theta = \alpha$。

这里需要指出,库仑土压力计算公式如果在特定条件下:当墙背垂直($\alpha = 90°$)、光滑($\delta = 0$)、填土表面水平时($\beta = 0$),完全与朗肯土压力公式相同,即:

$$E_a = \frac{1}{2}\gamma h^2 \tan^2\left(45° - \frac{\varphi}{2}\right)$$

113

由于库仑土压力理论采用的滑动面为平面的假设与实际情况有出入,因而给计算结果带来一定误差。这种误差在计算主动土压力时较小,在容许范围内,但计算被动土压力误差较大,故很少应用。

**【例题 5-4】** 如图 5-13 所示,挡土墙高 $h = 4.5\text{m}$,墙背倾斜角度 $\alpha = 10°$,墙土表面倾斜角度 $\beta = 15°$,填土与墙背之间的摩擦角 $\delta = 20°$,墙后填土指标为:重度 $\gamma = 18\text{kN/m}^3$,黏聚力 $C = 0$,内摩擦角 $\varphi = 30°$,试计算挡土墙背铅直投影面上的主动土压力。

**【解】** (1)按已知 $\delta$、$\alpha$、$\beta$ 及 $\varphi$ 值表由 5-3 查得:主动土压力系数 $K_a = 0.48$。

(2)墙底处土压力强度 $\sigma_a = \gamma h K_a = 18 \times 4.5 \times 0.48 = 38.88\text{kPa}$

(3)主动土压力 $E_a = \psi_c \dfrac{1}{2}\gamma h^2 K_a = 1.0 \times \dfrac{1}{2} \times 18 \times 4.5^2 \times 0.48 = 87.48\text{kPa}$

(4)土压力作用点 $y_0 = \dfrac{h}{3} = \dfrac{4.5}{3} = 1.5\text{m}$

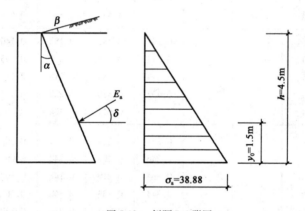

图 5-13 例题 5-4 附图

### 三 被动土压力

挡土墙在外力作用下向着填土方向挤压使填土达到被动破坏状态时,滑动土楔处于极限平衡状态,此时土楔是向上滑动的,因此墙面和滑动面上所受的摩阻力向下,$E_p$、$R_p$ 在法线之上,由楔体的平衡条件得:

$$E_p = G\frac{\sin(\theta + \varphi)}{\sin(\theta + \varphi + \psi)} \tag{5-19}$$

式中:$\psi = 90° - \alpha + \delta$。

在所有可能的滑动面中,使 $E_p$ 为最小值的滑动面是真正的滑面。由 $\dfrac{dE_p}{d\theta} = 0$ 得:

$$E_p = \frac{1}{2}\gamma H^2 K_p \tag{5-20}$$

式中:$K_p$——被动土压力系数,用下式计算:

$$K_p = \frac{\cos^2(\varphi + \alpha)}{\cos^2\alpha\cos(\alpha - \delta)\left[1 - \sqrt{\dfrac{\sin(\varphi + \delta)\sin(\varphi + \beta)}{\cos(\alpha - \delta)\cos(\alpha - \beta)}}\right]^2}$$

# 第六节 挡 土 墙

## 一 挡土墙类型

挡土墙应根据工程需要、土质情况、材料和施工技术以及造价等因素合理选用。如图5-14所示,按其结构形式可分为以下几种类型:

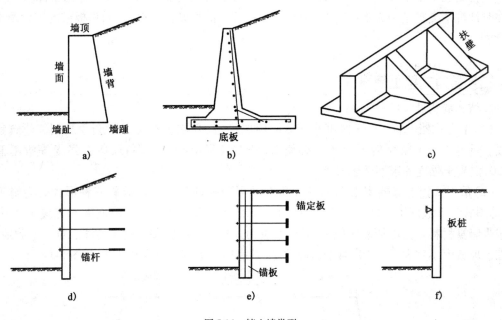

图 5-14 挡土墙类型

a)重力式挡土墙;b)悬臂式挡土墙;c)扶壁式挡土墙;d)锚杆挡土墙;e)锚定板挡土墙;f)板桩墙

### 1. 重力式挡土墙

这类挡土墙是由石、砖或素混凝土砌筑而成,主要靠自重来抵抗土压力维持其稳定。因而墙身截面尺寸较大,宜用于墙高小于8m、地层稳定、开挖土石方时不会危及相邻建筑物安全的地段。重力式挡土墙按墙背倾斜形式分为仰斜、垂直、俯斜式三种。这种挡土墙结构简单、施工方便、取材容易,因此在工程中得到了广泛的应用。

### 2. 悬臂、扶壁式挡土墙

这类挡土墙是用钢筋混凝土建造。主要靠墙后底板上面的土重来维持其稳定。在土压力作用下,其悬臂部分的竖壁和底板中的拉应力均由钢筋来承担。当墙高较大(如 $h>5m$)时墙壁和底板也可做得很薄。当墙高在 6~10m 时,因墙壁所承受弯矩和侧移较大,故需沿墙长每隔一定距离$(1/3~1/2)h$设置一道扶壁,以增加其侧向抗弯能力。扶壁式挡土墙适用于土质填方边坡,其高度不宜超过10m。

### 3. 锚杆式挡土墙

锚杆挡土墙是由钢筋混凝土立柱、墙面及锚固于稳定岩土中的钢锚杆组成。利用锚杆的受拉性能将承受的土压力传递到坚实岩层内,以维持挡土墙稳定。在施工中锚杆可通过钻孔

灌浆或开挖预埋及拧入等方法设置。这种挡土墙可用于深基坑开挖与边坡支护等。

**4. 锚定板式挡土墙**

这种挡土墙是由钢筋混凝土墙板、钢拉杆及锚定板连接而成。作用在墙板上的土压力通过拉杆传至锚定板，再由锚定板的抗拔力来平衡。这种挡土墙可用于护岸及护坡工程等。

**5. 板桩挡土墙**

板桩墙通常由钢板桩或预制钢筋混凝土桩组成，并由打桩机械打入。常用于深基坑开挖时临时性坑壁支护结构或水岸边挡土墙，也可在板桩前加设钢支撑，以增强板桩的抗弯及抗侧移能力。

## 二 重力式挡土墙设计

**1. 挡土墙构造**

（1）重力式挡土墙适用于高度小于8m、地层稳定、开挖土石方时不会危及相邻建筑物的地段。重力式挡土墙材料可使用浆砌块石、条石或素混凝土。块石、条石强度等级不低于MU30，混凝土强度等级不低于C15。

（2）重力式挡土墙墙型根据墙背倾角不同可分为仰斜、垂直、俯斜三种形式。为施工方便，仰斜式墙背坡度不宜缓于1:0.25且墙面与墙背平行。垂直式墙面坡度不宜缓于1:0.4，以减少墙身材料。为增加墙底抗滑移能力，重力式挡土墙可在基底设置逆坡。对于土质地基，基底逆坡坡度不宜大于1:10；对于岩质地基，基底逆坡坡度不宜大于1:5，如图5-15所示。

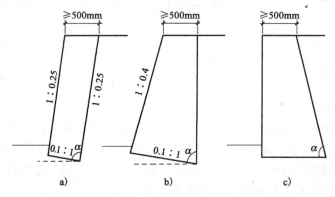

图5-15 重力式挡土墙的形式
a）仰斜式；b）垂直式；c）俯斜式

（3）毛石挡土墙的墙顶宽度不宜小于400mm；混凝土挡土墙的墙顶宽度不宜小于200mm。墙顶宽度约为墙高的1/12，墙底宽约为墙高的1/3～1/2。当墙底宽度不够时，可在地面以下墙趾设置台阶，以增加墙身抗倾覆稳定性。

（4）重力式挡墙的基础埋置深度，应根据地基承载力、水流冲刷、岩石裂隙发育及风化程度等因素进行确定。在特强冻涨、强冻涨地区应考虑冻涨的影响。在土质地基中，基础埋置深度不宜小于0.5m；在软质岩地基中，基础埋置深度不宜小于0.3m。

（5）挡土墙应采取有效的排水措施，以防止墙后填土长期积水而土体抗剪强度降低、重度增加、地基软化、还会受到水的渗流和静水压力的影响，使挡土墙开裂甚至倾倒。因此应沿墙长设置直径不宜小于 100mm 的泄水孔，其间距为 2~3m。墙后填土宜选择透水性较强的填料。当采用黏性土作为填料时，宜掺入适宜的碎石，以增大土的透水性，在季节性冻土地区，宜选用炉渣、粗砂等非冻胀性材料。在墙顶和墙底宜设置黏土防水层，墙后做滤水层及必要的排水盲沟，如图 5-16 所示。

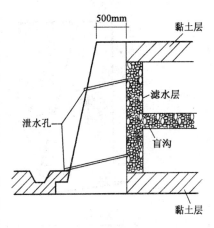

图 5-16　挡土墙排水措施

（6）重力式挡土墙应每间隔 10~20m 设置一道伸缩缝。当地基有变化时宜加设沉降缝。在挡土结构的拐角处，应采取加强的构造措施。素混凝土挡土墙设置间距为 10~15m。当地基性状和挡土墙高度有变化时应设沉降缝，缝宽应采用 20~30mm，缝中应填塞沥青麻筋或其他有弹性的防水材料，填塞深度不应小于 150 mm。根据以上构造要求及经验可初步确定挡土墙类型、截面形式和尺寸；还需确定所有作用在挡土墙上的力（主要有土压力、墙身自重、基底反力），然后再进行挡土墙验算。

2. 抗滑移稳定验算

如图 5-17 所示，在土压力平行于基底平面方向的分力 $E_{at}$ 作用下，挡土墙有可能沿基底产生水平滑移，抗滑移稳定性是以抗滑力与滑动力的比值 $K_h$ 表示。为保证挡土墙的稳定性，应满足下列条件：

（1）挡土墙底部倾斜时［图 5-17 a）］，则：

$$K_h = \frac{抗滑移力}{滑移力} = \frac{(G_n + E_{an}) \cdot \mu}{E_{at} - G_t} \geq 1.3 \tag{5-21}$$

$$G_n = G \cdot cos\alpha_0$$
$$G_t = G \cdot sin\alpha_0$$
$$E_{at} = E_a sin(\alpha - \alpha_0 - \delta)$$
$$E_{an} = E_a cos(\alpha - \alpha_0 - \delta)$$

（2）挡土墙底部水平时，$\alpha_0 = 0$［图 5-17b）］，则：

$$K_h = \frac{抗滑移力}{滑移力} = \frac{(G + E_{az}) \cdot \mu}{E_{ax}} \geq 1.3 \tag{5-22}$$

以上式中：$K_h$——抗滑移稳定安全系数；

　　　　$G$——挡土墙每延米自重，kN/m；

　　$E_{az}$，$E_{ax}$——分别为主动土压力的竖向分力和水平分力，可 kN/m；

　　　$G_n$，$G_t$——分别为墙身自重的竖向分力和水平分力，kN/m；

　　　　$\mu$——土对挡土墙基底摩擦系数，按表 5-4 采用；

　　　　$\alpha_0$——挡土墙底部的倾角，°；

　　　　$\alpha$——挡土墙墙背的倾角，°；

　　　　$\delta$——土对挡土墙墙背的摩擦角，°，可按表 5-2 选用。

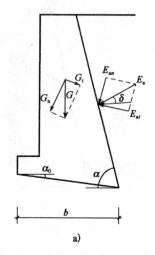 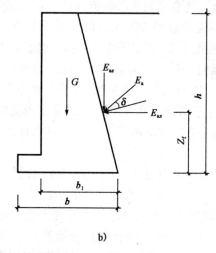

a)                                b)

图 5-17　挡土墙滑移稳定验算

a)挡土墙底面倾斜；b)挡土墙底面水平

**土对挡土墙基底的摩擦系数 $\mu$**                         表 5-4

| 土 的 类 别 | | 摩擦系数 $\mu$ |
|---|---|---|
| 黏性土 | 可塑 | 0.25 ~ 0.30 |
| | 硬塑 | 0.30 ~ 0.35 |
| | 坚硬 | 0.35 ~ 0.45 |
| 粉土 | | 0.30 ~ 0.40 |
| 中砂、粗砂、砾砂 | | 0.40 ~ 0.50 |
| 碎石土 | | 0.40 ~ 0.60 |
| 软质岩石 | | 0.40 ~ 0.60 |
| 表面粗糙的硬质岩石 | | 0.65 ~ 0.75 |

注：1. 对易风化的软质岩石和塑性指数 $I_p > 22$ 的黏性土，基底摩擦系数应通过试验确定。

2. 对碎石土，可根据其密实度、填充物状况、风化程度等确定。

3. 抗倾覆稳定验算

挡土墙的抗倾覆稳定性是指抵抗墙身绕墙趾向外转动倾覆的能力。以抗倾覆力矩与倾覆力矩的比值 $K_q$ 表示。挡土墙在自重及土压力作用下，有可能绕墙趾 $O$ 点向前转动。验算时可将主动土压力 $E_a$ 分解为竖向分力 $E_{az}$ 和水平分力 $E_{ax}$ 分别对墙趾 $O$ 点取力矩，抗倾覆稳定性按下式验算：

$$K_q = \frac{抗倾覆力矩}{倾覆力矩} = \frac{Gx_0 + E_{az}x_f}{E_{ax} \cdot z_f} \geqslant 1.6 \qquad (5-23)$$

式中：$K_q$——抗倾覆稳定安全系数；

$x_0$、$x_f$、$z_f$——分别为 $G$、$E_{az}$、$E_{ax}$ 对墙趾 $O$ 点的力臂，m。

当挡土墙底部倾斜时，如图 5-18 所示，$E_{az}$ 和 $E_{ax}$，$x_f$ 和 $z_f$ 分别按下式计算：

$$E_{ax} = E_a \sin(\alpha - \delta)$$

$$E_{az} = E_a \cos(\alpha - \delta)$$

$$x_f = b - z \cdot \cot\alpha$$

$$z_f = z - b\tan\alpha_0$$

式中：$z$——土压力作用点离墙踵的高度，m；

$b$——基底的水平投影宽度，$m^2$。

4. 地基承载力验算

如图 5-19 所示，在挡土墙自重及土压力的竖向分力作用下，假定基底压力按直线分布。地基承载力验算除应满足下列条件外，基底合力的偏心距 $e$ 不应大于 0.25 倍的基础宽度。当基底下有软弱下卧层时，尚应进行软弱下卧层的承载力验算。

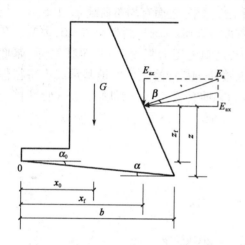

图 5-18　挡土墙抗倾覆稳定性验算示意图

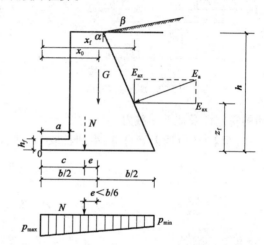

图 5-19　挡土墙基底压力

$$p_k = \frac{G_k + E_{az}}{b} \leqslant f_a \tag{5-24}$$

$$p_{kmax} \leqslant 1.2f_a \tag{5-25}$$

式中：$p_{max}$——相应于作用的标准组合时，挡土墙基底边缘处的最大压力，kPa；

$p$——挡土墙基底的平均压力，kPa；

$G_k$——挡土墙自重标准值，kN/m；

$b$——挡土墙底面宽度，m。

$e$ 为竖向压力合力 $N$ 对基底中心的偏心距（m）。可将各力对基底中心简化求得，或按下式计算：

$$e = \frac{b}{2} - \frac{Gx_0 + E_{az} \cdot x_f - E_{ax} \cdot Z_f}{G + E_{az}}$$

若不满足式(5-24)、式(5-25)要求时，地基将丧失稳定而产生整体滑移。因此，当基底压力超过地基承载力特征值时，可在墙趾处设置台阶，如图 5-19 所示，墙趾台阶的高宽比可取2:1，且 $a$ 不得小于 200mm。

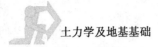 

**5. 墙身强度验算**

验算墙身强度时取墙身控制截面 I-I,如图 5-20 所示。可先出墙高为 $h'$ 变截面处的主动土压力 $E_a'$ 及墙身自重 $G'$,然后用前述方法求出合力 $N$ 及偏心心距 $e$,按砌体结构受压构件验算。

(1)抗压强度      $N \leqslant \varphi \cdot fA$      (5-26)

(2)抗剪强度      $V \leqslant (f_V + \alpha \mu \sigma_0) A$    (5-27)

式中各符号的意义及具体验算详见砌体结构。

【例题 5-5】 某挡土墙高 5m,墙背垂直光滑,墙土面水平,地面有均布荷载 $q = 1.5 \text{kN/m}^2$,填土重度 $\gamma = 18 \text{kN/m}^3$,黏聚力 $C = 0$,内摩擦角 $\varphi = 30°$,已知土压力强度,如图 5-21 所示,基底摩擦系数 $\mu = 0.5$,修正后的地基承载力特征值 $f = 220 \text{kPa}$,砌体重度 $\gamma = 22 \text{kN/m}^3$,试验算挡土墙的稳定性及地基承载力。

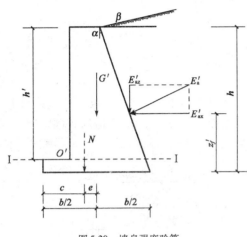

图 5-20 墙身强度验算

【解】 (1)挡土墙自重,沿墙长取 1m 为计算单元

$$G_1 = 0.8 \times 5 \times 22 = 88 \text{kN/m}$$

$$G_2 = \frac{1}{2} \times 2.2 \times 5 \times 22 = 121 \text{kN/m}$$

$$G = G_1 + G_2 = 88 + 121 = 209 \text{kN/m}$$

(2)计算主动土压力($h = 5\text{m}$,土压力增大系数 $\psi_c = 1.0$)

$$E_{a1} = 0.5 \times 5 = 2.5 \text{kN/m}$$

$$E_{a2} = \frac{1}{2} \times 29.97 \times 5 = 74.93 \text{kN/m}$$

(3)挡土墙抗滑移验算

$$K_h = \frac{抗滑力}{滑移力} = \frac{G \cdot \mu}{E_{a1} + E_{a2}} = \frac{209 \times 0.5}{2.5 + 74.93} = 1.35 > 1.3$$

(4)挡土墙抗倾覆验算

$$K_q = \frac{M_{抗}}{M_{倾}} = \frac{G_1 \cdot x_{01} + G_2 \cdot x_{02}}{E_{a1} \cdot \frac{h}{2} + E_{a2} \cdot \frac{h}{3}} = \frac{88 \times 2.6 + 121 \times 1.47}{2.5 \times 2.5 + 74.93 \times 1.67} = 3.1 > 1.6$$

(5)地基承载力验算

可将各力对基底中心点简化:

竖向压力之和      $N_k = G = 209 \text{kN/m}$

$$p_k = \frac{F_k + G_k}{A} = \frac{G_k}{A} = \frac{209}{3} = 69.7 \text{kPa} < f_a = 220 \text{kPa}$$

满足。

偏心力矩之和 $M_k = G_2(1.5 - 1.47) + E_{a1} \times 2.5 + E_{a2} \times 1.67 - G_1(2.6 - 1.5)$
$$= 38.2 \text{kN} \cdot \text{m/m}$$

对基底中点偏心距 $e = \dfrac{M_k}{N_k} = \dfrac{38.2}{209} = 0.183 \text{m}$ 或按下式计算偏心距 $e$：

$$e = \frac{b}{2} - \frac{G_2 \times 1.47 + G_1 \times 2.6 - E_{a1} \times 2.5 - E_{a2} \times 1.67}{G}$$

$$= 1.5 - 1.317 = 0.183 \text{m}$$

由于 $e = 0.183 \text{m} < \dfrac{b}{6} = 3/6 = 0.5 \text{m}$。

$$p_{kmax} = \frac{N}{b}\left(1 + \frac{6e}{b}\right) = \frac{209}{3}\left(1 + \frac{6 \times 0.183}{3}\right) = 95.2 \text{kPa} < 1.2 f_a$$

满足。

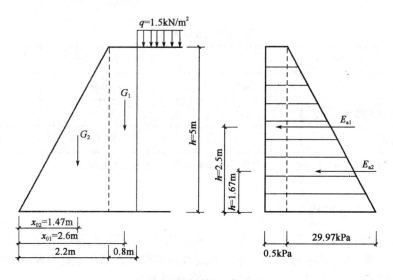

图 5-21　例题 5-5 附图

# 第七节　边坡稳定性评价与分析

边坡是指天然山坡(如山坡和江河湖海的岸坡等)以及因平整场地或开挖基坑而形成的人工斜坡(基坑,路堤等)。边坡由于表面倾斜,在自重或外力作用下,有可能滑动而丧失稳定性。在边坡稳定性验算之前,应根据边坡水文地质和工程地质及边坡可能发生的破坏形式等进行稳定性分析和评价。

# 一 边坡稳定性评价

## （一）对下列建筑边坡应进行稳定性评价

（1）选用建筑场地的自然斜坡。
（2）由于开挖或填筑形成并需要进行稳定性验算的边坡。
（3）施工期间出现不利工况的边坡。
（4）使用条件发生变化的边坡。

## （二）边坡稳定性评价

边坡稳定性评价应在充分查明工程地质条件的基础上，根据边坡岩土类型和结构，综合采用工程地质类比法和刚体极限平衡计算法进行。对土质较软、地面荷载较大、高度较大的边坡，其坡脚地面抗隆起和抗渗流等稳定性评价应按现行有关标准执行。

## （三）边坡稳定安全系数

边坡工程稳定性验算时，其稳定性安全系数 $K$ 应不小于表 5-5 的规定。否则应对边坡进行处理。

边坡稳定安全系数 $K$                                                    表 5-5

| 稳定安全系数 计算方法 | 边坡工程安全等级 | | |
|---|---|---|---|
| | 一 级 边 坡 | 二 级 边 坡 | 三 级 边 坡 |
| 平面滑动法、折线滑动法 | 1.35 | 1.30 | 1.25 |
| 圆弧滑动法 | 1.30 | 1.25 | 1.20 |

注：对地质条件很复杂或破坏后果极严重的边坡工程，其稳定安全系数宜适当提高。

# 二 简单边坡稳定性分析

在进行边坡稳定性计算之前，应根据边坡水文地质、工程地质、岩体结构特征以及已经出现的变形破坏迹象，对边坡的可能破坏形式和边坡稳定性状态做出定性判断，确定边坡破坏的边界范围、边坡破坏的地质模型，对边坡破坏趋势作出判断。

对于边坡稳定性分析和验算，都是在假定滑动面形状的前提下进行的。所谓简单边坡系指土坡的顶面和底面均为水平的，并且由均质土组成。一般边坡的纵向长度远大于横向宽度，因此在分析边坡稳定性时，通常将边坡视为无限延伸，沿边坡长度方向截取单位长度、按平面问题来验算坡体的稳定性。

## （一）无黏性土边坡

如果无黏性土边坡的坡度角过大，坡面土粒将发生连续下滑（滑动面为平面），直至坡度角减少到某一值时，这种下滑现象才停止。这时的坡度角，称为天然休止角。显然，当坡度角等于天然休止角时,坡面上的土粒将处于极限平衡状态。

如图 5-22 所示的砂土边坡,设坡角为 $\beta$,土的内摩擦角 $\varphi$,取坡面上的土粒为 $M$,其重力为 $G$,可将 $G$ 分解为垂直于坡面的正压力以及平行坡面的滑移力:

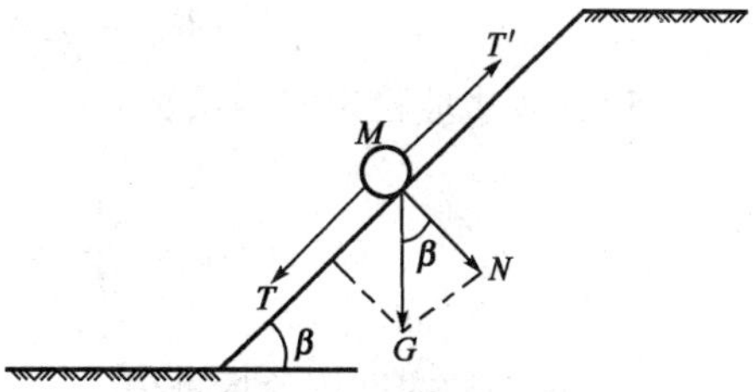

坡面正压力 $\qquad N = G \cdot \cos\beta$

坡面滑移力 $\qquad T = G \cdot \sin\beta$

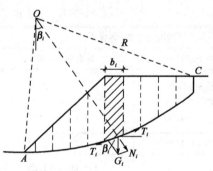

图 5-22　无黏性土边坡的稳定分析

坡面摩擦力即抗滑力 $\qquad T' = N \cdot \tan\varphi = G \cdot \cos\beta \cdot \tan\varphi$

则稳定安全系数:

$$K = \frac{抗滑力}{滑移力} = \frac{T'}{T} = \frac{G \cdot \cos\beta \cdot \tan\varphi}{G \cdot \sin\beta} = \frac{\tan\varphi}{\tan\beta} \tag{5-28}$$

由此可见,对于均质砂土边坡,稳定性与坡高无关。只要当 $\beta < \varphi, K > 1$ 时,边坡就处于稳定状态,工程中为满足土坡稳定要求。当 $\beta = \varphi$ 时,$K = 1$,抗滑力等于滑动力即边坡处于极限平衡状态,这时坡角 $\beta$ 为天然休止角。一般取安全系数 $K = 1.1 \sim 1.5$。

**(二)黏性土边坡**

黏性土边坡的稳定性与工程地质条件有关。由于黏性土中存在黏聚力,其破坏时滑动面常常是一个曲面。为了简化稳定验算的方法,假定滑动破坏面为一圆弧。黏性土边坡稳定性分析的方法有整体圆弧滑动法、瑞典条分法、稳定数法等。其中瑞典条分法比较简单合理,在工程中得到了广泛的应用。

瑞典条分法:基本原理是假定其土坡滑动面为通过坡脚的圆弧曲面,如图 5-23 所示,将圆弧滑动土体分成若干竖直土条,然后分别计算各土条对圆弧圆心的抗滑力矩和滑动力矩,由抗滑力矩与滑动力矩之比(即稳定安全系数)来验算边坡的稳定性。

条分法步骤:(1)选取一个通过坡脚的圆弧 $AC$ 滑动面,并将滑动土体分成若干竖向土条。

图 5-23　条分法分析黏性土边坡稳定

(2)计算每个土条的自重,并在其底部滑弧面上分解为法向分力(正压力)$N_i$ 和切向分力(剪力)$T_i$:

法向分力 $\qquad N_i = G_i \cos\beta_i$ $\qquad$ (5-29a)

切向分力 $\qquad T_i = G_i \sin\beta_i$ $\qquad$ (5-29b)

(3)计算滑动土体上的滑动力矩 $M_S$(对滑动圆心 O 取矩):

$$M_S = \sum_{i=1}^{n} T_i \cdot R = \sum_{i=1}^{n} G_i \cdot \sin\beta_i \cdot R \tag{5-30}$$

(4)计算阻止滑动土体滑动的抗滑力矩,由摩擦力 $N_i \tan\varphi$ 和黏聚力 $c \cdot \Delta l_i$ 两部分产生的力矩:

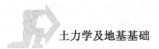

$$M_R = \sum_{i=1}^{n} N_i \cdot \tan\varphi \cdot R + \sum_{i=1}^{n} c \cdot \Delta l_i \cdot R \tag{5-31}$$

（5）计算边坡稳定安全系数 $K$：

$$K = \frac{M_R}{M_S} = \frac{\sum\limits_{i=1}^{n} G_i \cos\beta_i \cdot \tan\varphi + \sum\limits_{i=1}^{n} c \cdot \Delta l_i}{\sum\limits_{i=1}^{n} G_i \cdot \sin\beta_i} \tag{5-32}$$

式中：$\varphi$——土的内摩擦角标准值，°；

$\quad\beta_i$——第 $i$ 土条弧面的切线与水平线的夹角，°；

$\quad c$——黏聚力标准值，kPa；

$\quad\Delta l_i$——第 $i$ 土条的弧长，m；

$\quad G_i$——第 $i$ 土条重力标准值，kN，$G = \gamma \cdot b_i h_i$；

$\quad b_i$——第 $i$ 土条宽度，m；

$\quad h_i$——第 $i$ 土条中心高度，m。

（6）确定最危险滑动面，即选择若干个通过坡脚的圆弧滑动面，然后按上述方法试算求得相应的稳定安全系数，其中最小安全系数 $K_{\min}$ 所对应的滑动面为最危险滑动面，并要求最小安全系数 $K_{\min} \geqslant 1.2$。

### 三 土质边坡稳定措施

在山坡整体稳定的条件下，对深度 10m 以内的基坑，土质边坡的开挖应符合下列规定：

（1）边坡的坡度允许值，应根据当地经验，参照同类土层的稳定坡度确定。当土质良好且均匀、无不良地质现象、地下水不丰富时，可按表 5-6 确定。

土质边坡坡度允许值 　　　　　　　　　　　　　　表 5-6

| 土 的 类 别 | 密实度或状态 | 坡度允许值（高宽比） | |
| --- | --- | --- | --- |
| | | 坡高在 5m 以内 | 坡高在 5～10m |
| 碎石土 | 密实 | 1:0.35～1:0.50 | 1:0.50～1:0.75 |
| | 中密 | 1:0.50～1:0.75 | 1:0.75～1:1.00 |
| | 稍密 | 1:0.75～1:1.00 | 1:1.00～1:1.25 |
| 粉土 | $S_r \leqslant 0.5$ | 1:1.00～1:1.25 | 1:1.25～1:1.50 |
| 黏性土 | 坚硬 | 1:0.75～1:1.00 | 1:1.00～1:1.25 |
| | 硬塑 | 1:1.00～1:1.25 | 1:1.25～1:1.50 |

注：1. 表中碎石土的充填物为坚硬或硬塑状态的黏性土。

　　2. 对于砂土或充填物为砂土的碎石土，其边坡坡度允许值均按自然休止角确定。

（2）土质边坡开挖时，应采取排水措施，边坡顶部应设置截水沟。在任何情况下不允许在坡脚及坡面上积水。

（3）边坡开挖时，应有上往下开挖，依次进行。弃土应分散处理，不得将弃土堆置在坡顶及坡面上。当必须在坡顶或坡面上设置弃土转运站时，应进行坡体稳定验算，严格控制堆栈的土方量。

（4）边坡开挖后，应立即对边坡进行防护处理。

当有条件时,基坑应采用局部或全部放坡开挖,放坡坡度应满足(表5-6)其稳定性要求。

**小知识**

地下连续墙工艺是近年来在地下工程、基础工程中广泛应用的一项技术,它在基坑工程中既能挡土又防水抗渗;如果将地下连续墙作为建筑物的地下室外墙则具有承重作用。如上海金茂大厦,地上88层、地下3层,地下连续墙深达36m,厚为1m,总长度为568m,单元槽段100个。

如图5-24所示为地下连续墙的主要施工工艺流程。作为地下连续墙的整个施工工艺过程,包括施工前的准备、修筑导墙、泥浆制备与处理、深槽挖掘、钢筋笼制备与吊装、浇筑混凝土(随混凝土浇筑泥浆被置换出来)。在土方开挖前,先在地面按建筑平面修筑导墙,你知道导墙起什么作用吗?

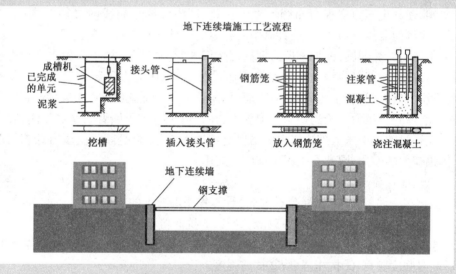

图5-24　地下连续墙的施工工艺流程图

导墙的作用:

(1)挡土作用,在挖地下连续墙施沟槽时,由于接近地表土松软且受地面堆载影响容易塌陷,因此在单元槽段挖完之前,导墙起挡土墙作用。

(2)测量基准作用,导墙规定了沟槽位置和走向,划分单元沟槽的地段,作为挖槽标高、垂直度和精度的基准。

(3)存蓄泥浆作用,维持稳定槽内泥浆液面。为稳定槽壁,泥浆液面保持在导墙面以下20cm并高出地下水位1 m。

(4)支承(承重物)作用,导墙既是机械轨道的支承,又是钢筋笼接头管搁置的支点,有时还承受其他施工设备的荷载。

(5)防止泥浆漏失、阻止雨水、地面水渗入槽内;若连续墙距现有建筑物很近时,施工中起一定补强作用。

# ◁ 本 章 小 结 ▷

1. 土压力

土压力是指填土对挡土结构所产生的侧向压力,土压力计算类型主要取决于挡土墙的位移情况(位移方向、位移量)。

三种类型 $\begin{cases} 静止土力:挡土墙无任何位移或转动,墙后填土受墙的侧限而处于弹性平衡 \\ 主动土压力:挡土墙向前位移或转动,墙后填土下滑土压力逐渐减小 \\ 被动土压力:挡土墙向后位移或转动,墙后填土被挤压土压力逐渐增加 \end{cases}$

三种土压力的数值大小: $E_a < E_0 < E_p$ ,土压力合力等于土压力强度分布图形的面积。需要指出,两种土压力理论都假定土压力强度随深度(墙高)呈线性分布,实际上它与墙身的位移和变形有关。试验表明:当挡土墙不是绕墙踵、墙趾转动,而是绕墙顶点转动时,在填土中出现拱的作用,使其土压力强度分布图形发生变化、即沿墙高呈曲线(拱形)分布;对柔性板桩墙,则呈不规则的曲线分布,与一般计算中所假定的线性分布有一定的偏差。

关于土压力计算问题,朗肯土压力理论假定墙背垂直、光滑,填土表面水平。由于没有考虑墙背的边界条件,即墙与填土之间摩擦力假设为零,土压力在计算结果上与实际有一定出入,主动土压力偏大、被动土压力偏小;因而,用朗肯土压力理论设计挡土墙偏与保守。与朗肯土压力相比,库仑土压力理论的适用范围更广,并且由于考虑了墙背的摩擦作用,其主动土压力计算值比通过朗肯土压力理论得出的结果更接近于实际,但是朗肯土压力计算简单且可以考虑土体黏聚力的作用,因此在工程中被广泛应用。

2. 挡土墙设计要点

(1)根据挡土墙的位移情况(位移方向)计算作用墙背上的土压力。

(2)挡土墙稳定性验算:①抗滑移稳定验算;②抗倾覆稳定验算。

(3)地基承载力验算:重力式挡土墙基础多为偏心受压;故应满足偏压基础强度条件。

(4)墙身强度验算:①抗压强度;②抗剪强度。

3. 边坡稳定性评价与分析

(1)边坡是指天然山坡(如山坡和江河湖海的岸坡等)以及因平整场地或开挖基坑而形成的人工斜坡(基坑,路堤等)。

(2)边坡稳定性评价,边坡稳定安全系数。

(3)边坡稳定性分析:无黏性土和黏性土。

## 思 考 题

1. 什么是土压力? 土压力有哪几种? 如何确定土压力类型?

2. 朗肯土压力理论及库仑土压力理论的适用范围? 二者在计算方法上有何异同点?

3. 挡土结构有哪些类型？常应用在什么情况？

4. 重力式挡土墙的设计要点有哪些？

5. 砂土及黏性土如何进行稳定性分析？具体验算方法？

# 综合练习题

5-1 某挡土墙高 5m，墙背垂直光滑、墙后填土情况如图 5-25 所示。试求主动土压力 $E_a$ 及其作用点。

5-2 已知某挡土墙高 $h = 5m$，墙后填土为中砂，重度 $\gamma = 19kN/m^3$，地下水位以下重度 $\gamma_{sat} = 20kN/m^3$，水的重度 $\gamma_w = 9.8kN/m^3$，$\varphi = 30°$，墙背垂直光滑、填土表面水平，地下水位标高位于地表下 2m 处，如图 5-26 所示；试求主动土压力 $E_a$、水压力 $E_w$、总压力 $E$，并绘出墙后压力分布图形。

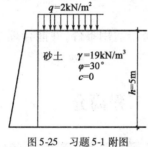

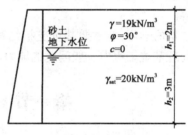

图 5-25 习题 5-1 附图　　　　　图 5-26 习题 5-2 附图

5-3 如图 5-27 所示有一挡土墙高度 $h = 5m$，墙背垂直光滑、墙后填土重度 $\gamma = 18kN/m^3$，内摩擦角 $\varphi = 20°$，黏聚力 $c = 10kPa$，如果在填土表面作用均布荷载 $q = 5kN/m^2$，试求主动土压力 $E_a$ 及作用点，并画出土压力分布图形。

5-4 某挡土墙高 6m，墙背垂直，填土与墙背摩擦角 $\delta = 20°$，墙背倾斜角（墙背与垂线夹角）$\varepsilon = 10°$，填土表面倾斜角 $\beta = 10°$，填土重度 $\gamma = 18.5kN/m^3$，$\varphi = 30°$，试求主动土压力 $E_a$。

5-5 如图 5-28 所示已知某挡土墙高度 $h = 5m$，墙身自重 $G_1 = 130kN/m$，$G_2 = 110kN/m$，墙背垂直光滑，填土面水平，内摩擦角 $\varphi = 30°$，黏聚力 $c = 0$，填土重度 $\gamma = 19kN/m^3$，基底摩擦系数 $\mu = 0.5$，试求主动土压力 $E_a$、并验算挡土墙抗滑移和抗倾覆稳定。

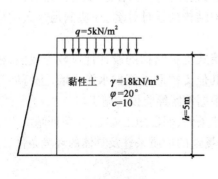

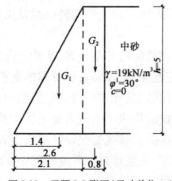

图 5-27 习题 5-3 附图　　　　　图 5-28 习题 5-5 附图(尺寸单位:m)

# 第六章
# 基 坑 工 程

本章主要学习了基坑工程的特点；支护结构的类型和选型；基坑的开挖，基坑支护的原则和设计内容。

通过本章的学习，能掌握基坑支护结构的类型与适用条件，并能合理地选择基坑支护方案。具备处理基坑工程中一般问题的能力。

## 第一节　基坑工程简介

随着城市建设的快速发展，高层建筑日益骤增，随之而来建筑基坑支护成为基坑工程中的突出问题。建筑基坑是指为进行建筑物（构筑物）基础与地下室的施工所开挖的地面以下空间。基坑支护结构是在建筑物地下工程建造时为确保土方开挖，控制周边环境影响在允许范围内的一种施工措施。如板桩、排桩、水泥土墙、地下连续墙、土层锚杆等支护结构。它们虽然是施工期间的临时性支挡结构，但其选型、设计与计算及施工是否正确、合理，对施工的工期、安全和经济效益均有极大影响。

基坑支护结构在设计中通常有两种情况：一种情况是在大多数基坑工程中，在地下工程施工过程中作为一种临时性结构设置的，地下工程施工完成后，即失去作用，其工程有效使用期一般不超过 2 年；另一种情况是在地下工程施工期间起支护作用，在建筑物建成后的正常使用期间，作为建筑物的永久性构件继续使用，此类支护结构的设计计算，还应满足永久结构的设计使用要求。

基坑支护结构的类型很多，本章所介绍的桩、墙式支护结构的设计计算较为成熟，施工经验丰富，适应性强，是较为安全可靠的支护形式。其他支护形式例如水泥土墙，土钉墙等以及其他复合使用的支护结构，在工程实践中应用，应根据地区经验设计施工。

基坑支护结构的功能是为地下结构的施工创造条件、保证施工安全，并保证基坑周围环境得到应有的保护。基坑工程设计与施工时，应根据场地的地质条件及具体的环境条件，通过有效的工程措施，满足对周边环境的保护要求。

基坑工程主要特点：

①基坑支护体系一般是属于临时性结构,安全储备较小,具有较大的风险性。因此,基坑工程工程施工过程中应进行监测,并备有应急措施。

②基坑工程具有环境效应,基坑开挖会引起周围地基地下水位变化和应力改变,从而引起周围地基土变形,对相邻建筑物、地下管线产生影响。

③基坑工程具有较强的时空效应,基坑的深度和平面形状对基坑支护体系的变形和稳定影响较大。况且,作用支护结构上的土压力随时间有所增加,土体蠕变会使土的强度降低,边坡的稳定性减小。

④基坑工程具有较强的区域性,各地的工程地质和水文地质条件差别较大,必须因地制宜的进行设计和施工。

# 第二节　支护结构的类型

## 一 支护结构的类型

按照支护结构的受力及破坏情况,可将支护结构分为重力式(刚性)和非重力式(柔性)两种支护结构。刚性结构包括:深层搅拌水泥土墙、旋喷帷幕墙等。柔性结构包括:板桩、排桩,钻孔灌注桩、地下连续墙、土钉支护、土层锚杆等。下面就简单介绍几种常见的支护结构。

1. 深层搅拌水泥土墙

多用于饱和软土地基的加固,其原理是以水泥作为固化剂,在地基深处将软土和水泥强制搅拌,利用水泥和软土之间所产生的物理、化学反应,使软土硬结成具有一定强度和整体性的墙或桩。

特点:减小基础沉降量,提高边坡稳定性,防止地下水渗透。水泥用量小,节省费用。常用于桩侧或桩背后的软土加固,可提高土的侧向承载力。水泥土墙可以作为防渗墙,防止地下水的渗流,如图6-1所示。

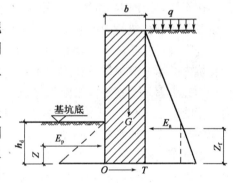

图6-1　深层搅拌水泥土墙平面示意图

在深基坑四周浇筑深层搅拌水泥土墙作为基坑支护结构,其深度不得超过6m,厚度在3m左右,一般防渗效果较好。

水泥土挡墙的计算可参考重力式挡土墙计算方法,主要包括抗滑移、抗倾覆稳定验算及墙身强度验算。

2. 钢板桩

常用带锁口的U形钢正反扣搭接组成,可用于5~10m基坑。其原理将钢板桩锤击打入土层,使桩在基坑四周闭合,并保证水平、垂直和抗渗质量。由于其抗弯能力较弱,顶部需设拉锚或坑内设支撑。

特点:在软土地基中钢板桩打设方便,有一定挡水作用,施工迅速,且打设后可立即开挖,但一次性投资较大。钢板桩可以拔出重复使用,节省费用,若不拔则会造成浪费。其缺点钢板桩刚度较小,打桩时易倾斜,锤击打桩时有噪音。

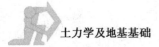
适用于软土、淤泥质土及地下水地区。值得注意的是如钢板间咬合不好,易出现涌水、涌砂现象。

**3. 钻孔灌注桩**

首先间隔成孔后灌注混凝土,最后将桩顶用混凝土圈梁连接。混凝土灌注桩通常做成单排桩、双排桩和连拱桩。双排桩的直径通常为 400~600mm,连拱桩是以间距 3~5m,直径 800~1000mm 的大直径桩为主桩,小直径桩排成拱形所组成拱截面组合群桩,拱矢高 $f = (1/4 \sim 1/2)L$。

钻孔灌注桩适用于水位较低的黏土、砂土地基,包括悬臂式、内撑式和锚杆式。

**4. 地下连续墙与逆作法**

地下连续墙是在基坑四周浇筑不小于 600mm 厚的钢筋混凝土封闭墙体,它可以作为建筑物基础外墙结构,也可以是基坑的临时维护墙。开挖前先在地面按建筑平面筑导墙,以防止表面泥土坍落,利用挖槽或钻抓机械在泥浆护壁情况下,每次开挖单元槽段(一般长为 5~8m)到设计深度,并清除泥渣;然后吊装钢筋笼置于槽段的墙内;采用水下浇筑混凝土至设计标高后,拔出节点导管,准备下一单元槽段施工。

特点:地下连续墙挡水性好、刚度大;施工时噪音、震动较小;能承受较大的竖向荷载及土压力、水压力等水平荷载。具有挡土、抗渗的性能,可以浇筑成任意形状以满足设计要求,是一种多功能的深基坑支护结构。墙体深度容易控制,能建造刚度很大的墙体,如用作建筑物的地下室外墙,则具有承重作用,对相邻建筑物影响甚小。但对泥浆配置要求高,需建泥浆回收重复使用系统;需使用的机械设备较多,造价较高。地下连续墙基本适用于各类土质,尤其对软土以及距相邻建筑物较近的工程,特别适宜采用。

地下室逆作法施工,是利用地下室的楼盖结构(梁、板、柱)和外墙结构,作为基坑围护结构在坑内的水平支撑体系和围护体系,由上而下进行地下室结构的施工,与此同时也可进行上部结构施工。地下室逆作法施工时,必须在地下室的各层楼板上,在同一断面位置处,预留供出土用的出土口,为了不因此而破坏水平支撑体系的整体性,可在该位置先施工板下梁系,以此作为水平支撑体系的一部分。

地下室逆作法施工所带来的问题是梁柱节点设计的复杂性。梁柱节点是整个结构体系的一个关键部位,梁板柱钢筋的连接和后浇筑,关系到节点处力的传递是否可靠。所以,对梁柱节点设计必须考虑到满足梁板柱钢筋和后浇混凝土的施工要求。

**5. 双排桩**

双排桩支护结构通由钢筋混凝土前、后两排桩及盖梁或盖板组成。常用直径为 $\phi400 \sim \phi600$mm 的灌注桩,一般采用双排梅花式或行列式布桩,如图 6-2 所示。桩顶用圈梁连接为整体,该梁宽度较大与入土嵌固的桩脚形成刚架。桩间土不动,使得前后排桩同时受力。

特点:双排桩支护深度比单排悬臂式结构支护深度大、变形相对较小。在水平荷载作用下,刚度大、位移小,施工简便,而且节省锚杆材料及施工工期。适用于黏土、砂土以及地下水位较低的地区。

**6. 土钉支护**

用土钉支护需基坑逐层开挖,并逐层在基坑边坡用机械打入土钉(即成孔放入钢筋,并注浆),强化受力土体。在土钉坡面安装钢筋网,分层喷射 80~200mm 厚的混凝土(C20),使土体、钢筋与喷射的混凝土面板牢固结合,由于土钉本身的刚度和强度对土体变形起约束作用,形成深基坑土钉支护如图 6-3 所示。

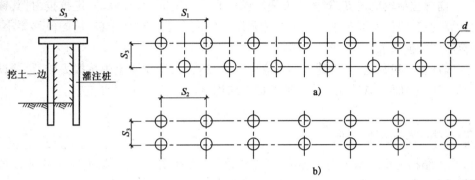

图 6-2　双排桩挡土及排列形式

a)梅花式排列；b)行列式排列

特点：提高边坡整体稳定性及承受坡顶超载能力，增强土体破坏延性。土钉墙体位移较小（约20mm），故对相邻建筑影响较小。如能与土方开挖实施平行流水作业，可缩短工期。土钉支护结构经济效益好，设备简单，易于推广。由于分段分层施工，易产生施工阶段的不稳定性，须进行土钉墙体位移监测。土钉支护可采用先锚后喷工艺，见图 6-3a)，或采用先喷后锚工艺，见图 6-3b)。适用于地下水位较低地区及杂填土、黏土及锤击数 $N>5$ 的砂土。

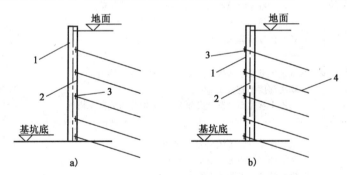

图 6-3　土钉支护工艺

a)先锚后喷支护工艺；b)先喷后锚支护工艺

1-喷射混凝土；2-钢筋网；3-土钉锚头；4-土钉

**7. 土层锚杆**

锚杆是一种新型受拉杆件，其中一端与挡土桩、墙联结，另一端锚固在地基土层中，利用地层的锚固力维持桩、墙的稳定，承受挡土桩、墙所承受的侧向压力。

如图 6-4 所示，锚杆将拉力通过非锚固段钢筋传至锚固段，最后传给土层。锚固段钢筋与水泥浆通过握裹力，在水泥与土层之间产生剪力，锚杆通过两者间剪力起作用。由锚固长度及抗剪强度产生锚杆的抗拔力。只要抗拔力大于桩

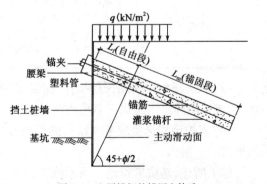

图 6-4　土层锚杆的锚固和构造

墙侧压力所产生的锚杆轴向力,支护结构就能保持稳定。

特点:锚杆拉结较坑内支撑、挖土方便。锚杆要有一定锚固长度和一定抗拔力,其锚固长度应由计算确定,锚杆实际抗拔力应由试验确定。预应力锚杆对挡土桩、墙的位移要小,相邻锚杆张拉后应力损失大,应再张拉调整。

土层锚杆在一般黏土、砂土地区均可应用。而在软土、淤泥质土中抗拔力较低,须试验后应用。对灌注桩、H形钢桩、地下连续墙等挡土结构,也可利用锚杆拉结支护。

## 二 支护结构的选型表

(1)支护结构可根据基坑周边环境、开挖深度、工程地质与水文地质、施工作业设备和施工季节等条件,按表6-1选用。

支护结构选型表      表6-1

| 结构形式 | 适用条件 |
|---|---|
| 排桩或地下连续墙 | 1.适于基坑侧壁安全等级一、二、三级;<br>2.悬臂式结构在软土场地中不宜大于5m;<br>3.当地下水位高于基坑底面时,宜采用降水、排桩加截水帷幕或地下连续墙 |
| 水泥土墙 | 1.基坑侧壁安全等级宜为二、三级;<br>2.水泥土桩施工范围内地基土承载力不宜大于150kPa;<br>3.基坑深度不宜大于6m |
| 土钉墙 | 1.基坑侧壁安全等级宜为二、三级的非软土场地;<br>2.基坑深度不宜大于12m;<br>3.当地下水位高于基坑底面时,应采取降水或截水措施 |
| 逆作拱墙 | 1.基坑侧壁安全等级宜为二、三级;<br>2.淤泥和淤泥质土场地不宜采用;<br>3.拱墙轴线的矢跨比不宜小于1/8;<br>4.基坑深度不宜大于12m;<br>5.地下水位高于基坑底面时,应采取降水或截水措施 |
| 放坡 | 1.基坑侧壁安全等级宜为三级;<br>2.施工场地应满足放坡条件;<br>3.可独立或与上述其他结构结合使用;<br>4.当地下水位高于坡脚时,应采取降水措施 |

(2)软土场地可采用深层搅拌、注浆、间隔或全部加固等方面对局部或整个基坑底土进行加固,或采用降水措施提高基坑内侧被动抗力。

(3)支护结构选型应考虑结构的空间效应和受力特点,采用有利支护结构材料受力性状的形式。

综上所述,基坑工程是一项系统工程,它主要包括基坑的土方开挖与支护体系的设计及施工。不仅涉及典型的土力学中强度、稳定、变形问题,还涉及到岩土工程、水文地质、环境的勘察;支护结构设计、施工与检测技术等多门学科,具有较强的综合性和区域性;也存在一定的风险性。因此,施工中应备有应急措施,并对基坑工程施工全过程进行检测和质量监控。当有条件时,基坑应采用局部或全部放坡开挖,放坡坡度应满足其稳定性要求。

对于基坑支护结构设计一般由施工单位考虑,一直是以不倒塌作为满足施工要求为目的。随着建设发展,尤其在建筑群中间,周边环境复杂,坑基设计的稳定性仅是必要条件,很多场合主要是以变形条件控制,而基坑的变形计算比较复杂,且不够成熟。因此,基坑支护结构设计《建筑地基基础设计规范》(GB 50007—2011)未推荐具体的计算方法。工程实践中应用可参照《建筑边坡工程技术规范》(GB 50330—2002)及有关《建筑基坑支护技术规程》(JGJ 120—2012)和相关文献资料等。

# 第三节  基坑开挖与支护

## 一 基坑开挖

基坑开挖时,如条件允许可放坡开挖,与用支护结构支挡后垂直开挖比较,在许多情况下,往往放坡开挖比较经济。放坡开挖深度通常限于 3 ~ 6m,若超过这个深度,必须分段开挖,分段间应设置平台,其平台宽度 2 ~ 3m。放坡开挖要正确确定土方边坡,而土方边坡的大小与土质、基坑开挖深度及开挖方法、基坑开挖后留置时间的长短、附近有无堆土及排水情况等因素有关。如果采用挡土支护开挖,其开挖的顺序和方法应遵循"开槽支撑、先撑后挖、分层开挖、严禁超挖"的原则。

基坑开挖是大面积的卸荷过程,易引起基坑周边土体应力场变化及地面沉陷。降雨或施工用水渗入土体会降低土体的强度和增加侧压力,黏性土随着基坑暴露时间延长,基坑土强度逐渐降低,从而降低支护结构的安全度。基底暴露后应及时铺筑混凝土垫层,这对保护坑底土不受施工扰动、延缓应力松弛具有重要作用,特别是雨季施工作用更明显。基坑开挖后,如果边坡土体中剪应力大于土的抗剪强度,则边坡会滑动失稳。而基坑支护结构是稳定基坑的一种施工临时挡土结构,它主要承受基坑土方开挖卸荷时所产生的土压力、水压力和附加荷载产生的侧压力,起到止水挡土的作用。

基坑周边荷载会增加墙后土压力,增加滑动力矩,降低支护体系的安全度。施工过程中不得随意在基坑周围堆土,避免形成超过设计要求的地面荷载。

土方开挖完成后应立即对基坑进行封闭,防止水浸和暴露,并应及时进行地下结构施工。基坑土方开挖应严格按设计要求进行,不得超挖。基坑周边超载,不得超过设计荷载限制条件。

## 二 基坑支护设计资料

(1)岩土工程勘察报告。

(2)建筑总平面图、地下管线图、地下结构的平面图和剖面图。

(3)临近建筑物和地下设施的类型、分布情况和结构质量的检测评价。

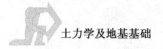

### 三 基坑支护设计原则

（1）为确保基坑支护结构设计的安全，在进行基坑支护结构设计时必须严格执行。

基坑支护结构设计应从稳定、强度和变形三个方面满足设计要求：

①稳定：指基坑周围土体的稳定性，即不发生土体的滑动破坏，因渗流造成流沙、流土、管涌以及支护结构、支撑体系的失稳。

②强度：支护结构，包括支撑体系或锚杆结构的强度应满足强度和稳定设计的要求。

③变形：因基坑开挖造成的地层移动及地下水位变化引起的地面变形，不得超过基坑周围建筑物、地下设施的变形允许值，不得影响基坑工程基桩的安全或地下结构的施工。

（2）支护结构两种极限状态

①承载力极限状态：对应于支护结构达到最大承载能力或土体失稳、过大变形导致支护结构或基坑周边环境破坏。

②正常使用极限状态：对应于支护结构的变形已妨碍地下结构施工或影响基坑周边环境的正常使用功能。

（3）基坑侧壁安全等级

基坑支护结构设计，应根据表6-2选用相应的侧壁安全等级及重要性系数。

基坑侧壁安全等级及重要性系数 表6-2

| 安 全 等 级 | 破 坏 后 果 | $\gamma_0$ |
|---|---|---|
| 一级 | 支护结构破坏、土体失稳或过大变形对基坑周边环境及地下结构施工影响很严重 | 1.10 |
| 二级 | 支护结构破坏、土体失稳或过大变形对基坑周边环境及地下结构施工影响一般 | 1.00 |
| 三级 | 支护结构破坏、土体失稳或过大变形对基坑周边环境及地下结构施工影响不严重 | 0.90 |

注：有特殊要求的建筑基坑侧壁安全等级可根据具体情况另行确定。

支护结构设计应考虑其结构水平变形、地下水的变化对周边环境的水平与竖向变形的影响，对安全等级为一级和对周边环境变形有限定要求的二级建筑基坑侧壁，应根据周边环境的重要性、对变形的适应能力及土的性质等因素确定支护结构的水平变形限值。

### 四 支护结构上的荷载

作用支护结构上的荷载效应包括：

（1）土压力。

（2）静水压力、渗流压力、承压水压力；临水支护结构尚应考虑波浪作用和水流退落时的渗透力。

（3）基坑开挖范围以内建（构）筑物荷载、地面超载施工荷载及临近场地施工的作用影响。

（4）温度变化（包括冻胀）对支护结构的影响。

（5）作为永久结构使用时尚应按有关规范考虑相关荷载作用。

（6）基坑周边主干道交通运输产生的荷载作用。

作用于支护结构的土压力和水压力,对砂性土宜按水土分算的原则计算,对黏性土宜按水土合算的原则计算;也可按地区经验确定。主动土压力、被动土压力可采用库仑或朗肯土压力理论计算。当对支护结构水平位移有严格限制时,应采用静止土压力计算。当按变形控制原则设计支护结构时,作用在结构的计算土压力可按支护结构与土体的相互作用原理确定,也可按地区经验确定。

## 五 支护设计内容

(1)支护体系方案技术经济比较和选型。

(2)支护结构的强度、稳定和变形计算以及基坑内外土体的稳定性验算。

(3)基坑降水或止水帷幕设计以及围护墙的抗渗设计;基坑开挖与地下水变化引起的基坑内外土体的变形及其对基础桩、邻近建筑物和周边环境的影响。

(4)基坑开挖施工方法的可行性及基坑施工过程中的监测要求。

### ◀ 本 章 小 结 ▶

1. 基坑工程主要特点

①基坑支护体系一般是属于临时性结构,安全储备较小,具有较大的风险性;②基坑工程具有环境效应,基坑开挖会引起周围地基地下水位变化和应力改变,从而引起周围地基土变形,对相邻建筑物、地下管线产生影响;③基坑工程具有较强的时空效应,基坑的深度和平面形状对基坑支护体系的变形和稳定影响较大;④基坑工程具有较强的区域性,各地的工程地质和水文地质条件差别较大,必须因地制宜的进行设计和施工。

2. 常用的支护结构类型

①深层搅拌水泥土墙;②钢板桩;③钻孔灌注桩;④地下连续墙与逆作法、墙⑤双排桩;⑥土钉支护;⑦土层锚杆等。

3. 基坑支护设计原则

根据承载能力和正常使用两种极限状态的设计要求,基坑支护结构设计应从稳定、强度和变形等三方面满足设计要求:

(1)稳定:指基坑周围土体的稳定性,即不发生土体滑动破坏,应渗流造成流沙、流土、管涌以及支护结构、支撑系统的失稳。

(2)强度:支护结构、包括支撑系统或锚杆结构的强度应满足构件强度设计的要求。

(3)变形:因基坑开挖造成的地层移动及地下水变化引起的地面变形,不得超过基坑周围建筑物、地下设施的允许变形值,不得影响基坑工程基桩的安全或地下结构的施工。

4. 支护设计内容

(1)支护体系方案技术经济比较和选型。

(2)支护结构的强度、稳定和变形计算以及基坑内外土体的稳定性验算。

(3)基坑降水或止水帷幕设计以及围护墙的抗渗设计;基坑开挖与地下水变化引起的基坑内外土体的变形及其对基础桩、邻近建筑物和周边环境的影响。

(4)基坑开挖施工方法的可行性及基坑施工过程中的监测要求。

小知识

基坑开挖对地基土而言是一种大面积的卸荷过程,易引起基坑周边土体应力场发生变化及易引起坑壁坍塌、地面沉陷(如绪论中倒塌案例七),对邻近建筑物、道路和地下管线系统都会带来一定影响。特别是高层建筑由于基础埋置较深,地基回弹再压缩变形往往在总沉降中占重要地位,甚至某些高层建筑设置 3~4 层地下室(甚至更多层)总荷载有可能等于或小于该深度土的自重应力,这时高层建筑地基沉降变形将由回弹变形决定,具体计算详见《建筑地基基础设计规范》(GB 50007—2011)。

如图 6-5 所示为某建筑物筏形基础,基坑开挖后尚未浇筑时地基中的应力状态,即自重应力附加应力分布图,你能用符号列出基坑中心点下 1~3 各点处的附加应力值吗?

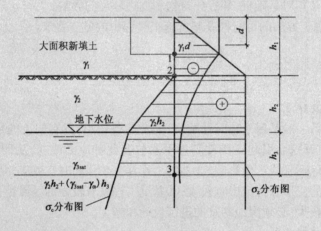

图 6-5　小知识附图

## 思 考 题

1. 基坑工程的主要特点是什么?

2. 支护结构常用哪些类型?简述土层锚杆的设计要点?

3. 如何对支护结构进行选型?

4. 基坑开挖时应注意哪些问题?开挖后应注意哪些问题?

5. 基坑支护的设计原则是什么?支护设计内容有哪些?

# 第七章
# 岩土工程勘察

**【内容提要】**

本章主要学习了岩土工程勘察简介；岩土工程勘察方法；岩土工程勘察报告的要求和内容。

通过本章的学习，学生能结合第一章内容，识别天然地层的岩土名称，理解土的物理及力学指标的意义，判定土的工程性质，熟悉岩土工程常用的勘察方法，正确应用岩土工程勘察报告。熟练识读岩土工程勘察报告，正确选择地基持力层，掌握天然地基的基槽（坑）检验方法。

137

## 第一节 岩土工程勘察简介

### 一 岩土工程勘察

#### （一）工程勘察的目的和任务

**1. 岩土工程勘察的目的**

根据建筑场地的工程地质和水文地质条件、地质灾害进行技术论证和分析评价，提出解决岩土工程、地基基础工程中实际问题的建议，为工程设计和施工提供所需要的工程地质资料，服务于工程建设的全过程。

《岩土工程勘察规范》（DGJ 08-37—2002）规定："各项工程建设在设计和施工之前，必须按基本建设程序进行岩土工程勘察"。我国的工程建设程序划分为：项目建议书、可行性研究、工程设计、建设准备、施工安装和竣工验收六个阶段。并且必须严格遵守基本建设程序和建设法规，坚持先勘察、后设计、再施工的原则，严禁搞边勘察、边设计、边施工的"三边工程"，否则易造成工程事故。

所有建筑物均以地基作为其载体，地基土的工程性质如何直接影响建筑物的安全和正常使用。因此，建筑场地的工程地质勘察十分重要。

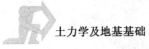

2. 岩土工程勘察的任务

(1)查明建筑场地及其附近地段的工程地质和水文地质条件,对建筑场地的稳定性做出评价,为建筑工程选址定位、建设项目总平面布置提供建筑场地的地质条件。

(2)查明建筑地基的土层分布、密度、压缩性和地下水情况等,为建筑地基基础的设计与施工,从地基强度和变形两个方面提供可靠的计算参数。

(3)对地基作出岩土工程评价,并对基础方案、地基处理、基坑支护、工程降水、不良地质作用的防治等提出解决的建议,以保证工程安全,提高经济效益。

**(二)建筑工程勘察的阶段**

岩土工程勘察有明确的工程针对性,要求项目建设单位,在勘察委托书中提供项目的建设程序阶段、项目的功能特点、结构类型、建筑物层数和使用要求、是否设有地下室以及地基变形限制等方面的资料。据此确定勘察阶段、勘察工作的内容和深度、岩土工程设计参数并提出建筑地基基础设计与施工方案的建议。与工程建设程序相对应,岩土工程勘察划分为相应的阶段,见表7-1。

岩土工程勘察阶段 表7-1

| 工程建设阶段 | | 岩土工程勘察阶段 | 勘察基本要求 |
| --- | --- | --- | --- |
| 可行性研究 | | 可行性研究勘察(选址勘察) | 符合选择场址方案的要求,对拟建场地的稳定性和适宜性做出评价 |
| 设计 | 初步设计 | 初步勘察 | 符合初步设计的要求,对场地内拟建建筑地段的稳定性做出评价 |
| | 施工图设计 | 详细勘察(地基勘察) | 符合施工图设计的要求;对单体建筑或建筑群提出详细的岩土工程资料和设计、施工所需的岩土参数,对建筑地基做出岩土工程评价,并对地基类型、基础形式、地基处理、基坑支护、工程降水和不良地质作用的防治等提出建议 |
| 施工安装 | | 施工勘察 | 对场地条件复杂或有特殊要求的工程,做出工程安全性评价和处理措施及建议 |

在城市居住区和工业园区,城市开发和旧城改造的工程,建筑场地和建筑平面布置已经确定,并且已积累了大量岩土勘察资料时,可根据实际情况直接进行详细勘察。对单项工程或项目扩建工程,勘察工作一开始便应按详细勘察进行;但是,对于高层建筑和其他重要工程,在短时间不易查明复杂的岩土工程条件并做出明确评价时,仍宜分阶段进行勘察。

## 二 岩土工程勘探方法

岩土工程勘探的手段有钻探、开挖勘探(槽探、坑探、井探、洞探)以及物探、触探等,是在工程地质测绘和调查所取得的各项定性资料的基础上,进一步对场地的工程地质条件进行定量评价。勘探的直接目的是为了查明岩土的性质和分布,采取岩土试样或进行原位测试;勘探方法的选取依据勘察目的和岩土的特性。

**(一)钻探**

钻探是最常用的勘探方法,是用钻探机具以机械动力或人工方法成孔,以鉴别和划分土层,观测地下水位,采取原状土样以进行室内试验测得土的物理力学性质指标。目前我国土木工程的工程地质钻探工作主要按《建筑工程地质勘探与取样技术规程》(JGJ/T 87—2012)进行。场地内布置的钻孔分为鉴别孔和技术孔两类:仅仅用以采取扰动土样,鉴别土层类别、厚度、状态和分布的钻孔,称为鉴别孔;在钻进中按不同深度和土层采取原状土样的钻孔,称为技术孔。

钻探过程中遇到地下水时,应当停钻量测初见水位。为测得单个含水层的初见水位,对砂土和碎石土停钻时间不少于30min,对粉土和黏土不少于8h,并在全部钻孔结束后,同时测量各孔的静止水位。如果钻探过程中有两个含水层时,如有要求应分别量测。因采用泥浆护壁影响地下水位观测时,应设置专用的地下水位观测孔。

### (二)开挖勘探

**1. 槽探**

槽探是在地表挖掘成长条形的槽沟进行地质观察和描述的勘察方法,主要用于地层分界线、地质构造线、岩脉和断裂破碎带等比较集中的地质剖面的勘察。

**2. 坑探**

坑探是指揭露勘探挖掘空间的三相尺寸相差不大时的一种方法,其勘探坑称为探坑。坑探主要用于非局部地质现象的重点勘探,深度一般为1~2m。

**3. 井探**

井探是指揭露挖掘空间的平面长度和宽度相差不大,而深度远大于长度和宽度的一种勘探方法。井探适用于地质条件复杂的场地,当场地的土层中含有块石、漂石,钻探困难时可考虑采用井探,深度一般为3~15m,断面有正方形、矩形和圆形等。井探完成后,应分层回填与夯实。

**4. 洞探**

洞探是指当需要对坡体下某一高度的某一水平方向的地质条件进行重点勘探时,采用指定方向开挖地下洞室进行勘探的方法。开挖的地下洞室称为探洞。

### (三)物探

物探是地球物理勘探的简称,是利用岩土间的电学性质、磁性、重力场特征等物理性质的差异探测场区地下工程地质条件的勘探方法的总称。其中利用岩土间的电学性质差异而进行的勘探称为电法勘探;利用岩土间的磁性变化而进行的勘探称为磁法勘探;利用岩土间的地球引力场特征差异而进行的勘探称为重力勘探;利用岩土间传播弹性波的能力差异而进行的勘探称为地震勘探。还有利用岩土的放射性,热辐射性质的差异而进行的地球物理勘探方法。

物探虽然具有速度快、成本低的优点,但由于其仅能对物理性质差异明显的岩土进行辨别,且勘察过程中无法对岩土进行直接的观察、取样及其他的试验测试。因此,物探主要用于特定的工程地质环境中精度要求较低的早期勘察阶段对大型构造、空中、地下管线等的探测。

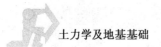

## 三 岩土工程原位测试

在岩土工程勘察中,原位测试是十分重要的手段,在探测地层分布、测定岩土特性、确定地基承载力等方面有突出的优点,应与钻探取样和室内试验配合使用。原位测试包括标准贯入试验、圆锥动力触探试验、静力触探试验、荷载试验、十字板剪切试验、旁压试验等方法。在有经验的地区,可以原位测试为主。在选择原位测试方法时,应考虑的因素包括土类条件、设备要求、勘察阶段等,而地区经验的成熟程度最为重要。布置原位测试,应注意配合钻探取样进行室内试验。一般应以原位测试为基础,在选定的代表性地点或有重要意义的地点采取少量试样,进行室内试验。这样的安排,有助于缩短勘察周期,提高勘察质量。

各种原位测试所得的试验数据,造成误差的因素是较为复杂的,由测试仪器、试验条件、试验方法、操作技能、土层的不均匀性等所引起。对此应有基本估计,并剔除异常数据,提高测试数据的精度。静力触探和圆锥动力触探,在软硬地层的界面上,有超前和滞后效应,应予注意。

### (一)标准贯入试验

(1)标准贯入试验设备主要由标准贯入器(外径51mm、内径35mm、长度>500mm)、触探杆(外径42mm)和穿心落锤(质量63.5kg、落距760mm)三部分组成。

首先用钻具钻至试验土层以上约150mm,以避免下层土受扰动;然后用套在钻杆上的穿心锤以760mm的落距将钻杆下端连接的贯入器自钻孔底部打入150mm;再记录打入试验土层300mm的锤击数。根据已有的经验关系,判定试验土层的力学特性,当钻杆长度大于3m时,锤击数应乘以杆长修正系数,最后拔出贯入器取其土样鉴别。标准贯入试验适用于砂土、粉土和一般黏性土。

(2)标准贯入试验主要应用:

①以贯入器采取扰动土样,鉴别和描述土类,按颗粒分析成果确定土类名称。

②根据标准贯入试验击数和地区经验,判别黏性土的物理状态,评定砂土的密实度和相对密度;提供土的强度参数、变形参数和地基承载力;判定沉桩的可能性和估算单桩竖向承载力;判定地震作用饱和砂土、粉土液化的可能性及液化等级。

### (二)圆锥动力触探试验

(1)圆锥动力触探试验是用一定质量的重锤,一定高度的落距,将标准规格的圆锥形探头贯入土中,根据打入土中一定深度的锤击数,判定土的力学特性,并具有勘探和测试双重功能。圆锥动力触探试验的类型及适用土类见表7-2。

圆锥动力触探类型表 表7-2

| 类 型 | | 轻 型 | 重 型 | 超 重 型 |
|---|---|---|---|---|
| 落锤 | 质量(kg) | 10 | 63.5 | 120 |
| | 落距(mm) | 500 | 760 | 1000 |
| 探头 | 直径(mm) | 40 | 74 | 74 |
| | 锥角(°) | 60 | 60 | 60 |
| 探杆直径(mm) | | 25 | 42 | 50~60 |

| 类　型 | 轻　型 | 重　型 | 超重型 |
|---|---|---|---|
| 指　标 | 贯入 300mm 的读数 $N_{10}$ | 贯入 100mm 的读数 $N_{63.5}$ | 贯入 100mm 的读数 $N_{120}$ |
| 主要适用岩土 | 浅部的填土、砂土、粉土、黏性土 | 砂土、中密以下的碎石土、极软岩 | 密实和很密的碎石土、软岩、极软岩 |

（2）根据圆锥动力触探试验指标和地区经验，可以进行划分地层，评定土的均匀性和物理性质（稠度状态、密实程度）、土的强度、变形参数、地基承载力、单桩承载力、查明土洞、潜在滑移面、软硬土层界面、检验地基处理效果等。

### （三）静力触探试验

#### 1. 静力触探试验的设备

静力触探设备主要由触探头、触探机和记录器三部分组成。静力触探试验是通过液压装置或机械装置，将一个贴有电阻应变片的、标准规格的圆锥形金属触探头以匀速垂直地压入土中；土层对探头的阻力利用电阻应变仪来量测微应变数值、换算成探头所受到的贯入阻力；利用贯入阻力与土的物理力学指标或荷载试验指标的相关关系，间接测定土的力学特性，具有勘探和测试双重功能。静力触探试验适用于软土、一般黏性土、粉土、砂土和含少量碎石的土。

#### 2. 地质条件评价

在各地区积累了大量静力触探试验资料以后，根据现场静力触探试验量测探头压入土中所受阻力，绘制的试验曲线特征或数值变化幅度，可用于评价地质条件：

（1）划分地层并确定其土类名称，了解地层的均匀性。

（2）估算土的物理性质指标参数：稠度状态、密实程度。

（3）评定土的力学性质指标参数：土的强度、压缩性、地基承载力、压缩模量。

（4）判定沉桩可能性、选择桩端持力层、估算单桩竖向极限承载力。

（5）判别地震作用饱和砂土、粉土的液化。

（6）估算土的固结系数和渗透系数。

### （四）荷载试验

荷载试验是在天然地基上模拟建筑物的地基荷载条件，通过承压板向地基施加竖向荷载，观察研究地基土的变形和强度规律的一种原位试验。其利用弹性力学半无限体表面作用集中荷载的沉降计算公式（布辛奈斯克解）来确定地基承载力。荷载试验一般只能反映深度为两倍承压板宽度范围内的土的特征。

#### 1. 浅层平板荷载试验

浅层平板荷载试验的设备主要由四部分组成，如图 7-1 所示。

（1）承压板：要求有足够的刚度，宜采用圆形，根据土的软硬或岩体裂隙密度选用合适的尺寸，面积不应小于 $0.25m^2$，对软土和粒径较大的填土不应小于 $0.5m^2$。

（2）加荷系统：油压千斤顶及稳压系统。

（3）反力系统：堆载或地锚。

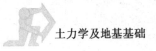
（4）观测系统：百分表及固定支架。

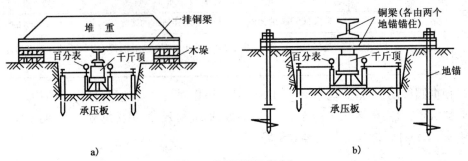

a) b)

图 7-1 浅层平板荷载试验

a) 堆重—千斤顶式；b) 地锚—千斤顶式

《岩土工程勘察规范》（GB 50021—2001）和《地基基础设计规范》（DGJ 08-11—2010）给出浅层平板荷载试验和确定浅部地基承载力特征值的规定：

（1）试验准备：试坑（或试井）的宽度（或直径）不应小于承压板宽度 $b$（或直径 $d$）的 3 倍；保持试验土层的原状结构和天然湿度，并在承压板下铺设不超过 20mm 厚的粗砂或中砂找平层，尽快安装试验设备。

（2）加载方式：采用分级加载、维持荷载沉降相对稳定法，加载分级不应小于 8 级，最大加载量不应小于设计要求的 2 倍，每级加载后间隔 10、10、10、15、15min，以后每间隔 30min 测读一次沉降，当连续 2h 内沉降速率小于 0.1mm/h 时则视为沉降达相对稳定，方可施加下一级荷载。

（3）终止试验标准：当出现下列情况之一即可终止试验，其前一级荷载为极限荷载：

①承压板周围的土明显地侧向挤出。

②本级荷载沉降量大于前一级荷载沉降量的 5 倍，即荷载与沉降（$p$-$s$）曲线出现陡降段。

③某级荷载下，24h 内沉降速率不能达到相对稳定标准。

④总沉降量与承压板宽度（或直径）之比不小于 0.06。

（4）每个试验点试验实测值 $f_{aki}$ 的确定标准：

①当 $p$-$s$ 曲线有比例界限荷载时，取该比例界限所对应的荷载值。

②当极限荷载小于比例界限所对应的荷载值 2 倍时，取极限荷载值的一半。

③当不能按上述二款确定时，取 $S/b$（或 $S/d$）= 0.010~0.015 所对应的荷载，但其值不应大于最大加载量的一半。

（5）试验土层的地基承载力特征值 $f_{ak}$ 的确定标准：同一土层参加统计的试验点不应少于 3 点，当试验实测值的极差不超过其平均值的 30% 时，取此平均值作为该土层的地基承载力特征值 $f_{ak}$。

2. 单桩竖向静荷载试验

单桩竖向静荷载试验的设备主要由四部分组成，如图 7-2 所示。

（1）试桩：要求与工程中的桩同材料、同几何尺寸、同施工方法、同地基条件。

（2）加荷系统：油压千斤顶及稳压系统。

（3）反力系统：加载反力装置宜采用锚桩，也可采用堆载压重平台反力装置。

(4)观测系统:百分表及固定支架。

《地基基础设计规范》(DGJ 08-11—2010)给出单桩竖向静载荷试验确定单桩竖向承载力特征值的规定:

(1)试验准备:试桩施工完成后开始试验的时间规定,见表7-3。

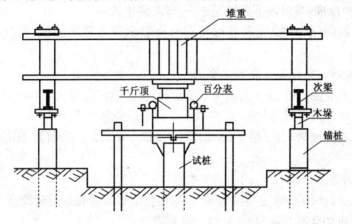

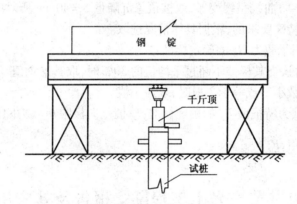

图7-2 单桩竖向静荷载试验

**试桩开始试验的时间** 表7-3

| 桩的施工类别 | 预 制 桩 | | | 灌 注 桩 |
|---|---|---|---|---|
| 地基土类别 | 砂土 | 黏性土 | 饱和软黏土 | 各类土 |
| 开始试验时间(d) | 7 | 15 | 25 | 桩身混凝土达设计强度 |

试桩、锚桩和基桩之间的中心距离规定,见表7-4。

**试桩、锚桩和基准桩之间的中心距离** 表7-4

| 反力系统 | 试桩与锚桩<br>(或与压重平台的支座墩边) | 试桩与基准桩 | 基准桩与锚桩<br>(或与压重平台支座墩边) |
|---|---|---|---|
| 锚桩横梁反力装置 | 等于或大于4d并且大于2.0m | | |
| 压重平台反力装置 | | | |

注:$d$ 为试桩或锚桩的设计直径,取其较大者;如试桩或锚桩为扩底桩,试桩与锚桩的中心距离尚不应小于2倍扩大端直径。

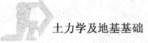

（2）加载方式：按慢速维持荷载法，即分级加载、维持荷载沉降相对稳定法，加荷分级不应小于 8 级，每级加载量宜为预估极限荷载的 $1/10 \sim 1/8$；每级加载后，间隔 5、10、15、15、15min，以后每隔 30min 测读一次沉降，当连续 2 次沉降速率小于 0.1mm/h 时则视为沉降达相对稳定，方可施加下一级荷载。

（3）终止试验标准：当出现下列情况之一，即可终止试验。

①当荷载—沉降（Q-S）曲线上有可判定为极限承载力的陡降段，并且桩顶总沉降量超过 40mm。

②$\Delta S_{n+1}/\Delta S_n \geq 2$，并且 24h 尚未达稳定。

③25m 以上的非嵌岩桩，Q-S 曲线呈缓变形时，桩顶总沉降量大于 60 ~ 80mm。

④在特殊条件下可根据具体要求，加载至桩顶总沉降量大于 100mm。

⑤桩端支承在坚硬岩（土）层上，桩的沉降量很小时，最大加载量不应小于设计荷载的 2 倍。

（4）每根试桩极限承载力 $R_{ui}$ 的确定标准：

①荷载—沉降（Q-S）曲线陡降段明显时，取相应于陡降段起点的荷载值。

②当出现终止加载第二款情况，取前一级荷载。

③荷载—沉降（Q-S）曲线呈缓变形，取桩顶总沉降量 $S = 40mm$ 所对应的荷载值。

④对桩基沉降有特殊要求的，根据具体情况选取。

（5）单桩竖向极限承载力 $R_u$ 的确定标准：

①参加统计的试桩，当其极差不超过平均值的 30% 时，取其平均值。

②当柱下承台桩数小于或等于 3 根时，取最小值。

（6）单桩竖向承载力特征值 $R_a$ 的确定标准：单桩竖向极限承载力除以安全系数 $K = 2$，为单桩竖向承载力特征值，$R_a = \dfrac{R_u}{K}$。

# 第二节　岩土工程勘察报告及其应用

 **岩土工程勘察报告的要求**

原始资料是岩土工程分析评价和编写成果报告的基础，加强原始资料的编录工作是保证成果报告质量的基本条件。近年来，经常发现有些单位勘探测试工作做得不少，但由于对原始资料的检查、整理、分析、鉴定不够重视，因而不能如实反映实际情况，甚至造成假象，导致分析评价的失误。因此，对岩土工程分析所依据的一切原始资料，均应进行整理、检查、分析、鉴定，认定无误后方可利用。

与传统的工程地质勘察报告比较，岩土工程勘察报告增加了下列内容：

（1）岩土利用、整治、改造方案的分析和论证。

（2）工程施工和运营期间可能发生的岩土工程问题的预测及监控、预防措施的建议。

除综合性的岩土工程勘察报告外，尚可根据任务要求，提交专题报告，例如：

①某工程旁压试验报告（单项测试报告）。

②某工程验槽报告(单项检验报告)。

③某工程沉降观测报告(单项监测报告)。

④某工程倾斜原因及纠倾措施报告<单项事故调查分析报告)。

⑤某工程深基开挖的降水与支挡设计(单项岩土工程设计)。

⑥某工程场地地震反应分析(单项岩土工程问题咨询)。

⑦某工程场地土液化势分析评价(单项岩土工程问题咨询)。

## 二　岩土工程勘察报告的内容

岩土工程勘察报告的内容:岩土工程勘察报告提供给设计单位和施工单位使用,其内容应以满足设计与施工的要求为原则。《岩土工程勘察规范》(GB 50021—2001)规定:岩土工程勘察报告应根据任务要求、勘察阶段、工程特点和地质条件等具体情况编写,应包括下列内容。

1. 文字阐述部分

(1)勘察的目的、任务要求和依据的技术标准。

(2)拟建工程概况。

(3)勘察方法和勘察工作布置。

(4)场地地形、地貌、地层、地质构造、岩土性质及其均匀性。

(5)各项岩土性质指标、岩土的强度参数、变形参数、地基承载力的建议值。

(6)地下水埋藏情况、类型、水位及其变化。

(7)土和水对建筑材料的腐蚀性。

(8)可能影响工程稳定的不良地质作用的描述和对工程危害程度的评价。

(9)场地稳定性和适宜性的评价。

2. 图表部分

(1)勘探点平面布置图:在建筑场地的平面图上,先画出拟建工程的位置,再将钻孔、试坑、原位测试点等各类勘探点的位置用不同的图例标出,给以编号,注明各类勘探点的地面高程和探深,并且标明勘探剖面图的剖切位置。

(2)工程地质柱状图:根据现场钻探或井探记录、原位测试和室内试验结果整理出来的,用一定比例尺、图例和符号绘制的,某一勘探点地层的竖向分布图;图中自上而下对地层编号,标出各地层的土类名称、地质年代、成因类型、层面及层底深度、地下水位、取样位置,柱状图上可附有土的主要物理力学性质指标及某些试验曲线。

(3)工程地质剖面图:根据勘察结果,用一定比例尺(水平方向和竖直方向可采用不同的比例尺)、图例和符号绘制的,某一勘探线的地层竖向剖面图,勘探线的布置应与主要地貌单元或地质构造相垂直,或与拟建工程轴线一致。

(4)原位测试成果图表:由原位测试成果汇总列表,绘制原位测试曲线,例如荷载试验曲线、静力触探试验曲线等。

(5)室内试验成果图表:各类工程均应以室内试验测定土的分类指标和物理及力学性质指标,将试验结果汇总列表,绘制试验曲线,例如土的压缩试验曲线、土的抗剪强度试验曲线。

### 地球物理探测

地球物理探测是运用物理学的方法,利用专门仪器测定地层的某些物理特性(如:地电阻、地震波等),并借助于已知的地质资料来间接推测地层变化或地层的某些特性的一种勘探方法。由于不同的岩石、土层和地质构造的密度、湿度、导电性、磁性、放射性等物理性质存在着客观差异,利用专门的物探仪器量测可以得到相应不同的信号,就此区别和推断有关的地质问题。

地球物理探测只在弄清某些地质问题时方采用,岩土工程勘察中除了作为原位测试手段而外,可在下列情况采用:①作为钻探的先行手段,了解隐蔽的地质界线、界面或异常点;②在钻孔之间增加地球物理勘察探点,为钻探成果的内插、外推提供依据。

◀本 章 小 结▶

本章讲述了建筑场地岩土工程勘察的任务与勘察阶段的划分,岩土工程勘探和原位测试,其中地基承载力特征值用于浅基础设计,单桩承载力特征值用于桩基础设计。本章的重点为岩土工程勘察报告的阅读、分析与应用。

# 思 考 题

1. 岩土工程勘察的任务是什么?
2. 岩土工程原位测试有几种方法?
3. 岩土工程勘察报告的内容是什么?

# 综合练习题

7-1　某建设项目采用桩基础,总桩数为258根。进行了3根桩的静荷载试验,根据试验数据结果绘制的 $p\text{-}s$ 曲线确定单桩的极限承载力分别为:650kN、705kN、680kN。试确定单桩竖向地基承载力特征值。

# 第八章
# 天然地基上浅基础设计

【内容提要】

本章主要讲解内容:地基基础设计安全等级、规定,地基基础荷载效应组合,地基基础设计的步骤;浅基础的类型;基础埋置深度的确定;基础底面尺寸的确定;无筋扩展基础设计;扩展基础设计;梁板式基础简介;减少地基不均匀沉降的措施。

通过本章的学习,学生应理解基础设计的一般原则,熟练掌握无筋扩展基础和柱下独立基础、墙下条形基础的设计方法和有关构造要求,了解柱下条基、筏板基础、箱形基础的设计要点。能够利用所学知识正确进行基础设计和基础施工。

## 第一节 概 述

地基基础是整个建筑物的根基,若地基基础不稳定,将危及整个建筑物的安全。地基基础的工程量、造价和施工工期,在整个建筑工程中占相当大的比重,尤其是高层建筑或软弱地基。有的工程地基基础的造价超过主体工程总造价的 1/4 ~ 1/3;而且建筑物的基础是地下隐蔽工程,工程竣工验收时已难以检验。结合施工方法以及工期、造价等各方面因素,确定一个合理的地基基础方案,使基础工程安全可靠、经济合理、技术先进且便于施工。

### 一 地基基础设计安全等级

根据《建筑地基基础设计规范》(GB 50007—2011)地基基础设计应根据地基复杂程度、建筑物规模和功能特征以及由于地基问题可能造成建筑物破坏或影响正常使用的程度分为三个设计等级,设计时应根据具体情况,按表 8-1 选用。

地基基础设计等级 表 8-1

| | |
|---|---|
| 甲级 | 重要的工业与民用建筑物;<br>30 层以上的高层建筑;<br>体型复杂,层数相差超过 10 层的高低层连成一体建筑物;<br>大面积的多层地下建筑物(如地下车库、商场、运动场等);<br>对地基变形有特殊要求的建筑物 |

| 甲级 | 复杂地质条件下的坡上建筑物(包括高边坡);<br>对原有工程影响较大的新建筑物;<br>场地和地基条件复杂的一般建筑物;<br>位于复杂地质条件及软土地区的二层及二层以上地下室的基坑工程;<br>开挖深度大于15m的基坑工程;<br>周边环境条件复杂、环境保护要求高的基坑工程 |
|---|---|
| 乙级 | 除甲级、丙级以外的工业与民用建筑物;<br>除甲级、丙级以外的基坑工程 |
| 丙级 | 场地和地基条件简单、荷载分布均匀的七层及七层以下民用建筑及一般工业建筑物,次要的轻型建筑物;<br>非软土地区且场地地质条件简单、基坑周边环境条件简单、环境保护要求不高且开挖深度小于5.0m的基坑工程 |

## 二 地基基础设计的规定

为了保证建筑物的安全与正常使用,根据建筑物地基基础设计等级及长期荷载作用下地基变形对上部结构的影响程度,地基基础设计应符合下列规定。

(1)所有建筑物的地基计算均应满足承载力计算的有关规定。

轴心受压基础:

$$p_k \leqslant f_a \tag{8-1}$$

式中:$p_k$——相应于荷载效应标准组合时,基础底面处的平均压力值,kPa;

$f_a$——修正后的地基承载力特征值,kPa。

偏心受压基础:

$$\left. \begin{array}{l} p_{kmax} \leqslant 1.2f_a \\ p_k \leqslant f_a \end{array} \right\} \tag{8-2}$$

式中:$p_{kmax}$——相应于荷载效应标准组合时基础底面边缘处的最大压力值,kPa。

(2)设计等级为甲级、乙级的建筑物,均应按地基变形设计。

$$s \leqslant [s] \tag{8-3}$$

式中:$s$——地基变形计算值,mm;

$[s]$——地基变形允许值,查表3-11可得。

(3)表8-2所列范围内设计等级为丙级的建筑物可不做变形验算,如有下列情况之一时,仍做变形验算。

①地基承载力特征值小于130kPa,且体型复杂的建筑物。

②在基础上及其附近有地面堆载或相邻基础荷载差异较大,可能引起地基产生过大的不均匀沉降时。

③软弱地基上的建筑物存在偏心荷载时。

④相邻建筑距离过近,可能发生倾斜时。

⑤地基内有厚度较大或厚薄不均的填土,其自重固结未完成时。

（4）对经常受水平荷载作用的高层建筑、高耸建筑和挡土墙等，以及建造在斜坡上或边坡附近的建筑物和构筑物，尚应验算其稳定性。

（5）基坑工程应进行稳定性验算。

（6）地下水埋藏较浅，建筑地下室或地下构筑物存在上浮问题时，尚应进行抗浮验算。

可不作地基变形计算设计等级为丙级的建筑物范围　　　　　　表 8-2

| 地基主要<br>受力层<br>情况 | 地基承载力特征值<br>$f_{aK}$(kPa) | | $80 \leqslant f_{aK} < 100$ | $100 \leqslant f_{aK} < 130$ | $130 \leqslant f_{aK} < 160$ | $160 \leqslant f_{aK} < 200$ | $200 \leqslant f_{aK} < 300$ |
|---|---|---|---|---|---|---|---|
| | 各土层坡度(%) | | ≤5 | ≤10 | ≤10 | ≤10 | ≤10 |
| 建筑类型 | 砌体承重结构、框架结构<br>（层数） | | ≤5 | ≤5 | ≤6 | ≤6 | ≤7 |
| | 单层<br>排架<br>结构<br>（6m<br>柱距） | 单<br>跨 吊车额定起重量(t) | 10~15 | 15~20 | 20~30 | 30~50 | 50~100 |
| | | 单<br>跨 厂房跨度(m) | ≤18 | ≤24 | ≤30 | ≤30 | ≤30 |
| | | 多<br>跨 吊车额定起重量(t) | 5~10 | 10~15 | 15~20 | 20~30 | 30~75 |
| | | 多<br>跨 厂房跨度(m) | ≤18 | ≤24 | ≤30 | ≤30 | ≤30 |
| 建筑类型 | 烟囱 | 高度(m) | ≤40 | ≤50 | ≤75 | ≤75 | ≤100 |
| | 水塔 | 高度(m) | ≤20 | ≤30 | ≤30 | ≤30 | ≤30 |
| | | 容积(m³) | 50~100 | 100~200 | 200~300 | 300~500 | 500~1000 |

注：1. 地基主要受力层系指条形基础底面下深度为 $3b$（$b$ 为基础底面宽度），独立基础下为 $1.5b$，且厚度均不小于5m的范围（二层以下一般的民用建筑除外）。

　　2. 地基主要受力层中如有承载力特征值小于130kPa的土层时，表中砌体承重结构的设计，应符合《建筑地基基础设计规范》（GB 50007—2011）第七章的有关要求。

　　3. 表中砌体承重结构和框架结构均指民用建筑，对于工业建筑可按厂房高度、荷载情况折合成与其相当的民用建筑层数。

　　4. 表中吊车额定起重量、烟囱高度和水塔容积的数值系指最大值。

### 三　地基基础荷载效应组合

根据《建筑地基基础设计规范》（GB 50007—2011）的要求，地基基础设计时，所采用的作用效应与相应的抗力限值应符合下列规定：

（1）按地基承载力确定基础底面积及埋深或按单桩承载力确定桩数时，传至基础或承台底面上的作用效应应按正常使用极限状态下作用的标准组合；相应的抗力应采用地基承载力特征值或单桩承载力特征值。

（2）计算地基变形时，传至基础底面上的作用效应应按正常使用极限状态下作用的准永久组合，不应计入风荷载和地震作用；相应的限值应为地基变形允许值。

（3）计算挡土墙、地基或滑坡稳定以及基础抗浮稳定时，作用效应应按承载能力极限状态下作用的基本组合，但其分项系数均为 1.0。

（4）在确定基础或桩基承台高度、支挡结构截面、计算基础或支挡结构内力、确定配筋和验算材料强度时，上部结构传来的作用效应和相应的基底反力、挡土墙土压力以及滑坡推力，应按承载能力极限状态下作用的基本组合，采用相应的分项系数；当需要验算基础裂缝宽度时，应按正常使用极限状态下作用的标准组合。

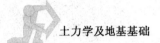 

（5）基础设计安全等级、结构设计使用年限、结构重要性系数应按有关规范的规定采用，但结构重要性系数 $\gamma_0$ 不应小于 1.0。

正常使用极限状态下，标准组合的效应设计值 $S_k$ 应用式（8-4）表示：

$$S_k = S_{Gk} + S_{Q1k} + \psi_{c2}S_{Q2k} + \psi_{ci}S_{Qik} + \cdots + \psi_{cn}S_{Qnk} \tag{8-4}$$

式中：$S_{Gk}$——永久作用标准值 $G_k$ 的效应；

$\quad S_{Qik}$——第 $i$ 个可变作用标准值 $Q_{ik}$ 的效应；

$\quad \psi_{ci}$——第 $i$ 个可变作用 $Q_i$ 的组合值系数，按现行《建筑结构荷载规范》（GB 50009—2012）的规定取值。

准永久组合的效应设计值 $S_k$ 应用式（8-5）表示：

$$S_k = S_{Gk} + \psi_{q1}S_{Q1k} + \psi_{q2}S_{Q2k} + \psi_{qi}S_{Qik} + \cdots + \psi_{qn}S_{Qnk} \tag{8-5}$$

式中：$\psi_{qi}$——第 $i$ 个可变作用的准永久值系数，按现行《建筑结构荷载规范》（GB 50009—2012）的规定取值。

承载能力极限状态下，由可变作用控制的基本组合设计值 $S_d$ 应用式（8-6）表达：

$$S_d = \gamma_G S_{GK} + \gamma_{Q1}S_{Q1K} + \gamma_{Q2}\psi_{c2}S_{Q2K} + \gamma_{Qi}\psi_{ci}S_{QiK} \cdots + \gamma_{Qn}\psi_{cn}S_{QnK} \tag{8-6}$$

式中：$\gamma_G$——永久作用的分项系数，按现行国家标准《建筑结构荷载规范》（GB 50009—2012）的规定取值；

$\quad \gamma_{Qi}$——第 $i$ 个可变作用的分项系数，按现行国家标准《建筑结构荷载规范》（GB 50009—2012）的规定取值。

对由永久作用控制的基本组合，也可采用简化规则，荷载效应基本组合的设计值 $S_d$ 按式（8-7）确定：

$$S_d = 1.35 S_k \leqslant R \tag{8-7}$$

式中：$R$——结构构件抗力的设计值，按有关建筑结构设计规范的规定确定；

$\quad S_k$——标准组合的作用效应设计值。

### （四）地基基础设计步骤

（1）根据建筑物传来的荷载大小及地基条件初步设计基础的材料、结构形式及平面布置。

（2）确定基础的埋置深度，即确定地基持力层。

（3）确定地基承载力特征值 $f_{ak}$ 及修正值 $f_a$。

（4）确定基础底面尺寸，必要时进行软弱下卧层验算。

（5）对设计等级为甲级、乙级的建筑物及部分丙级建筑物应进行地基变形和稳定性验算。

（6）确定基础的剖面尺寸，进行基础结构计算。

（7）绘制基础施工图。

上述各方面的内容是相互关联的，很难一次考虑周全，基础设计往往按上述步骤进行反复修改设计，进行多方案技术经济对比分析，以达到合理设计。

# 第二节　浅基础类型

 **一　按基础性能分类**

浅基础按性能可分为刚性基础和柔性基础。

**1. 刚性基础**

刚性基础是指用具有较好的抗压性能,而抗拉、抗剪性能很差的材料建造的基础(如砖、石、素混凝土、灰土等基础)。

**2. 柔性基础**

柔性基础是指用钢筋混凝土建造的基础。这类基础的抗弯和抗剪性能很好,当刚性基础不能满足设计要求时,则采用钢筋混凝土建造的柔性基础。

**二　按基础构造分类**

浅基础按构造可分为独立基础、条形基础、十字交叉基础、筏板基础、箱形基础和壳体基础。

**1. 独立基础**

独立基础(单独基础)是指结构物下的无筋或配筋的单个基础。独立基础是最常用和最经济地基础形式,其所用的材料根据材料和荷载的大小决定。通常,柱基、烟囱、水塔、高炉、机器设备的基础多采用独立基础。其构造形式通常有现浇阶梯形基础、现浇锥形基础和预制柱杯口基础。

**2. 条形基础**

条形基础是指其长度远大于宽度的基础。按上部结构形式分为墙下条形基础和柱下条形基础。条形基础通常采用灰土、毛石、三合土或混凝土等材料建造,有些特殊条形基础也可使用钢筋混凝土材料建造。

**3. 柱下十字交叉基础**

当采用柱下条形基础不能满足地基基础设计的要求时,可采用双向的柱下钢筋混凝土形成的十字交叉基础,这种基础可以增加房屋的整体性,减小地基的不均匀沉降。

**4. 筏板基础**

当地基软弱,而上部结构荷载很大,如果采用十字交叉基础已不能满足设计要求,而不宜采用桩基或人工地基时,则采用筏板基础(满堂基础)。

**5. 箱形基础**

根据建筑物的功能和结构受力等要求,基础可以采用箱形基础。这类基础是由钢筋混凝土底板、顶板和纵横交叉的隔板组成,板厚有计算决定的基础。箱形基础具有较好的抗震性能,可以抵抗荷载分布不均匀引起的差异沉降,以避免上部结构产生较大的弯曲和开裂。

**6. 壳体基础**

壳体基础是指由圆锥形或其他形式组成的,用于一般工业和民用建筑柱基和筒形构筑物

151

的基础。由于壳体基础施工时技术难度大、易受气候影响、难以实现机械化施工,因此在工程实践中很少使用壳体基础。

### 三 按基础材料分类

**1. 砖基础**

砖基础的特点是施工简单。其剖面做成阶梯形,阶梯形称为大放脚。大放脚从垫层上开始砌筑,为保证大放脚的强度,应采用两皮一收或一皮一收与两皮一收相间砌法(底层必须保证两皮),属于刚性基础砖基础。

**2. 毛石基础**

毛石是用未加工平整的石料砌筑而成的基础,属于刚性基础。由于毛石尺寸差别较大,为了保证基础质量,毛石基础厚度和台阶高度不宜小于400mm,石材错缝搭接,缝内砂浆饱满。

**3. 灰土基础**

灰土基础是为了节约砖石材料,在砖石大放脚下面做的一垫层,属于刚性基础。灰土是用经过消解后的石灰粉和黏性土按一定比例再加适量水拌和夯实而成的,其配合比为3:7或2:8。灰土基础适用于六层和六层以下,地下水位比较低的建筑。

**4. 灰浆碎石三合土基础**

灰浆碎石三合土基础是用石灰砂浆和碎砖、碎石按体积比1:2:4~1:3:6加入适量水搅拌后均匀铺入基槽内,分层夯实而成,然后在上面砌大放脚的基础,属于刚性基础。这类基础适用于不超过4层的简单结构的房屋,其优点是施工简单、造价低,但是强度较低。

**5. 混凝土和毛石混凝土基础**

混凝土基础是用水泥、砂和石子加水拌和浇筑的基础。当地下水对基础中的普通硅酸盐水泥有侵蚀作用时,基础中应采用矿渣水泥或火山水泥拌制混凝土。

毛石混凝土基础是在混凝土基础中加入一些毛石而建造的基础,毛石体积不宜过大(小于300mm)。

混凝土和毛石混凝土基础都属于刚性基础。

**6. 钢筋混凝土基础**

钢筋混凝土基础能承受较大的荷载,适用于地基承载力较小或上部荷载较大的建筑,属于柔性基础。

## 第三节　基础埋置深度的确定

基础埋置深度是指从基础底面到室外设计地面的距离。基础埋深的选择实际上是确定基础的持力层。

基础埋置深度的大小对建筑的安全和正常使用、工程造价、施工技术、施工工期等都有很大的影响。基础埋得越深,施工技术越复杂,建筑物的工程造价就越高,施工工期越长;而太浅又会影响建筑物的稳定性。因此,在地基基础设计中,合理确定基础埋置深度是一个十分重要的问题。在确定基础埋置深度时,应综合考虑以下几个因素。

《建筑地基基础设计规范》（GB 50007—2011）规定基础的埋置深度,应按下列条件确定。

## 一 建筑物的用途,有无地下室、设备基础和地下设施,基础的形式和构造

建筑物的用途和功能是基础埋深的决定条件。当建筑物需要地下室作地下车库、地下商店、文化体育活动场地或做人防设施时,其基础埋深必须结合建筑物地下部分的设计高度来选定,基础埋深至少大于3m。

对高层建筑基础的埋深度必须满足地基承载力、变形和稳定性的要求,位于岩石地基上的高层建筑,其基础埋深应满足抗滑稳定性要求,以减少建筑的整体倾斜,防止倾覆及滑移。在抗震设防区,除岩石地基外,天然地基上的箱形和筏形基础其埋置深度不宜小于建筑高度的1/15,采用桩箱和桩筏基础的埋置深度(不计桩长)不宜小于建筑高度的1/18。抗震设防烈度为6度或非抗震设计的建筑,基础埋深可适当减小。

当有地下室、地下管道或设备基础时,基础的顶板应低于这些设施的底面,需将建筑物基础局部或整体加深。局部加深时,可做成台阶形基础,台阶的高宽比一般为1∶2,每阶台阶高度不超过500mm,如图8-1所示。

由于靠近地表的土层容易受到自然条件的影响使其性质不稳定,所以基础埋深一般不宜小于0.5m。此外,如果基础露出地面也易受到各种侵蚀的影响,因此基础顶面应低于室外设计地面至少0.1m,如图8-2所示。

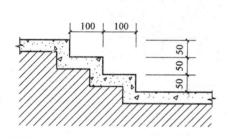

图8-1　基础局部加深示意(尺寸单位:cm)

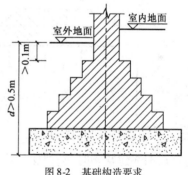

图8-2　基础构造要求

## 二 作用在地基上的荷载大小和性质

荷载大小和性质不同,对持力层的要求也不同。对上部结构荷载较大的基础需要选择承载力较大并具有足够厚度的土层做持力层。承受轴向压力为主的基础,其埋深只需要满足地基的强度和变形要求;对于承受水平荷载的基础,还需有足够的埋深以满足稳定性要求;对于承受动荷载的设备基础和承受上拔力的基础(如输电塔基础),要求有较大的埋深以保证足够的稳定性和抗拔阻力。

## 三 工程地质和水文地质条件

工程地质条件影响基础设计方案因素之一。一般来说,若地基土层分布较均匀,地基上层土的承载力大于下层土时,在满足地基承载力和变形要求的前提下,基础应尽量浅埋,取上层

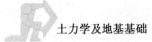 

土作为持力层;当地基上层土软弱而下层土的承载力较高时,应根据软弱土层的厚度,决定基础埋深。若软弱土层较薄(小于2m),应将软土层挖除,将基础埋置于下面较好的土层上;若软弱土层较厚(2~4m),低层房屋可考虑加强上部结构刚度,扩大基础底面积,并采用刚度较大的基础类型如筏板基础,把基础做在软土上,对于重要建筑物,应埋置于下层坚实土层上;若软弱土层很厚(超过5m),除建筑物设置地下室应挖除软弱土外,通常采用桩基、深基或人工地基,采用哪种方案,要从结构安全可靠、施工条件和工程造价等因素比较确定。

基础宜埋置在地下水位以上,当必须埋在地下水位以下时,应采取地基土在施工时不受扰动的措施。当基础埋置在易风化的岩层上,施工时应在基坑开挖后立即铺筑垫层。

当基坑下存在承压水层时,为防止基坑突涌现象的发生,应注意开挖基槽时保留槽底一定的安全厚度$h_a$,如图8-3所示。

$$h_a > \frac{\gamma_w}{\gamma}h \tag{8-8}$$

式中:$\gamma$——隔水层土的重度,$kN/m^3$;

$\gamma_w$——水的重度,取$10kN/m^3$;

$h$——承压水的上升高度(从隔水层底面起算),m;

$h_a$——隔水层安全厚度(槽底安全厚度),m。

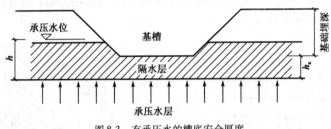

图8-3　有承压水的槽底安全厚度

### (四) 相邻建筑物的影响

当存在相邻建筑物时,新建建筑物的基础埋深不宜大于原有建筑基础。当埋深大于原有建筑基础时,两基础间应保持一定净距,其数值应根据建筑荷载大小、基础形式和土质情况确定,但是一般情况下,两基础间的净距不少于基底高差的$1~2$倍,即$L > (1~2)\Delta H$,如图8-4所示。如不能满足净距这一要求时,施工期间应采取措施,如分段开挖、设置临时加固支撑、板桩、地下连续墙或加固原有建筑物地基等施工措施。

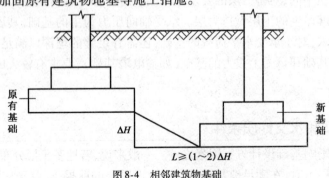

图8-4　相邻建筑物基础

## 五 地基土冻胀和融陷的影响

**1. 冻胀和融陷的概念以及对建筑物的影响**

冻胀是指当温度低于0℃时，土中水冻结，使土体积增大的现象。融陷是指冻土融化后，产生的沉陷现象。

季节性冻土是指一年内冻融交替出现的土层。在全国范围内，季节性冻土厚度在0.5m以上，最高达到了3m。季节性冻土反复地产生冻胀和融陷后使土的强度降低，压缩性增大。当基础埋深浅于冻深时，除了基础侧面上的切向冻胀力$T$外，还有作用在基底上的法向冻胀力$P$，如图8-5所示。如果上部荷载加基础自重小于冻胀力，基础将被抬起，融化时冻胀力消失而使基础下陷，造成墙体开裂，严重时会使建筑物破坏，因此在地基基础设计时应对冻胀和融陷对建筑物的影响引起足够的重视。

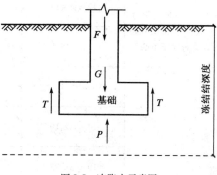

图8-5 冻胀力示意图

**2. 地基土冻胀性分类**

《建筑地基基础设计规范》(GB 50007—2011)规定：地基土的冻胀性根据冻土层的平均冻胀率$\eta$的大小不同，分为不冻胀土、弱冻胀土、冻胀土、强冻胀土、特强冻胀土五类，具体划分办法见表8-3。

**3. 基础的最小埋置深度**

为使建筑物免受冻害，季节性冻土地区基础埋置深度宜大于场地冻土深度。对于埋置在冻土中的基础，应保证基础有相应的最小埋置深度以消除基底的冻胀力。基础最小埋深按式(8-9)确定：

$$d_{min} = z_d - h_{max} \tag{8-9}$$

式中：$d_{min}$——基础最小埋置深度，m；

$\quad\quad h_{max}$——基础底面下允许残留冻土层厚度，m，按表8-4查取；当有充分依据时，基底下允许残留冻土层厚度也可根据当地经验确定；

$\quad\quad z_d$——场地冻结冻深。

若当地有多年实测资料时，可用式$z_d = h' - \Delta z$确定场地冻结冻深，$h'$和$\Delta z$分别为实测冻土层厚度和地表冻胀量；当无实测资料时按式(8-10)确定：

$$z_d = z_0 \psi_{zs} \psi_{zw} \psi_{ze} \tag{8-10}$$

式中：$z_0$——标准冻结深度，当无实测资料时，按《建筑地基基础设计规范》(GB 50007—2011)附录F采用；

$\quad\quad \psi_{zs}$——土的类别对冻结深度的影响系数，按表8-5查得；

$\quad\quad \psi_{zw}$——土的冻胀性对冻结深度的影响系数，按表8-6查得；

$\quad\quad \psi_{ze}$——环境对冻结深度的影响系数，按表8-7查得。

地基土冻胀性分类　　　　　　　　　　　　　　　　　　　　表 8-3

| 土的名称 | 冻前天然含水率 $\omega(\%)$ | 冻结期间地下水位距冻结面的最小距离(m) | 平均冻胀率 $\eta$ | 冻胀等级 | 冻胀类别 |
|---|---|---|---|---|---|
| 碎(卵)石,砾砂,粗砂,中砂(粒径小于 0.075mm 颗粒含量大于 15%),细砂(粒径小于 0.075mm 颗粒含量大于 10%) | $\omega < 12$ | >1.0 | $\eta < 1$ | I | 不冻胀 |
| | | ≤1.0 | $1 < \eta \leqslant 3.5$ | II | 弱冻胀 |
| | $12 < \omega \leqslant 18$ | >1.0 | | | |
| | | ≤1.0 | $3.5 < \eta \leqslant 6$ | III | 冻胀 |
| | $\omega > 18$ | >0.5 | | | |
| | | ≤0.5 | $6 < \eta \leqslant 12$ | IV | 强冻胀 |
| 粉砂 | $\omega \leqslant 14$ | >1.0 | $\eta \leqslant 1$ | I | 不冻胀 |
| | | ≤1.0 | $1 < \eta \leqslant 3.5$ | II | 弱冻胀 |
| | $14 < \omega \leqslant 19$ | >1.0 | | | |
| | | ≤1.0 | $35 < \eta \leqslant 6$ | III | 冻胀 |
| | $19 < \omega \leqslant 23$ | >1.0 | | | |
| | | ≤1.0 | $6 < \eta \leqslant 12$ | IV | 强冻胀 |
| | $\omega > 23$ | 不考虑 | $\eta > 12$ | V | 特强冻胀 |
| 粉土 | $\omega \leqslant 19$ | >1.5 | $\eta \leqslant 1$ | I | 不冻胀 |
| | | ≤1.5 | $1 < \eta \leqslant 3.5$ | II | 弱冻胀 |
| | $19 < \omega \leqslant 22$ | >1.5 | | | |
| | | ≤1.5 | $3.5 < \eta \leqslant 6$ | III | 冻胀 |
| | $22 < \omega \leqslant 26$ | >1.5 | | | |
| | | ≤1.5 | $6 < \eta \leqslant 12$ | IV | 强冻胀 |
| | $26 < \omega \leqslant 30$ | >1.5 | | | |
| | | ≤1.5 | $\eta > 12$ | I | 特强冻胀 |
| | $\omega > 30$ | 不考虑 | | | |
| 黏性土 | $\omega \leqslant \omega_p + 2$ | >2.0 | $\eta \leqslant 1$ | I | 不冻胀 |
| | | ≤2.0 | $1 < \eta \leqslant 3.5$ | II | 弱冻胀 |
| | $\omega_p + 2 < \omega \leqslant \omega_p + 5$ | >2.0 | | | |
| | | ≤2.0 | $3.5 < \eta \leqslant 6$ | III | 冻胀 |
| | $\omega_p + 5 < \omega \leqslant \omega_p + 9$ | >2.0 | | | |
| | | ≤2.0 | $6 < \eta \leqslant 12$ | IV | 强冻胀 |
| | $\omega_p + 9 < \omega \leqslant \omega_p + 15$ | >2.0 | | | |
| | | ≤2.0 | $\eta > 12$ | I | 特强冻胀 |
| | $\omega > \omega_p + 15$ | 不考虑 | | | |

注:1. $\omega_p$ 为塑限含水率,(%);$\omega$ 为冻前天然含水率在冻层内的平均值。

2. 盐渍化冻土不在表列。

3. 塑性指数大于 22 时,冻土等级降低一级。

4. 粒径小于 0.005mm 的颗粒含量大于 60% 时,为不冻胀土。

5. 碎石类土当充填物大于全部质量时,其冻胀性按充填物土的类别判断。

6. 碎石土、砾砂、粗砂、中砂(粒径小于 0.075 的颗粒含量不大于 15%)、细砂(粒径小于 0.075mm 颗粒含量不大于 10%)均按不冻胀考虑。

| 名　称 | | | 基底压力（kPa） | | | | | | |
|---|---|---|---|---|---|---|---|---|---|
| | | | 90 | 110 | 130 | 150 | 170 | 190 | 210 |
| 弱冻胀土 | 方形基础 | 采暖 | — | 0.94 | 0.99 | 1.04 | 1.11 | 1.15 | 1.20 |
| | | 不采暖 | — | 0.78 | 0.84 | 0.91 | 0.97 | 1.04 | 1.10 |
| | 条形基础 | 采暖 | — | >2.50 | >2.50 | >2.50 | >2.50 | >2.50 | >2.50 |
| | | 不采暖 | — | 2.20 | 2.50 | >2.50 | >2.50 | >2.50 | >2.50 |
| 冻胀土 | 方形基础 | 采暖 | — | 0.64 | 0.70 | 0.75 | 0.811 | 0.86 | — |
| | | 不采暖 | — | 0.55 | 0.60 | 0.65 | 0.69 | 0.74 | — |
| | 条形基础 | 采暖 | — | 1.55 | 1.79 | 2.03 | 2.26 | 2.50 | — |
| | | 不采暖 | — | 1.15 | 1.35 | 1.55 | 1.75 | 1.95 | — |
| 强冻胀土 | 方形基础 | 采暖 | — | 0.42 | 0.47 | 0.51 | 0.56 | — | — |
| | | 不采暖 | — | 0.36 | 0.40 | 0.43 | 0.47 | — | — |
| | 条形基础 | 采暖 | — | 0.74 | 0.88 | 1.00 | 1.13 | — | — |
| | | 不采暖 | — | 0.56 | 0.66 | 0.75 | 0.84 | — | — |
| 特强冻胀土 | 方形基础 | 采暖 | 0.30 | 0.34 | 0.38 | 0.41 | — | — | — |
| | | 不采暖 | 0.24 | 0.27 | 0.31 | 0.34 | — | — | — |
| | 条形基础 | 采暖 | 0.43 | 0.52 | 0.61 | 0.70 | — | — | — |
| | | 不采暖 | 0.33 | 0.40 | 0.47 | 0.53 | — | — | — |

注:1. 本表只计算法向冻胀力,如果基侧存在切向冻胀力,应采取防切向力措施。

2. 本表不适用于宽度小于0.6m的基础,矩形基础可取短边尺寸按方形基础计算。

3. 表中数据不适用于淤泥、淤泥质土和欠固结土。

4. 表中基底平均压力数值为永久荷载标准值乘以0.9,可以内插。

### 土的类别对冻深的影响系数　　　　　　表8-5

| 土的类别 | 影响系数 $\psi_{zs}$ | 土的类别 | 影响系数 $\psi_{zs}$ |
|---|---|---|---|
| 黏性土 | 1.00 | 中、粗、砾砂 | 1.30 |
| 细砂、粉砂、粉土 | 1.20 | 碎石土 | 1.40 |

### 土的冻胀性对冻深的影响系数　　　　　　表8-6

| 冻胀性 | 影响系数 $\psi_{zw}$ | 冻胀性 | 影响系数 $\psi_{zw}$ |
|---|---|---|---|
| 不冻胀 | 1.00 | 强冻胀 | 0.85 |
| 弱冻胀 | 0.95 | 特强冻胀 | 0.80 |
| 冻胀 | 0.90 | | |

### 环境对冻深的影响系数　　　　　　表8-7

| 周围环境 | 影响系数 $\psi_{ze}$ | 周围环境 | 影响系数 $\psi_{ze}$ |
|---|---|---|---|
| 村、镇、旷野 | 1.00 | 城市市区 | 0.90 |
| 城市近郊 | 0.95 | | |

注:环境影响系数一项,当城市市区人口位20～50万时,按城市近郊取值;当城市市区人口大于50万小于或等于100万时,只计入市区影响;当城市市区人口超过100万时,除计入市区影响外,尚应考虑5km以内的郊区近郊影响系数。

### 4. 防止冻害的措施

在冻胀、强冻胀、特强冻胀地基上采用防冻害措施时应符合下列规定：

(1)对在地下水位以上的基础，基础侧表面应回填不冻胀的中、粗砂，其厚度不应小于200mm；对在地下水位以下的基础，可采用桩基础、保温性基础、自锚式基础(冻土层下有扩大板或扩底短桩)，也可将独立基础或条形基础做成正梯形的斜面基础。

(2)宜选择地势高、地下水位低、地表排水条件好的建筑场地。对低洼场地，建筑物的室外地坪标高应至少高出自然地面300~500mm，其范围不宜小于建筑四周向外各一倍冻结深度距离的范围。

(3)应做好排水设施，施工和使用期间防止水浸入建筑地基。在山区应设截水沟或在建筑物下设置暗沟，以排走地表水和潜水。

(4)在强冻胀性和特强冻胀性地基上，其基础结构应设置钢筋混凝土圈梁和基础梁，并控制建筑的长高比。

(5)当独立基础连系梁下或桩基础承台下有冻土时，应在梁或承台下留有相当于该土层冻胀量的空隙。

(6)外门斗、室外台阶和散水坡等部位宜与主体结构断开，散水坡分段不宜超过1.5m，坡度不宜小于3%，其下宜填入非冻胀性材料。

(7)对跨年度施工的建筑，入冬前应对地基采取相应的防护措施；按采暖设计的建筑物，当冬季不能正常采暖时，也应对地基采取保温措施。

## 第四节　基础底面尺寸的确定

根据地基持力层承载力特征值、基础埋置深度以及作用在基础上的荷载大小就可以计算出基础的底面积的大小。

### 一　作用在基础上的荷载

作用在基础底面的荷载，包括上部结构传到基础顶面上的竖向荷载值、基础自重和回填土重量、水平荷载(土压力、水压力与风压力等)以及作用在基础底面上的力矩值。按照《建筑地基基础设计规范》(GB 50007—2011)规定，确定基础底面积时，传至基础底面上的作用效应按照正常使用极限状态下作用效应的标准组合取值。

计算上部结构传到基础顶面上的竖向荷载值时应从屋面开始计算，按照荷载传递途径，自上而下，累计至设计地面，在计算时需要注意两点：

#### 1. 设计地面的选取

外墙和外柱(边柱)，由于存在室内外高差，荷载应算至室内设计地面与室外设计地面平均标高处，如图8-6a)所示；内墙和内柱算至室内设计地面标高处，如图8-6b)所示。

#### 2. 计算单元的选取

对于无门窗的墙体，可取1m宽度计算；有门窗的墙体，可取一个开间为计算单元(通常为相邻窗、门洞中心线间的距离)。

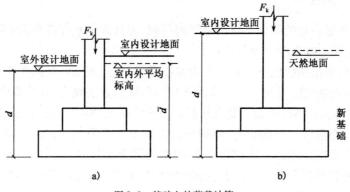

图 8-6　基础上的荷载计算
a)外墙或外柱；b)内墙或内柱

## 二　基础底面尺寸的确定

### （一）轴心受压基础

在轴心荷载作用下，假设基底压力按直线分布简化计算，相应于荷载效应标准组合时，基础底面平均压力标准值应不大于修正后的地基承载力特征值，即：

$$p_k = \frac{F_k + G_k}{A} = \frac{F_k}{bl} + \gamma_G \bar{d} \le f_a \qquad (8-11)$$

式中：$f_a$——修正后的地基承载力特征值，kPa；

$\gamma_G$——基础及回填土的平均重度，一般取 20kN/m³，地下水位以下取 10kN/m³；

$p_k$——相应于作用的标准组合时的基础地面处的平均压力值，kPa；

$A$——基础底面面积，m²；

$F_k$——相应于作用的标准组合时的上部结构传至基础顶面的竖向力，kN；

$G_k$——基础自重和基础上的土重，kN；

$\bar{d}$——基础平均深度。

由式（8-11）可得基础底面积为：

$$A \ge \frac{F_k}{f_a - \gamma_G \bar{d}} \qquad (8-12)$$

矩形基础：基础底面积 $A = bl$，一般取基础长短边之比 $1 \le l/b \le 2$。

条形基础：基础长度 $l \ge 10b$，沿基础纵向取 1m 宽为计算单元，即长边 $l = 1$m，则：

$$b \ge \frac{F_k}{f_a - \gamma_G d} \qquad (8-13)$$

式中：$F_k$——相应于作用的标准组合时，沿长度方向 1m 范围内上部结构传来的竖向荷载值，kN；

$b$——基础基底宽度，m。

### (二)偏心受压基础

当作用在基底形心处的荷载不仅仅是竖向荷载,而且有水平荷载和力矩时,为偏心受压基础,仍然假设基底压力按直线分布简化计算。

工业厂房和框架结构的柱下基础一般为偏心受压基础,在偏心荷载作用下,基础底面受力不均匀,因此需加大基础底面积。一般情况下可采用试算方法确定,计算步骤为:

(1)先不考虑偏心影响,按轴心受力根据式(8-11)或式(8-12),初算基础面积 $A_0$。

(2)考虑到偏心荷载作用的影响,将初步计算的基础底面积 $A_0$ 扩大 10% ~ 40% ,即 $A = (1.1 \sim 1.4)A_0$,然后按长短边之比 $l/b = 1.2 \sim 2.0$ 确定基底尺寸。

(3)计算基底边缘最大与最小压力,并按式(8-2)验算承载力条件是否满足;如果不满足,则重新调整 $A$,直至满足要求为止。

$$\left. \begin{array}{l} p_k \leqslant f_a \\ p_{kmax} \leqslant 1.2 f_a \end{array} \right\} \qquad (8\text{-}14)$$

在确定基底边长时,应注意荷载对基础的偏心距不宜过大(即 $e \leqslant l/6$, $l$ 为偏心受压基础力矩作用方向的长边),以保证基础不致发生过大的倾斜。

【例题 8-1】 已知某教学楼外墙厚为 240mm,传至地表的竖向外荷载的标准组合值 $F_k$ 为 300kN/m,室内外高差为 0.60m,基础埋深为 1.5m,地基为粉质黏土,重度 $\gamma = 17.5\text{kN/m}^3$,孔隙比 $e = 0.75$,液性指数 $I_L = 0.80$,地基承载力特征值 $f_{ak} = 135\text{kPa}$,试计算墙下钢筋混凝土条形基础的宽度。

【解】 (1)求修正后的地基承载力特征值

由 $e = 0.75$, $I_L = 0.80$, 查表得 $\eta_d = 1.6$,假设 $b < 3\text{m}$,则:

$$\begin{aligned} f_a &= f_{ak} + \eta_d \gamma_m (d - 0.5) \\ &= 135 + 1.6 \times 17.5 \times (1.5 - 0.5) = 163\text{kPa} \end{aligned}$$

(2)求基础底面宽度

$$b \geqslant \frac{F_k}{f_a - \gamma_G d} = \frac{300}{163 - 20 \times \left(1.5 + \dfrac{0.6}{2}\right)} = 2.36\text{m}$$

故取基础宽度 $b = 2400\text{mm}$。

【例题 8-2】 某厂房柱下独立基础,作用在基础上的荷载效应标准组合值为 $F_1 = 200\text{kN}$,$F_2 = 1810\text{kN}$,$M_0 = 950\text{kN} \cdot \text{m}$,$F_H = 180\text{kN}$,基础埋深 $d = 1.8\text{m}$,持力层为粉质黏土,重度 $\gamma = 18\text{kN/m}^3$,孔隙比 $e = 0.85$,承载力特征值 $f_{ak} = 188.5\text{kPa}$,荷载作用位置如图 8-7 所示(设基础偏心方向在长边),试确定基础底面尺寸。

【解】 (1)求修正后的地基承载力特征值

持力层为粉质黏土,由 $e = 0.85$ 查表得 $\eta_d = 1.1$,假设 $b \leqslant 3\text{m}$,则:

$$\begin{aligned} f_a &= f_{ak} + \eta_d \gamma_m (d - 0.5) \\ &= 188.5 + 1.1 \times 18 \times (1.8 - 0.5) = 214.2\text{kPa} \end{aligned}$$

(2)初步确定基础底面积及底面尺寸

$$A_0 \geqslant \frac{F_k}{f_a - \gamma_G d}, \quad \frac{F_1 + F_2}{f_a - 20 d} = \frac{200 + 1810}{214.2 - 20 \times 1.8} = 11.279 \text{m}^2$$

考虑基础偏心,将初算底面积扩大 20%,即 $A = 1.2 A_0 = 1.2 \times 11.279 = 13.5 \text{m}^2$,取基础长短边

之比 $\frac{l}{b} = 1.5$,得 $A_0 = lb = 1.5 b^2 = 13.5$,所以 $b = 3\text{m}, l = 4.5\text{m}$。

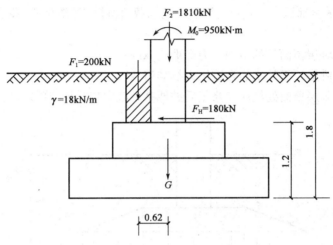

图 8-7　例题 8-2 附图(尺寸单位:m)

（3）验算地基承载力

基底处的总竖向压力为:

$$F_k + G_k = F_1 + F_2 + G_k = 1800 + 200 + 20 \times 13.5 \times 1.8 = 2497.1 \text{kN}$$

基底处总的力矩为:

$$M_4 = 950 + 180 \times 1.2 + 200 \times 0.62 = 1290 \text{kN} \cdot \text{m}$$

偏心距为 $e_0 = \dfrac{M_k}{F_k + G_k} = \dfrac{1290}{2497.1} = 0.517 m < \dfrac{l}{6} = \dfrac{4.5}{6} = 0.75\text{m}$,符合要求。

$$p_{kmax} = \frac{F_k + G_k}{A}\left(1 + \frac{6 e_0}{l}\right) = \frac{2497.1}{3 \times 4.5}\left(1 + \frac{6 \times 0.517}{4.5}\right) = 312.5 \text{kPa} > 1.2 f_a = 257.04 \text{kPa}$$

地基承载力验算不满足。

（4）调整基底尺寸

取 $b = 2.8\text{m}, l = 5.6\text{m}$,则:

$$F_k + G_k = F_1 + F_2 + G_k = 1800 + 200 + 20 \times 2.8 \times 5.6 \times 1.8 = 2574.48 \text{kN}$$

$$M_k = 950 + 180 \times 1.2 + 200 \times 0.62 = 1290 \text{kN} \cdot \text{m}$$

偏心距为 $e_0 = \dfrac{M_k}{F_k + G_k} = \dfrac{1290}{2574.48} = 0.501\text{m} < \dfrac{l}{6} = \dfrac{5.6}{6} = 0.933\text{m}$,符合要求。

$$p_{kmax} = \frac{F_k + G_k}{A}\left(1 + \frac{6 e_0}{l}\right) = \frac{2574.48}{2.8 \times 5.6}\left(1 + \frac{6 \times 0.501}{5.6}\right) = 252.3 \text{kPa} < 1.2 f_a = 257.04 \text{kPa}$$

$$\bar{p}_k = \frac{p_{kmax} + p_{kmin}}{2} = 164.2 \text{kPa} < f_a$$

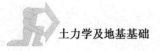

满足承载力要求。因此基底尺寸为 $b = 2.8\text{m}, l = 5.6\text{m}$。

### 三 软弱下卧层承载力验算

按照地基持力层的承载力条件计算出基底面积后,还应考虑如果地基的受力层内存在软弱下卧层(承载力低于持力层的高压缩性土层),尚需进行下卧层顶面的地基强度验算,要求作用在下卧层顶面的全部压力不超过下卧层土的承载力特征值(图8-8),即:

$$p_z + p_{cz} \leq f_{az} \qquad (8-15)$$

式中:$p_z$——软弱下卧层顶面处的附加应力标准值,kPa;

$\quad\ p_{cz}$——软弱下卧层顶面处土的自重压力标准值,kPa;

$\quad\ f_{az}$——软弱下卧层顶面处经深度修正后的地基承载力特征值,kPa。

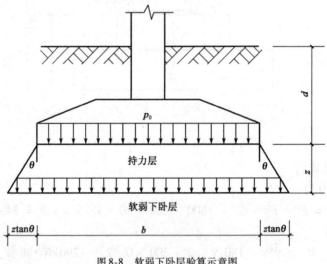

图8-8 软弱下卧层验算示意图

对于软弱下卧层承载力特征值 $f_{az}$,可将压力扩散至下卧层顶面的面积(或宽度),看作假想深基础的底面,取深度 $(d + z)$ 进行地基承载力特征值修正,即:

$$f_{az} = f_{ak} + \eta_d \gamma_m (d + z - 0.5) \qquad (8-16)$$

对于矩形基础和条形基础,当上层土与软弱下卧层土的压缩模量比值大于或等于3时,可采用压力扩散的方法求软土层顶面处的附加应力。假设基底处附加压力 $p_0 = p_k - p_c$ 按 $\theta$ 角向下扩散,并按任意深度同一水平面上的附加压力均匀分布考虑(图8-8),根据扩散前后各底面积上的总压力相等的条件,可得:

矩形基础

$$p_z = \frac{blp_0}{(b + 2z\tan\theta)(l + 2z\tan\theta)} \qquad (8-17)$$

条形基础

$$p_z = \frac{bp_0}{b + 2z\tan\theta} \qquad (8-18)$$

式中:$p_0$——基底附加压力,kPa;

$l$——矩形基础底面的长度,m;

$b$——矩形基础或条形基础底边的宽度,m;

$z$——基础底面至软弱下卧层顶面的距离,m;

$\theta$——地基压力扩散线与垂直线的夹角,可按表8-8采用;

$p_c$——基础地面处土的自重压力值。

163

**地基压力扩散角**　　　　　　　　　　　　　　　　　　　　表8-8

| $E_{s1}/E_{s2}$ | $z/b$ | |
|---|---|---|
| | 0.25 | 0.50 |
| 3 | $6^0$ | $23^0$ |
| 5 | $10^0$ | $25^0$ |
| 10 | $20^0$ | $30^0$ |

注:1. $E_{s1}$为上层土压缩模量,$E_{s2}$为下层土压缩模量。

　　2. $z/b < 0.25$时,$\theta = 0°$,必要时宜由试验确定;$z/b > 0.5$时,$\theta$值不变。

　　3. $z/b$在0.25~0.5可插值使用。

如果验算软弱下卧层承载力不满足要求,说明下卧层承载力不够,这时,需要重新调整基础尺寸,增大基底面积以减小基底压力,从而使传至下卧层顶面的附加压力降低,以满足地基承载力要求;如果承载力仍然不能满足要求,且基础底面积增加受到限制,可采用深基础(如桩基)将基础置于软弱下卧层以下的较坚实的土层上,或进行地基处理提高软弱下卧层的承载力。

**【例题 8-3】** 某柱下钢筋混凝土独立基础,上部结构传到基础顶面的轴心压力为$F_k = 1300kN$,基础底面尺寸为$3.0m \times 5.1m$,基础埋深$d = 1.5m$,持力层为粉质黏土,承载力特征值$f_{ak} = 140kPa$,土层分布如图8-9所示,试验算基础底面尺寸是否合适。

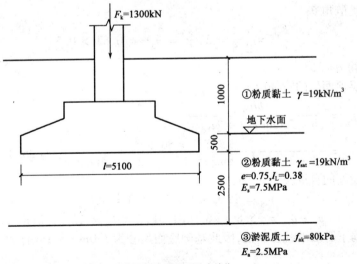

图8-9　例题8-3附图(尺寸单位:mm)

**【解】**　(1)求修正后的地基承载力特征值

持力层为粉质黏土,由$e = 0.75$,$I_L = 0.38$,查表得$\eta_b = 0.3$,$\eta_d = 1.6$,$b = 3m$,则基底以上土的加权平均重度为:

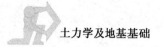 

$$\gamma_m = \frac{1.0 \times 19 + 0.5 \times (19 - 10)}{1.0 + 0.5} = 15.67 kN/m^3$$

$$f_a = f_{ak} + \eta_d \gamma_m (d - 0.5)$$
$$= 140 + 1.1 \times 15.67 \times (1.5 - 0.5) = 157.2 kPa$$

(2)持力层承载力验算

基础自重及回填土重量为：

$$G_k = 3.0 \times 5.1 \times [1.0 \times 20 + 0.5 \times (20 - 10)] = 382.5 kN$$

基底压力 $p_k$ 为：

$$p_k = \frac{F_k + G_k}{A} = \frac{1300 + 382.5}{3.0 \times 5.1} = 110 kPa < f_a = 157.2 kPa$$

地基持力层承载力满足设计要求。

(3)软弱下卧层承载力验算

由软弱下卧层为淤泥质土,查表 $\eta_b = 0$, $\eta_d = 1.0$。

软弱下卧层顶面以上土的加权平均重度为：

$$\gamma_m = \frac{1.0 \times 19 + 3.0 \times (19 - 10)}{1.0 + 3.0} = 11.50 kN/m^3$$

故软弱下卧层修正后的地基承载力特征值为：

$$f_{az} = f_{ak} + \eta_d \gamma_m (d + z - 0.5)$$
$$= 80 + 1.0 \times 11.50 \times (1 + 3 - 0.5) = 120.25 kpa$$

基底附加压力 $p_0$ 为：

$$p_0 = p_k - p_c = \frac{F_k + G_k}{A} - \gamma_0 d = 110 - (19 \times 1.0 + 9 \times 0.5) = 86.5 kPa$$

地基压力扩散角 $\theta$：

$$\frac{E_{s1}}{E_{s2}} = \frac{7.5}{2.5} = 3, \frac{z}{b} = \frac{2.5}{3} = 0.83 > 0.5$$

查表8-8,得 $\theta = 23°$。

软弱下卧层顶面处的附加应力：

$$p_z = \frac{blp_0}{(b + 2z\tan\theta)(l + 2z\tan\theta)}$$
$$= \frac{3 \times 5.1 \times 86.5}{(3 + 2 \times 2.5 \times \tan23°)(5.1 + 2 \times 2.5\tan23°)} = 35.8 kPa$$

下卧层顶面处的自重应力 $p_{cz}$ 为：

$$p_{cz} = 19.0 \times 1 + 9 \times 3.0 = 46 kPa$$

$$p_z + p_{cz} = 35.8 + 46 = 81.8 kPa < f_{az} = 120.25 kPa$$

经验算软弱下卧层承载力满足,因此基础底面尺寸为 $3.0m \times 5.1m$ 合适。

# 第五节　无筋扩展基础设计

无筋扩展基础,即刚性基础,包括砖基础、三合土基础、灰土基础、毛石基础、混凝土基础或毛石混凝土基础等。这类基础的材料抗压强度高,但抗拉和抗弯能力较低。为避免无筋扩展基础被拉裂,在设计时可以通过控制材料强度等级和台阶宽高比(即基础的外伸宽度和基础高度的比值)来确定基础的截面尺寸。台阶宽高比的允许值见表 8-9。基础的外伸宽度 $b_2$ 与基础高度 $H_0$ 的比值必须满足台阶宽高比允许值的要求,如图 8-10 所示。

$$\frac{b_2}{H_0} \leqslant \left[\frac{b_2}{H_0}\right] = \tan\alpha \tag{8-19}$$

则基础高度可写成

$$H_0 \geqslant \frac{b - b_0}{2\tan\alpha} \tag{8-20}$$

式中:$b$——基础地面宽度,m;

$b_0$——基础顶面处的墙体宽度或柱角宽度,m;

$b_2$——无筋扩展基础台阶的总宽度,$b_2 = \dfrac{b - b_0}{2}$,m;

$H_0$——基础高度,m;

$\tan\alpha$——基础台阶宽高比 $\left[\dfrac{b_2}{H_0}\right]$,其允许值按表 8-9 选用。

当上部结构与基础材料不一致时,需将墙脚或柱脚放大,其构造要求如图 8-10 所示。

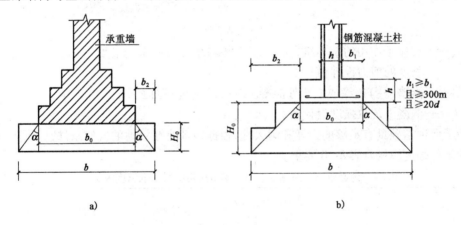

图 8-10 无筋扩展基础构造示意

$d$-柱中纵向钢筋直径,当柱纵向钢筋在柱脚内的竖向锚固长度不满足锚固要求时,可沿水平方向弯折,弯折后的水平锚固长度不应小于 $10d$ 也不应大于 $20d$

| 基础材料 | 质量要求 | 台阶宽高比的允许值 | | |
|---|---|---|---|---|
| | | $p_k \leqslant 100$ | $100 < p_k \leqslant 200$ | $200 < p_k \leqslant 300$ |
| 混凝土基础 | C15 混凝土 | 1:1.00 | 1:1.00 | 1:1.25 |
| 毛石混凝土基础 | C15 混凝土 | 1:1.00 | 1:1.25 | 1:1.50 |
| 砖基础 | 砖不低于 MU10、砂浆不低于 M5 | 1:1.50 | 1:1.50 | 1:1.50 |
| 毛石基础 | 砂浆不低于 M5 | 1:1.25 | 1:1.50 | — |

无筋扩展基础台阶宽高比的允许值　　　　　　　表 8-9

| 基础材料 | 质量要求 | 台阶宽高比的允许值 | | |
|---|---|---|---|---|
| | | $p_k \leqslant 100$ | $100 < p_k \leqslant 200$ | $200 < p_k \leqslant 300$ |
| 灰土基础 | 体积比为 3:7 或 2:8 的灰土,其最小干密度:<br>①粉土 1550kg/m³;<br>②粉质黏土 1500kg/m³;<br>③黏土 1450kg/m³ | 1:1.25 | 1:1.50 | — |
| 三合土基础 | 体积比 1:2:4～1:3:6(石灰:砂:集料),每层约虚铺220mm,夯至150mm | 1:1.50 | 1:2.00 | — |

注:1. $p_k$ 为作用的标准组合时基础底面处的平均压力值,kPa。

2. 阶梯形毛石基础的每阶伸出宽度,不宜大于200mm。

3. 当基础由不同材料叠合组成时应对接触部分做抗压验算。

混凝土基础单侧扩展范围内基础底面处的平均压力值超过300kPa时,尚应进行抗剪验算;对基底反力集中于立柱附近的岩石地基,应进行局部变压承载力验算。验算公式如下:

$$V_s \leqslant 0.366 f_t A \tag{8-21}$$

式中:$V_s$——相应于作用的基本组合时地基土平均净反力产生的沿墙(柱)边缘或变阶处单位长度的剪力设计值;

$A$——沿墙(柱)边缘或变阶处混凝土基础的垂直截面面积;

$f_t$——混凝土抗拉强度设计值。

为了保证基础具有足够的强度和耐久性,根据地基所在场地的气候条件,所用砖、石、砂浆材料的最低强度应符合表8-10要求。

**地面以下或防潮层以下的砌体所用材料最低强度等级**　　　　　　表8-10

| 潮湿程度 | 烧结普通砖 | 混凝土普通砖、蒸压普通砖 | 混凝土砌块 | 石材 | 水泥砂浆 |
|---|---|---|---|---|---|
| 稍潮湿的 | MU15 | MU20 | MU7.5 | MU30 | MU5 |
| 很潮湿的 | MU20 | MU20 | MU10 | MU30 | MU7.5 |
| 含水饱和的 | MU20 | MU25 | MU15 | MU40 | MU10 |

注:1. 石材重度应不低于 18kN/m³。

2. 地面以下或防潮层以下的砌体不应采用空心砖、硅酸盐砖或硅酸盐砌块。

**【例题8-4】** 某住宅楼墙下条形基础,基础墙厚为240mm,上部结构传至基础顶面的竖向荷载标准组合值为 $F_k = 260$kN/m。地基土为黏性土,重度 $\gamma = 17.5$ kN/m³,孔隙比 $e = 0.75$,液性指数 $I_L = 0.80$,地基承载力特征值为 $f_{ak} = 219$kPa,室内外高差0.45m,基础埋深1.60m,试设计该墙下条形基础。

**【解】** (1)修正后的地基承载力特征值

由 $e = 0.75$,$I_L = 0.8$ 查表得 $\eta_b = 0.3$,$\eta_d = 1.6$,假设 $b < 3$m,则:

$$f_a = f_{ak} + \eta_d \gamma_0 (d - 0.5)$$
$$= 219 + 1.6 \times 17.5 \times (1.6 - 0.5) = 249.8 \text{kPa}$$

（2）条形基础底面宽度

$$b \geqslant \frac{F_k}{f_a - \gamma_G \bar{d}} = \frac{260}{249.8 - 20 \times \left(1.6 + \frac{0.45}{2}\right)} = 1.21 \text{m}$$

取基础底面宽度 $b = 1.3\text{m} = 1300\text{mm}$。

（3）基础材料

基础底部采用 400 厚 C15 的混凝土，其上采用"间隔式"砖基础。砖的强度等级为 MU10，砂浆采用 M5。

（4）台阶宽高比验算

① 混凝土基础。

基底压力

$$p_k = \frac{F_k + G_k}{A} = \frac{260 + 20 \times 1.3 \times 1 \times \left(1.6 + \frac{0.45}{2}\right)}{1.3} = 236.5 \text{kPa} > 200 \text{kPa}$$

查表 8-9 得，混凝土基础台阶宽高比允许值 $\tan\alpha = 1:1.25$，则混凝土基础台阶宽度应满足：$b_2 \leqslant H_0 \tan\alpha = 400 \times \dfrac{1}{1.25} = 320\text{mm}$。

结合混凝土基础构造要求，取混凝土基础台阶宽度为 300mm。

②砖墙大放脚。

可使用表 8-9 中砖基础台阶宽高比允许值，查得 $\tan a = 1:1.50$。

砖墙大放脚所需台阶数为：

$$n \geqslant \frac{1300 - 240 - 2 \times 300}{120} = 3.83(\text{阶})，台阶数为 4 阶$$

砖墙大放脚底部实际宽度为：

$$b' = 240 + 2 \times 4 \times 60 = 720\text{mm}$$

砖墙大放脚实际高度为：

$$H'_0 = 120 + 60 + 120 + 60 = 360\text{mm}$$

根据式（8-20）得出砖墙大放脚底面允许宽度为：

$$b'_0 + 2H'_0 \tan\alpha = 240 + 2 \times 360 \times \frac{1}{1.5} = 720\text{mm} = b'$$

设计宽度满足要求。

③墙下条形基础的实际宽度计算。

砖墙大放脚底部实际宽度为 $b' = 720\text{mm}$，墙下条形基础基底的实际宽度为：

$$b = 720 + 2 \times 300 = 1320\text{mm}$$

（5）绘制基础剖面图（图 8-11）

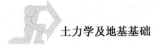
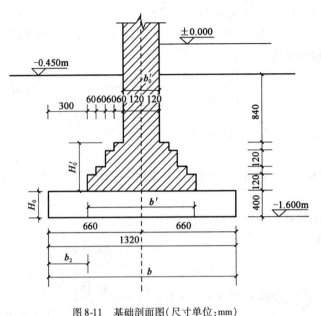

图 8-11　基础剖面图(尺寸单位:mm)

# 第六节　扩展基础设计

　　扩展基础是指柱下钢筋混凝土独立基础和墙下钢筋混凝土条形基础,这种基础配置足够的钢筋来承受拉力或弯矩,具有较大的抗弯、抗剪能力。扩展基础适用于上部结构荷载较大,地基土质软弱的情况。

## 一　柱下钢筋混凝土独立基础设计

### (一)柱下独立基础构造要求

1. 一般构造要求

(1)阶梯形基础。阶梯形基础的每阶高度宜为 300~500mm(图 8-12),当基础高度 $h \leqslant$ 500mm 时,宜用一阶;当基础高度 500mm $< h \leqslant$ 900mm 时,宜用两阶;当 $h > 900$mm 时,宜用三阶;阶梯形基础尺寸一般采用 50mm 的倍数。由于阶梯形基础的施工质量容易保证,宜优先考虑采用。

(2)锥形基础是工程中常见的锥形基础的形式,如图 8-13 所示,锥形基础的边缘高度不宜小于 200mm;两个方向坡度不宜大于 1,顶部做成平台,每边从柱边缘放出不少于 50mm,以便于柱支模。

　　扩展基础受力钢筋最小配筋率不应小于 0.15%,底板受力钢筋的最小直径不应小于10mm,间距不应大于 200mm,也不应小于 100mm。墙下钢筋混凝土条形基础纵向分布钢筋的直径不应小于 8mm;间距不应大于 300mm;每延米分布钢筋的面积不应小于受力钢筋面积的15%。当有垫层时钢筋保护层的厚度不应小于 40mm,无垫层时不应小于 70mm,,混凝土强度等级不应低于C20,垫层混凝土强度等级不宜低于C10。

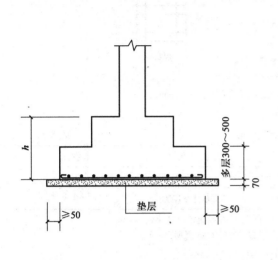

图8-12 阶梯形基础构造
(双向均为受力钢筋,尺寸单位:mm)

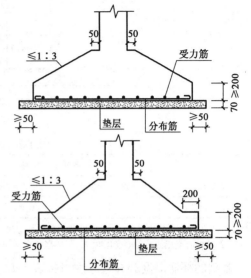

图8-13 锥形基础构造(尺寸单位:mm)

当柱下钢筋混凝土独立基础的边长大于或等于2.5m,底板受力钢筋的长度可取边长或宽度的0.9倍,并宜交错布置。

钢筋混凝土柱纵向受力钢筋在基础内的锚固长度 $l_a$ 应根据钢筋在基础内的最小保护层厚度按现行混凝土结构设计规范有关规定确定。

有抗震设防要求时纵向受力钢筋的最小锚固长度应按下列式计算:

一、二级抗震等级　　　　　　　$l_{aE} = 1.15 l_a$

三级抗震等级　　　　　　　　　$l_{aE} = 1.05 l_a$

四级抗震等级　　　　　　　　　$l_{aE} = l_a$

式中: $l_a$——纵向受拉钢筋的锚固长度,m。

现浇柱基础,其插筋的数量、直径以及钢筋种类应与柱内纵向受力钢筋相同。插筋的锚固长度应满足有关要求,插筋与柱的纵向受力钢筋的连接方法,应符合现行《混凝土结构设计规范》(GB 50010—2010)的规定。插筋的下端宜做成直钩放在基础底板钢筋网上。当符合下列条件之一时,可仅将四角的插筋伸至底板钢筋网上,其余插筋锚固在基础顶面下 $l_a$ 或 $l_{aE}$(有抗震设防要求时)处,如图8-14所示。

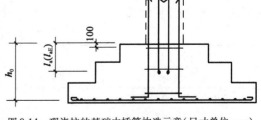

图8-14 现浇柱的基础中插筋构造示意(尺寸单位:mm)

①柱为轴心受压或小偏心受压,基础高度大于等于1200mm。

②柱为大偏心受压,基础高度大于等于1400mm。

**2.预制柱基础构造**

预制钢筋混凝土柱与杯口基础的连接应符合下列要求(图8-15)。

柱的插入深度可按表8-11选用,并应满足钢筋锚固长度的要求及吊装时柱的稳定性要求。

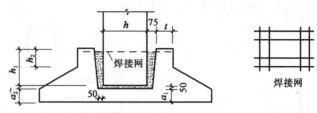

图 8-15　预制钢筋混凝土柱独立基础示意(尺寸单位:mm)

(注:$a_2 \geq a_1$)

**柱的插入深度 $h_1$(mm)**　　　　　　　　　　　　　　　　表 8-11

| 矩形或工字形柱 | | | | 双肢柱 |
|---|---|---|---|---|
| $h < 500$ | $500 \leq h < 800$ | $800 \leq h \leq 1000$ | $h > 1000$ | $1/3 \sim 2/3)h_a$ |
| $h \sim 1.2h$ | $h$ | $0.9h$ 且 $\geq 800$ | $0.8h$ 且 $\geq 1000$ | $(1.5 \sim 1.8)h_b$ |

注:1. $h$ 为柱截面长边尺寸;$h_a$ 为双肢柱全截面长边尺寸;$h_b$ 为双肢柱全截面短边尺寸。

　　2. 柱轴心受压或小偏心受压时,$h_1$ 可适当减小,偏心距大于 $2h$ 时,$h_1$ 应适当加大。

基础的杯底厚度和杯壁厚度可按表 8-12 选用。

**基础杯底厚度和杯壁厚度**　　　　　　　　　　　　　　　表 8-12

| 柱截面长边尺寸 $h$(mm) | 杯底厚度 $a_1$(mm) | 杯壁厚度 $t$(mm) |
|---|---|---|
| $h < 500$ | $\geq 150$ | $150 \sim 200$ |
| $500 \leq h < 800$ | $\geq 200$ | $\geq 200$ |
| $800 \leq h < 1000$ | $\geq 200$ | $\geq 300$ |
| $1000 \leq h < 1500$ | $\geq 250$ | $\geq 350$ |
| $1500 \leq h < 2000$ | $\geq 300$ | $\geq 400$ |

注:1. 双肢柱的杯底厚度值,可适当加大。

　　2. 当有基础梁时,基础梁下的杯壁厚度,应满足其支承宽度的要求。

　　3. 柱子插入杯口部分的表面应凿毛,柱子与杯口之间的空隙,应用比基础混凝土强度等级高一级的细石混凝土充填密实,当达到材料设计强度的 70% 以上时,方能进行上部吊装。

当柱为轴心受压或小偏心受压且 $t/h_2 \geq 0.65$ 时,或大偏心受压且 $t/h_2 \geq 0.75$ 时,杯壁可不配筋;当柱为轴心受压或小偏心受压且 $0.5 \leq t/h_2 < 0.65$ 时,杯壁可按表 8-13 构造配筋;其他情况下,应按计算配筋。

**杯 壁 构 造 配 筋**　　　　　　　　　　　　　　　表 8-13

| 柱截面长边尺寸 $h$(mm) | $h < 1000$ | $1000 \leq h < 1500$ | $1500 \leq h < 2000$ |
|---|---|---|---|
| 钢筋直径(mm) | $8 \sim 10$ | $10 \sim 12$ | $12 \sim 16$ |

注:表中钢筋置于杯口顶部,每边两根(图 8-15)。

### (二)柱下独立基础的抗冲切验算

钢筋混凝土柱下独立基础高度(即底板厚度)主要由抗冲切承载力确定。在中心荷载作用下,如果基础高度不够将会沿柱周边或阶梯高度变化处发生冲切破坏,形成 45° 斜裂面角锥体(图 8-16)。因此,为了防止基础发生冲切破坏,必须进行抗冲切验算以保证基础具有足够的高度,使破坏锥体以外的地基净反力引起的冲切力 $F_1$ 不大于基础冲切面处混凝土的抗冲切能力。

对于矩形基础,应验算柱与基础交接处以及基础变阶处的,受冲切承载力应按下列公式验算:

$$F_1 \leqslant 0.7\beta_{hp}f_t a_m h_0 \qquad (8-22)$$

$$a_m = \frac{a_t + a_b}{2} \qquad (8-23)$$

$$F_1 = p_j A_1 \qquad (8-24)$$

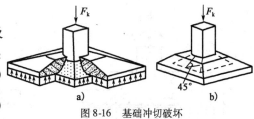

图 8-16　基础冲切破坏

式中：$\beta_{hp}$——受冲切承载力截面高度影响系数,当 $h$ 不大于 800mm,$\beta_{hp}$ 取 1.0;当 $h$ 大于等于 2000mm 时,$\beta_{hp}$ 取 0.9,其间按线性内插法取用;

$f_t$——混凝土轴心抗拉强度设计值,kPa;

$h_0$——基础冲切破坏锥体的有效高度,m;

$a_m$——冲切破坏锥体最不利一侧计算长度,m;

$a_t$——冲切破坏锥体最不利一侧斜截面的上边长,m。当计算柱与基础交接处的受冲承载力时,取柱宽;当计算基础变阶处的受冲切承载力时,取上阶宽;

$a_b$——冲切破坏锥体最不利一侧斜截面在基础底面积范围内的下边长,m。当冲切破坏锥体的底面落在基础底面以内[图 8-17a)、b)],计算柱与基础交接处的受冲切承载力时,取柱宽加两倍基础有效高度;当计算基础变阶处的受冲切承载力时,取上阶宽加两倍该处的基础有效高度;当冲切破坏锥体的底面在 $l$ 方向落在基础底面以外,即 $a + 2h_0 \geqslant l$ 时[图 8-17c)],$a_b = l$;另外,尚应补充柱与基础交接处基础抗剪验算;

$p_j$——扣除基础自重及其上土重后相应于荷载效应基本组合时的地基土单位面积净反力,kPa;轴压基础,$p_j = F/A$,对偏心受压基础可取基础边缘处最大地基土单位面积净反力;

$F_1$——相应于荷载效应基本组合时作用在 $A_1$ 上的地基土净反力设计值,kN;

$F$——相应于荷载效应基本组合时作用在基础顶面的竖向荷载值,kN;

$A$——基础底面面积,$m^2$;

$A_1$——冲切验算时取用的部分基底面积[图 8-17a)、b)]中的阴影面积 $ABCDEF$,或图 8-17c)中的阴影面积 $ABCD$,$m^2$。

设 $a_t$、$b_t$ 分别为基础长边 $l$ 方向和短边 $b$ 方向对应的柱边长(变阶处为上阶对应的台阶尺寸),则当 $l > a_t + 2h_0$ 时[图 8-17a)、b)],冲切破坏角锥体的底面积部分落在基底面积以内:

$$\left.\begin{aligned} A_1 &= \left(\frac{b}{2} - \frac{b_t}{2} - h_0\right)l - \left(\frac{l}{2} - \frac{a_t}{2} - h_0\right)^2 \\ a_m &= \frac{a_t + (a_t + 2h_0)}{2} = \frac{2a_t + 2h_0}{2} = a_t + h_0 \end{aligned}\right\} \qquad (8-25)$$

当 $l \leqslant a_t + 2h_0$ 时[图 8-17c)],基础变阶处底面积部分落在基底面积以外:

$$\left.\begin{aligned} A_1 &= \left(\frac{b}{2} - \frac{b_t}{2} - h_0\right)l \\ a_m &= \frac{a_t + l}{2} \end{aligned}\right\} \qquad (8-26)$$

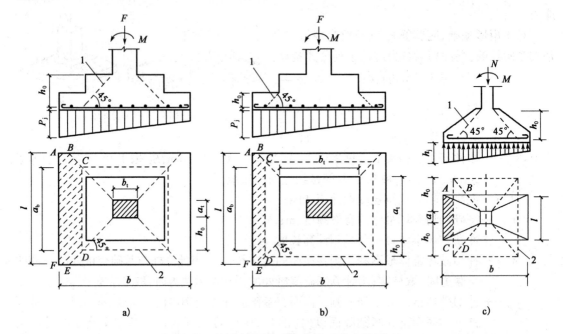

图 8-17　计算阶梯形基础的受冲切承载力截面位置
a)柱与基础交接处;b)、c)基础变阶处
1-冲切破坏锥体最不利一侧的斜截面;2-冲切破坏锥体的底面线

　　设计时,一般情况是先假定基础高度得出 $h_0$ 后代入式(8-22)进行验算,直到抗冲力大于冲切力满足要求为止。当基础底面边缘在冲切破坏的 45°开裂线以内时,可以不进行基础高度的抗冲切验算。

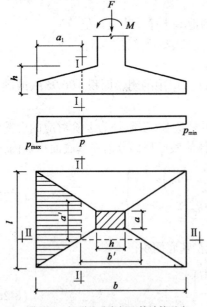

图 8-18　矩形基础底板配筋计算示意

### (三)基础底板配筋

　　独立基础在地基净反力作用下,在纵横两个方向都要产生弯矩,使基础沿柱边的周边向上弯曲,发生抗弯破坏。因此,独立基础底板的配筋应按受弯承载力确定,一般柱下独立基础的长宽比小于2,需考虑双向受弯,应分别在底板纵横两个方向配置受力钢筋。

　　在轴心荷载和单向偏心荷载作用下,当基础台阶宽高比小于等于2.5和偏心距小于或等于1/6基础宽度时,如图8-18所示,基础底板两个方向的弯矩按照《建筑地基基础设计规范》(GB 50007—2011)可以表示为:

$$M_I = \frac{1}{12}a_1^2\left[(2l + a')\left(p_{max} + p - \frac{2G}{A}\right) + (p_{max} - p)l\right]$$

(8-27)

$$M_{\text{II}} = \frac{1}{48}(l - a')^2(2b + b')\left(p_{\max} + p_{\min} - \frac{2G}{A}\right) \tag{8-28}$$

式中：$M_{\text{I}}$、$M_{\text{II}}$——相应于作用的基本组合时,任意截面I-I、II-II处相的弯矩设计值,kN·m;

$p_{\max}$、$p_{\min}$——相应于作用的基本组合时的基础底面边缘最大和最小地基反力设计值,kPa;

$p$——相应于作用的基本组合时在任意截面I-I处基础底面地基反力设计值,kPa;

$G$——考虑作用分项系数的基础自重及其上的土重,kN;当组合值由永久荷载控制时,$G = 1.35G_k$,$G_k$为基础及其上土的自重标准值,kN;

$a_1$——任意截面I-I至基底边缘最大反力处的距离,m;

$l$、$b$——基础底面的边长,m。

**(四)配筋计算**

当求得计算截面弯矩后,可用式(8-29)分别计算基础底板纵横两个方向的钢筋面积。

垂直于Ⅰ-Ⅰ、Ⅱ-Ⅱ截面的受力钢筋面积计算公式：

$$A_s = \frac{M}{0.9f_y h_0} \tag{8-29}$$

式中:$f_y$——钢筋抗拉强度设计值,kPa。

**【例题8-5】** 某厂房柱子断面尺寸为600mm×400mm,基础受竖向荷载设计值 $F_k = 800$kN 相应于标准组合的弯矩值220kN·m,水平荷载值 $H = 50$kN,地基土层平面及剖面(图8-19)基础采用单独扩展基础,高度700mm,基础埋置深度2m,试进行基础设计(假设由永久荷载控制荷载基本组合)。

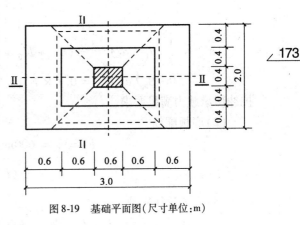

图8-19 基础平面图(尺寸单位:m)

**【解】** (1)基础抗冲切验算

保护层厚度为50mm,则：

$$h_0 = h - 50 = 700 - 50 = 650\text{mm}$$

由图可知,冲切破坏可能发生于最大反力一侧：

$$p_{j\max} = \frac{F}{A} + \frac{M}{W} = \frac{800}{2 \times 3} + \frac{220 + 50 \times 2}{(3^2 \times 2)/6} = 240\text{kPa}$$

$$p_{j\min} = \frac{F}{A} - \frac{M}{W} = \frac{800}{2 \times 3} - \frac{220 + 50 \times 2}{(3^2 \times 2)/6} = 26.67\text{kPa}$$

取 $p_j = p_{j\max} = 240$kPa,则：

$$A_1 = \left(\frac{l - l_0}{2} - h_0\right)b - \left(\frac{b - b_0}{2} - h_0\right)^2$$

$$= (1.5 - 0.30 - 0.65) \times 2.0 - (1.0 - 0.2 - 0.65)^2$$

$$= 1.0775\text{m}^2$$

则

$$F_1 = p_j A_1 = 240 \times 1.0775$$
$$= 258.6 \text{kN}$$

采用 C15 混凝土,其抗拉强度设计值:

$$f_t = 0.91 \text{N/mm}^2 = 910 \text{kN/m}^2$$

柱与基础交接处:

$$a_m = \frac{1}{2}(a_t + a_b) = \frac{1}{2}(b_0 + b_0 + 2h_0) = 0.4 + 0.65 = 1.05 \text{m}$$

因为 $h = 700 \text{mm} < 800 \text{mm}$,所以 $\beta_{hp} = 1.0$,则:

$$0.7\beta_{hp} f_t a_m h_0 = 0.7 \times 1.0 \times 910 \times 1.05 \times 0.65 = 434.75 \text{kN} > F_1$$

抗冲切承载力满足要求。

基础变阶处:

$$A'_1 = \left(\frac{l - l'_0}{2} - h'_0\right)b - \left(\frac{b - b'_0}{2} - h'_0\right)^2$$
$$= (1.5 - 0.90 - 0.30) \times 2.0 - (1.0 - 0.6 - 0.30)^2$$
$$= 0.59 \text{m}^2$$

则

$$F_1 = p_j A'_1 = 240 \times 0.59$$
$$= 141.6 \text{kN}$$

$$a'_m = \frac{1}{2}(a_t + a_b) = \frac{1}{2}(b'_0 + b'_0 + 2h'_0) = \frac{1}{2}(1.2 + 1.2 + 2 \times 0.3) = 1.5 \text{m}$$

$$0.7\beta_{hp} f_t a'_m h'_0 = 0.7 \times 1.0 \times 910 \times 1.5 \times 0.30 = 286.65 \text{kN} > F_1$$

抗冲切承载力满足要求。

(2)底板配筋

$$b' = l_0 = 600 \text{mm}, \quad a' = b_0 - 400 \text{mm}$$

$$a_1 = \frac{1}{2}(l - l_0) = 1200 \text{mm}$$

$G = 1.35 G_k = 324 \text{kN}$,则:

$$p_{max} = \frac{F + G}{A} + \frac{M}{W} = \frac{800 + 324}{2 \times 3} + \frac{220 + 50 \times 2}{(3^2 \times 2)/6} = 294 \text{kPa}$$

$$p_{min} = \frac{F + G}{A} - \frac{M}{W} = \frac{800 + 324}{2 \times 3} + \frac{220 + 50 \times 2}{(3^2 \times 2)/6} = 80.67 \text{kPa}$$

$$p = p_{max} - \frac{p_{max} - p_{min}}{l} a_1 = \frac{294 - 80.67}{3} \times 1.2 = 208.67 \text{kPa}$$

由式(8-27)得:

$$M_I = \frac{1}{12} a_1^2 \left[ (2l + a')\left(p_{max} + p - \frac{2G}{A}\right) + (p_{max} - p)l \right]$$

$$= \frac{1}{12} \times 1.2^2 \left[ (2 \times 2 + 0.4)(294 + 208.67 - \frac{2 \times 324}{2 \times 3}) + (294 - 208.67) \times 2 \right]$$

$$= 228.87 \text{kN} \cdot \text{m}$$

由式(8-29)得：

$$A_{sI} = \frac{M_I}{0.9 f_y h_{0I}} = \frac{228.87 \times 10^6}{0.9 \times 650 \times 270} = 1449 \text{mm}^2$$

（3）实配钢筋

由式(8-28)得 10 根 $\phi 14@200$，$A_s = 1540 \text{mm}^2$，得：

$$\begin{aligned}
M_I &= \frac{1}{48}(l - a')^2(2b + b')\left(p_{\max} + p_{\min} - \frac{2G}{A}\right) \\
&= \frac{1}{48} \times (2 - 0.4)^2(2 \times 3 + 0.6)(294 + 80.67 - \frac{2 \times 324}{2 \times 3}) \\
&= 93.87 \text{kN} \cdot \text{m}
\end{aligned}$$

由式(8-29)得：

$$A_{sI} = \frac{M_I}{0.9 f_y h_{0I}} = \frac{93.87 \times 10^6}{0.9 \times (650 - 16) \times 270} = 609.3 \text{mm}^2$$

实配钢筋：15 根 $\phi 10@200$，$A_s = 1178 \text{mm}^2$，基础剖面图如图 8-20 所示。

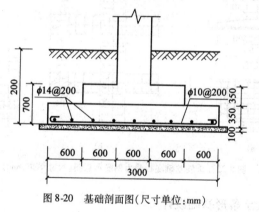

图 8-20  基础剖面图(尺寸单位:mm)

## 二 墙下钢筋混凝土条形基础设计

### （一）墙下钢筋混凝土条形基础的构造

墙下钢筋混凝土条形基础的一般构造同柱下独立基础。墙下钢筋混凝土条形基础的构造如图 8-21 所示。当基础高度 >250mm 时，截面采用锥形截面，其边缘高度不宜小于 200mm。当基础高度 $h \leq 250$mm 时，宜做成等厚度板。当地基较软弱时，为了增加基础抗弯刚度，减少基础不均匀沉降的影响，基础的横截面根据受力条件分为不带肋和带肋两种，构造如图 8-21 所示。基础剖面采用带肋式条形基础，肋的纵向钢筋和箍筋一般按经验确定。

墙下钢筋混凝土条形基础纵向分布钢筋的直径不小于 8mm；间距不大于 300mm；每延米分布钢筋的面积应不小于受力钢筋面积的 15%。基础有垫层时，钢筋保护层不小于 40mm，无垫层时不小于 70mm。

墙下钢筋混凝土条形基础的宽度大于或等于 2.5m 时,底板受力钢筋的长度可取宽度的 0.9 倍,并且交错布置,见图 8-22a)。

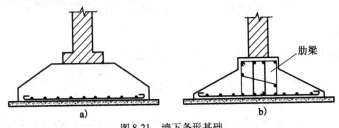

图 8-21　墙下条形基础
a)无肋;b)带肋

钢筋混凝土条形基础底板在 T 形及十字形交接处,底板横向受力钢筋仅沿一个主要受力方向通长布置,另一方向的横向受力钢筋可布置到主要受力方向底板宽度 1/4 处,见图 8-22b)。在拐角处底板横向受力钢筋应沿两个方向布置,见图 8-22c)。

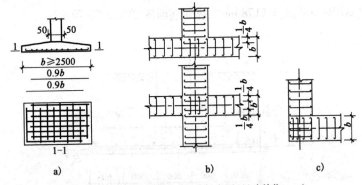

图 8-22　扩展基础底板受力钢筋示意图(尺寸单位:mm)

### (二)墙下钢筋混凝土条形基础设计

墙下钢筋混凝土条形基础底板厚度主要由抗剪强度(受剪承载力条件)确定,基础底板如同倒置的悬臂板,计算基础内力时,按平面应变问题处理,通常沿条形基础长度方向取单位长度(即 $l = 1\text{m}$)进行计算,其截面设计包括确定基础底面宽度、基础高度和基础底板配筋。在地基净反力作用下,基础的最大内力实际发生在悬臂板的根部(墙外边缘垂直截面处),如图 8-23、图 8-24 所示。

(1)地基净反力计算

轴心荷载作用下钢筋混凝土条形基础的地基净反力计算公式为:

$$p_{\text{j}} = \frac{F}{b} \tag{8-30}$$

式中:$F$——相应于荷载效应基本组合时作用在基础顶面上的荷载值,kN/m;

$b$——基础宽度,m。

偏心荷载作用下钢筋混凝土条形基础的地基净反力计算公式为:

$$p_{\text{jmax}} = \frac{F}{b} + \frac{6M}{b^2} \tag{8-31}$$

或

$$p_{jmax} = \frac{F}{b}\left(1 + \frac{6e_0}{b}\right) \tag{8-32}$$

式中：$M$——相应于作用于基本组合时作用在基础底面上的弯矩值，$kN \cdot m$；

$e_0$——荷载的净偏心距，$e_0 = \dfrac{M}{F}$。

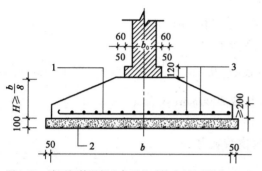

图 8-23　墙下钢筋混凝土条形基础构造(尺寸单位：mm)

1-受力钢筋；2-C10 混凝土垫层；3-构造钢筋

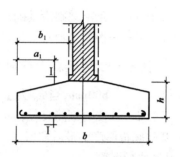

图 8-24　墙下条形基础计算示意

（2）内力设计值的计算

轴心荷载作用下基础任意截面 I - I 处(图 8-25)的弯矩 $M$ 和剪力 $V$ 为：

$$M = \frac{1}{2}p_j a_1^2 \tag{8-33}$$

$$V = p_j a_1 \tag{8-34}$$

式中：$V$——基础底板支座的剪力设计值，$kN/m$；

$M$——基础底板支座的弯矩设计值，$kN \cdot m$。

在偏心荷载作用下，基底净反力一般呈梯形分布，如图 8-25 所示。偏心受压基础的底板厚度及底板配筋计算方法和轴心受压基础相同。不同点在于进行内力计算时，偏心受压基础的地基净反力应取计算截面地基净反力 $p_{j1}$ 与基底最大净反力 $p_{jmax}$ 的平均值。

（3）基础底板厚度

为了防止因剪力作用而使基础底板发生剪切强度破坏，基础底板应有足够的厚度，基础底板厚度的确定方法可采用以下两种方法计算。

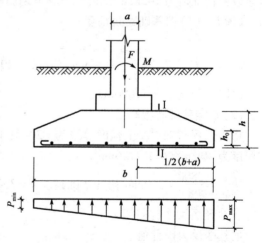

图 8-25　偏心荷载作用下条形基础

①根据经验一般取基础底板厚度 $h \geq \dfrac{b}{8}$（$b$ 为基础宽度），然后进行抗剪验算，即：

$$V \leq 0.7\beta_{hs} f_t l h_0 \tag{8-35}$$

②根据式(8-35)算出的最大剪力按受剪承载力条件，求得条形基础的截面有效高度 $h_0$，即：

$$h_0 \geqslant \frac{V}{0.7\beta_{hp}f_t l} \qquad (8\text{-}36)$$

基础底板厚度：

当设垫层时 $\qquad h = h_0 + 40 + \dfrac{\phi}{2}$

当无垫层时 $\qquad h = h_0 + 70 + \dfrac{\phi}{2}$

式中：$l$——条形基础沿基础长边方向长度,通常取 1m；

$f_t$——混凝土轴心抗拉强度设计值,N/mm²；

$\beta_{hs}$——受剪承载力截面高度影响系数,$\beta_{hs} = \left(\dfrac{800}{h_0}\right)^{\frac{1}{4}}$,当 $h_0$ 小于 800mm 时,取

800mm,当 $h_0$ 大于 2000mm 时,取 2000mm；

$\phi$——受力钢筋直径,mm。

基础底板厚度的最后取值,应以 50mm 为模数确定。

（4）基础底板配筋

基础底板受力钢筋按式（8-37）计算：

$$A_s = \frac{M}{0.9f_y h_0} \qquad (8\text{-}37)$$

式中：$A_s$——条形基础每延米长基础底板受力钢筋截面面积,mm²/m；

$f_y$——钢筋抗拉强度设计值,N/mm²。

**【例题 8-6】** 已知某教学楼外墙厚为 370mm,传至基础顶面的竖向荷载的标准组合值 $F_k$ 为 300kN/m,基本组合值 $F = 350$kN/m,室内外高差为 0.90m,基础埋深为 1.3m,修正后的地基承载力特征值为 142kPa,试设计该墙下钢筋混凝土条形基础。

**【解】** （1）求基础底面宽度

$$b \geqslant \frac{F_k}{f_a - \gamma \bar{d}} = \frac{300}{142 - 20 \times \left(1.3 + \dfrac{0.9}{2}\right)} = 2.8\text{m}$$

故取基础宽度 $b = 2800$mm。

（2）确定基础底板厚度

初步选择基础混凝土强度等级为 C20,其下采用 C10 素混凝土垫层 100mm 厚,钢筋保护层厚度为 40mm,$f_t = 1.1$N/mm²。

按 $\dfrac{b}{8} = \dfrac{2800}{8} = 350$mm 初选基础高度 $h = 350$mm,根据墙下钢筋混凝土基础构造要求,初步确定基础剖面尺寸（图 8-26）。

地基净反力设计值

$$p_j = \frac{F}{b} = \frac{350}{2.8} = 125\text{kPa}$$

I-I 截面的剪力设计值

$$V_I = \frac{1}{2}p_j(b - a) = \frac{1}{2} \times 125 \times (2.8 - 0.37 - 0.06) = 148.1\text{kN/m}$$

基础有效高度

$$h_0 \geqslant \frac{V_1}{0.7\beta_{hs}f_t l} = \frac{148.1 \times 10^3}{0.7 \times 1 \times 1.1 \times 10^3 \times 1000} = 192.3\text{mm}$$

实际基础有效高度 $h_0 = h - a_s = 350 - 50 = 300\text{mm} > 192.5\text{mm}$，满足要求。

（3）底板配筋计算

Ⅰ－Ⅰ截面处弯矩

$$M_I = \frac{1}{8}p_j(b-a)^2 = \frac{1}{8} \times 125 \times (2.8 - 0.37)^2 = 92.3\text{kN} \cdot \text{m}$$

计算每米长度条形基础底板受力钢筋面积，选用 HPB300 级钢筋，$f_y = 270\text{N/mm}^2$，则沿基础宽度方向受力钢筋的面积为：

$$A_{sI} = \frac{M_I}{0.9f_y h_0} = \frac{92.3 \times 10^6}{0.9 \times 300 \times 270} = 1266\text{mm}^2$$

实际选用 $\phi 14@120$（实配 $A_s = 1283\text{mm}^2 > 1266\text{mm}^2$），分布钢筋选用 $\phi 8@250$，基础配筋如图 8-26 所示。

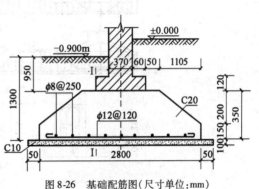

图 8-26 基础配筋图（尺寸单位：mm）

# 第七节 梁板式基础简介

## 一 柱下钢筋混凝土条形基础简介

### （一）基础类型及使用范围

柱下钢筋混凝土条形基础是指单向（一般沿纵向）或双向（十字交叉基础）布置的钢筋混凝土条状基础。

当地基软弱而荷载又较大，如果采用柱下独立基础，底面积必然很大以至相距接近，甚至互相连接，这时可将同一排的柱下基础连通做成钢筋混凝土条形基础。柱下条形基础可增强房屋的纵向基础刚度，如图 8-27a）所示。

如果上部荷载较大、土质较弱，采用条形基础不能满足地基承载力要求；或需要增强基础的整体刚度、减少不均匀沉降，可在柱下纵横两方向设置钢筋混凝土条形基础，形成如图 8-27b）所示的十字交叉基础。

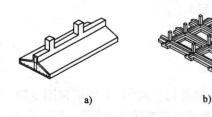

a）　　　　　　　b）

图 8-27 柱下钢筋混凝土条形基础
a）单向条形基础；b）十字交叉基础

### （二）构造要求

（1）柱下钢筋混凝土条形基础由肋梁及横向伸出的翼板组成，断面呈倒 T 形，如图 8-28a）～图 8-28d）所示。柱下条形基础肋梁的高度 $h$ 宜为柱距的 $1/8 \sim 1/4$，翼板厚度不应小于

200mm。当翼板厚度大于250mm时,宜采用变厚度翼板,其坡度宜不大于1:3;当柱荷载较大时可在柱位处加腋。

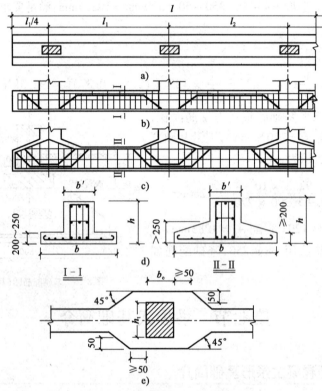

图8-28　柱下条形基础构造(尺寸单位:mm)
a)平面图;b)、c)纵剖面图;d)横剖面图;e)基础梁与现浇柱交接处平面尺寸

（2）柱下条形基础的端部宜向外伸出,其伸出长度宜为第一跨跨距的0.25倍。

（3）现浇柱与条形基础梁的交接处,其平面尺寸不应小于图8-28e)的规定。

（4）条形基础梁顶部和底部的纵向受力钢筋除满足计算要求外,顶部钢筋按计算配筋并且全部贯通,底部通长钢筋不应少于底部受力钢筋截面总面积1/3。

（5）柱下条形基础的混凝土强度等级不应低于C20。

**（三）设计要点**

《建筑地基基础设计规范》(GB 50007—2011)规定,若地基比较均匀,上部结构刚度较好,荷载分布较均匀,且条形基础梁的高度大于1/6柱距时,地基反力可按直线分布,条形基础梁的内力可按连续梁计算,即采用倒梁法计算基础梁的内力;如不满足以上条件,宜按弹性地基梁方法求算内力。本节仅简单介绍利用倒梁法进行柱下条形基础的设计思路。

1.基础底面尺寸的确定

柱下条形基础可看作狭长的矩形基础进行计算,其长度 $l$ 根据构造要求确定,同时应尽可能使荷载合力的作用点与基础形心重合,宽度 $b$ 根据承载力要求确定。

如图8-29所示,作用在基础上的荷载向基础梁中心点简化,由柱、墙体、基础及上覆土传来的总竖向力合力为 $\sum F_k + G_k$，总弯矩为 $\sum M_k$，则有：

$$b \geqslant \frac{\sum F_k + G_k}{(f_a - \gamma_G \overline{d})l} \qquad (8-38)$$

考虑荷载偏心作用，再将基础宽度 $b$ 增加 10%~40%，考虑柱横向传来的弯矩 $\sum M'_k$ 影响，近似按双向偏压公式计算基底压力，并进行如下验算：

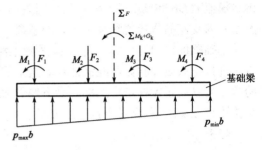

图 8-29　基底反力按照直线分布计算

$$p_k = \frac{\sum F_k + G_k}{bl} \leqslant f_a$$

$$p_{kmax \atop kmin} = \frac{\sum F_k + G_k}{bl} \pm \frac{\sum M_k}{W} \begin{array}{l} \leqslant 1.2 f_a \\ \geqslant 0 \end{array} \qquad (8-39)$$

式中：$p_{kmax \atop kmin}$——分别为相应于荷载效应标准组合时基础梁边缘的最大和最小基底压力，kPa；

$\quad\sum M_k$——相应于荷载效应标准组合时各荷载对基础梁中点的力矩代数和，kN·m；

$\quad\sum F_k$——相应于荷载效应标准组合时各柱传来的竖向荷载值总和，kN；

$\quad G_k$——基础及上覆土重量，kN；

$\quad b、l$——分别为基础底面宽度和基础梁的长度，m；

$\quad W$——分别为基础截面的抵抗矩，$m^3$。

**2. 基底翼板的计算**

基底翼板可简化为倒置的悬臂板，按悬臂结构计算内力及配筋。首先计算出作用在基底翼板上相应于荷载效应基本组合时，由柱、墙体传来的荷载引起的地基净反力（不包括基础化自重及上覆土重量），地基净反力沿基础纵向呈均匀变化；然后，沿基础纵向地基净反力取每柱距内的最大值 $p_j$ 计算最大剪力和弯矩（图 8-30），最后按照抗剪和抗弯计算翼板的高度及翼板的配筋。具体计算方法与墙下条形基础相同。

**3. 基础梁的计算**

进行基础梁计算时，首先计算出作用在基础梁上的相应于荷载效应基本组合时由柱传来的荷载引起的地基净反力（不包括基础自重及上覆土重量以及梁上墙体重量），然后以柱作为基础梁的不动铰支座（图 8-31），利用力矩分配法计算在地基净反力作用下倒置的普通连续梁的内力。但按此法求得的梁支座反力，往往与柱传来的轴力不相等。此时可将不平衡力折算为均布荷载布置在支座两侧各三分之一跨度内，再按连续梁计算内力，与原算得内力叠加，经调整后不平衡力将明显减少，一般调整 1~2 次即可。

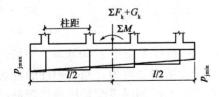

图 8-30　基础翼板上的地基净反力计算

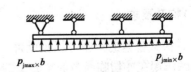

图 8-31　倒置连续梁计算简图

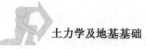 

由于倒梁法是近似计算方法,在设计时应结合工程实践做必要的修正。《建筑地基基础设计规范》(GB 50007—2011)规定,当条形基础梁的内力计算按连续梁计算时,边跨跨中弯矩及第一内支座的弯矩值宜乘以 1.2 的系数。

基础梁的内力算出后,可按照《混凝土结构设计规范》(GB 50001—2010)有关梁的计算方法进行正截面和斜截面配筋计算。这里需要注意,梁内支座纵向受力钢筋布置在支座下部,跨中受力纵筋布置在跨中上部。梁下部受力钢筋的搭接位置宜在跨中,梁上部受力纵筋的搭接位置宜在支座,且满足搭接长度要求。

4.十字交叉基础的计算

对于十字交叉基础,交点上的柱荷载可按交叉梁的刚度或变形协调的要求进行分配,内力的计算方法同单向柱下条形基础。

##  筏形基础

### (一)筏形基础的类型和特点

当上部荷载大、地基特别软弱或有地下室时可采用整体现浇的钢筋混凝土筏形基础。在地基反力作用下,筏形基础相当于一倒置的钢筋混凝土楼盖。筏形基础能承受很大的荷载,整体刚度大,能较好地适应上部结构荷载的变化、调整地基的不均匀沉降,因此在多层和高层建筑中应用广泛。

筏形基础按构造不同分为平板式和梁板式两类;平板式是柱子直接支承在钢筋混凝土底板上,形成倒置的无梁楼盖,适用于柱荷载不大、柱距较小且等间距的情况。梁板式筏形基础一般用于柱荷载很大且不均匀,柱距又较大的情况。梁板式筏形基础按梁板的位置不同又可分为上梁式和下梁式,其中下梁式底板表面平整,可作建筑物底层地面,梁板式基础板的厚度比平板式小得多,但刚度较大,故能承受更大的弯矩,如图 8-32 所示。

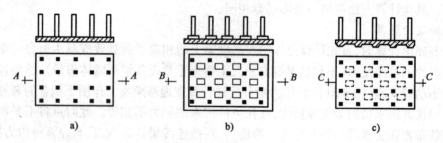

图 8-32 筏形基础
a)平板式;b)上翻梁式;c)下翻梁式

### (二)构造要求

(1)平板式筏基的板厚可根据受冲切承载力计算确定,板厚不应小于 500mm。冲切计算时,应考虑作用在冲切临界截面重心上的不平衡弯矩所产生的附加剪力。当个别柱的冲切力较大而不能满足板的冲切承载力要求时,可将该柱下的筏板局部加厚或配置抗冲切钢筋。对 12 层以上建筑的梁板式筏基其底板厚度与最大双向板格的短边净跨之比不应小于 1/14,且板厚不应小于400mm。

（2）筏形基础的混凝土强度等级不应低于C30。对于地下水位以下地下室筏形基础，必须考虑混凝土的抗渗等级，并进行抗裂验算。

（3）筏形基础的钢筋间距不应小于150mm，宜为200～300mm，受力钢筋直径不宜小于12mm。采用双向钢筋网片配置在板的顶面和底面。平板式的筏板，当筏板的厚度大于2000mm时，宜在板厚中间部位设置直径不小于12mm、间距不大于300mm的双向钢筋网。

（4）梁板式筏基的肋梁宽度不宜过大，在满足设计剪力$V$不大于$0.25\beta_c f_c bh_0$的条件下，当梁宽小于柱宽时，可将肋梁在柱边加腋以满足构造要求。墙、柱的纵向钢筋要贯通基础梁而插入筏板中，并且应从梁上皮起满足锚固长度的要求。

（5）梁板式筏基的梁高取值应包括底板厚度在内，梁高不宜小于平均柱距的1/6。应综合考虑荷载大小、柱距、地质条件等因素，经计算满足承载力的要求。

（6）当满足地基承载力时，筏形基础的周边不宜向外有较大的伸挑长度。当需要外挑时，有肋梁的筏基宜将梁一同挑出。周边有墙体的筏基，筏板可不外伸。

（7）地下室底层柱剪力墙与梁板式筏基的基础梁连接的构造。

①柱、墙的边缘至基础梁边缘的距离不应小于50mm，如图8-33所示。

②当交叉基础梁的宽度小于柱截面的边长时，交叉基础梁连接处应设置八字角，柱角与八字角之间的净距不宜小于50mm，如图8-33a）所示。

③单向基础梁与柱的连接，可按如图8-33b）、c）所示采用。

④基础梁与剪力墙的连接，可按如图8-33d）所示采用。

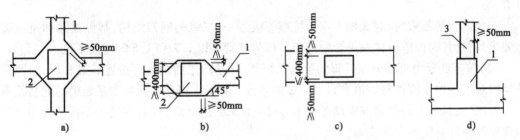

图8-33　地下室底层柱或剪力墙与基础梁连接的构造要求
1-基础梁；2-柱；3-墙

（8）高层建筑筏形基础与裙房基础之间的构造。

①当高层建筑与相连的裙房之间设置沉降缝时，高层建筑的基础埋深应大于裙房基础的埋深至少2m，当不满足要求时必须采取有效措施，沉降缝地面以下处应用粗砂填实，如图8-34所示。

②当高层建筑与相连的裙房之间不设置沉降缝时，宜在裙房一侧设置后浇带，后浇带的位置宜设在与高层建筑相邻裙房距主楼边柱的第一跨内。后浇带混凝土宜根据实测沉降值并计算后期沉降差能满足设计要求后方可进行浇筑。

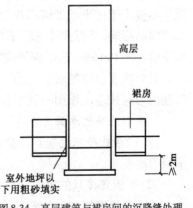

图8-34　高层建筑与裙房间的沉降缝处理

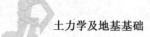

③当高层建筑与相连的裙房之间不允许设置沉降缝和后浇带时,应进行地基变形验算,验算时需考虑地基与结构变形的相互影响并采取相应的有效措施。

(9)筏形基础地下室施工完毕后应及时进行基坑回填工作。回填基坑时,应先清除基坑中的杂物并在相对的两侧或四周同时回填并分层夯实。

### (三)筏形基础的设计

#### 1.筏形基础的平面尺寸

筏形基础的平面尺寸应根据地基土的承载力、上部结构的布置及荷载分布等因素确定。对单幢建筑物在地基土比较均匀的条件下,基底平面形心宜与结构竖向永久荷载重心重合。当不能重合时,在荷载效应准永久组合下,偏心距 $e$ 宜符合式(8-40)要求:

$$e \leqslant 0.1W/A \tag{8-40}$$

式中:$W$——与偏心距方向一致的基础底面边缘抵抗矩,$m^3$;

$A$——基础底面积,$m^2$。

#### 2.筏形基础内力及配筋计算

(1)当地基土比较均匀、上部结构刚度较好、梁板式筏基梁的高跨比或平板式筏基板的厚跨比不小于1/6,且相邻柱荷载及柱间距的变化不超过20%时,筏形基础可仅考虑局部弯曲作用。筏形基础的内力可按基底反力直线分布进行计算,计算时基底反力应扣除底板自重及其上填土的自重。当不满足上述要求时,筏基内力应按弹性地基梁板方法进行分析计算。

有抗震设防要求时,对无地下室且抗震等级为一、二级的框架结构,基础梁除满足抗震构造要求外,计算时尚应将柱根组合的弯矩设计值分别乘以1.7和1.5的增大系数。

(2)按基底反力直线分布计算的梁板式筏基,其基础梁的内力可按连续梁分析,边跨跨中弯矩以及第一内支座的弯矩值宜乘以1.2的系数。梁板式筏基的底板和基础梁的配筋除满足计算要求外,纵横方向的底部钢筋尚应有1/2~1/3贯通全跨,且其配筋率不应小于0.15%,顶部钢筋按计算配筋全部连通。

(3)按基底反力直线分布计算的平板式筏基,可按柱下板带和跨中板带分别进行内力分析。柱下板带中,柱宽及其两侧各0.5倍板厚且不大于1/4板跨的有效宽度范围内,其钢筋配置量不应小于柱下板带钢筋数量的一半,且应能承受部分不平衡弯矩的作用。同样,考虑到整体弯曲的影响,平板式筏基柱下板带和跨中板带的底部钢筋应有1/2~1/3贯通全跨,且配筋率不应小于0.15%;顶部钢筋应按计算配筋全部连通。

对有抗震设防要求的无地下室或单层地下室平板式筏基,计算柱下板带截面受弯承载力时柱内力应按地震作用不利组合计算。

#### 3.筏形基础的承载力计算

(1)梁板式筏基底板除计算正截面受弯承载力外,其厚度尚应满足受冲切承载力、受剪切承载力的要求。

(2)平板式筏基的板厚应满足受冲切承载力的要求,计算时应考虑作用在冲切临界面重心上的不平衡弯矩产生的附加剪力。

（3）平板式筏板除满足受冲切承载力外,尚应验算距柱边缘 $h_0$ 处筏板的受剪承载力,当筏板变厚度时,尚应验算变厚度处筏板的受剪承载力。

（4）梁板式筏基的基础梁除满足正截面受弯及斜截面受剪承载力外,尚应按现行《混凝土结构设计规范》（GB 50010—2010）有关规定验算底层柱下基础梁顶面的局部受压承载力。

### 三 箱形基础

#### （一）箱形基础的特点

箱形基础是由钢筋混凝土片底板、顶板和若干钢筋混凝土纵横墙构成的箱形基础,如图 8-35 所示。这种基础整体抗弯刚度相当大,基础的空心部分可做地下室,而且由于埋深较大和基础空腹,可卸除基底处原有的地基自重应力,因而大大减少了基础底面的附加压力,所以箱形基础又称为补偿基础,在高层建筑及重要的构筑物中常被采用。

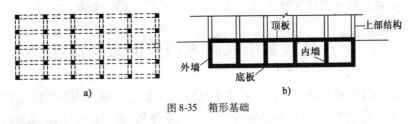

a)                    b)

图 8-35　箱形基础

#### （二）箱形基础构造要求及设计

（1）箱形基础的混凝土强度等级不低于 C25。箱形基础的平面尺寸应根据地基土承载力和上部结构布置以及荷载大小等因素确定。在地基土比较均匀的条件下,箱形基础的基础平面形心宜与上部结构竖向永久荷载重心重合;当不能重合时,偏心距 $e$ 宜符合式（8-40）的要求。

（2）箱形基础的外墙宜沿建筑物周边布置,内墙沿上部结构的柱网或剪力墙位置纵横均匀布置,墙体水平截面总面积不宜小于箱形基础外墙外包尺寸的水平投影面积的 1/10。对基础平面长宽比大于 4 的箱形基础,其纵墙水平截面面积不应小于箱基外墙外包尺寸水平投影面积的 1/18。

（3）箱形基础的高度应满足结构的承载力和刚度要求,并根据建筑使用要求确定。一般不宜小于箱基长度的 1/20,且不宜小于 3m,此处箱基长度不计墙外悬挑板部分。

（4）箱形基础的顶板、底板及墙体的厚度,应根据受力情况、整体刚度和防水要求确定。无人防设计要求的箱基,基础底板不应小于 300mm,外墙厚度不应小于 250mm,内墙的厚度不应小于 200mm,顶板厚度不应小于 200mm,可用合理的简化方法计算箱形基础的承载力。

（5）与高层主楼相连的裙房基础若采用外挑箱基墙或外挑基础梁的方法,则外挑部分的基底应采取有效措施,使其具有适应差异沉降变形的能力。

（6）墙体的门洞宜设在柱间居中部位,洞口上下过梁应进行承载力计算。

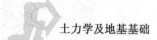
土力学及地基基础

（7）当地基压缩层深度范围内的土层在竖向和水平方向都比较均匀,且上部结构为平立面布置较规则的框架、剪力墙、框架－剪力墙结构时,箱形基础的顶、底板可仅考虑局部弯曲计算。计算时底板反力应扣除板的自重及其上面层和填土的自重,顶板荷载按实际考虑。整体弯曲的影响可在构造上加以考虑。箱形基础的顶板和底板钢筋配置除符合计算要求上,纵横方向支座钢筋尚应有1/4的钢筋连通,且底板的上下连通钢筋的配筋率分别不小于0.15%,跨中钢筋按实际需要的配筋全部连通。钢筋接头宜采用机械连接;采用搭接接头时,搭接长度应按受拉钢筋考虑。

（8）箱形基础的顶板、底板及墙体均应采用双层双向配筋。墙体的竖向和水平钢筋直径均不应小于10mm,间距均不应大于200mm。除上部为剪力墙外,内、外墙的墙顶处宜配置两根直径不小于20mm的通长构造钢筋。

（9）上部结构底层柱纵向钢筋伸入箱形基础墙体的长度。

①柱下三面或四面有箱形基础墙的内柱,除柱四角纵向钢筋直通到基底外,其余钢筋可伸入顶板底面以下40倍纵向钢筋直径处。

②外柱、与剪力墙相连的柱及其他内柱的纵向钢筋应直通到基底。

# 第八节　减少基础不均匀沉降的措施

由于土的压缩性,建筑物总会产生一定的沉降或不均匀沉降。均匀的沉降对建筑物影响较小;而过大的不均匀沉降,不但会影响建筑物的正常使用,甚至造成上部结构的开裂、破坏。因此,在设计及施工中应采取有效措施,减少建筑物的不均匀沉降。

 建筑措施

1.建筑物的体型力求简单

建筑物的体型是指其平面形状和立面高差。由于使用功能要求和建筑物风格要求,往往使建筑物体型比较复杂,这样在平面转折较多及立面高差较大处会因基础交叉而产生应力集中,从而引起较大不均匀沉降。因此在满足使用要求的前提下,建筑体型应力求简单。

2.设置沉降缝

在建筑物的平面转折和高差较大部位,设置沉降缝可以减少由于地基不均匀沉降对建筑物造成的危害。沉降缝宜设置的部位:

（1）建筑平面的转折部位。

（2）高度差异或荷载差异较大处。

（3）长高比过大的砌体承重结构或钢筋混凝土框架结构的适当部位。

（4）地基土的压缩性有显著差异处。

（5）建筑结构或基础类型不同处。

（6）分期建造房屋的交界处。

沉降缝应从基础至屋面将房屋垂直断开,并留有足够的宽度(表8-14),以防沉降缝两侧内倾而相互碰撞挤压损坏。沉降缝内一般不能填塞材料,构造做法通常有悬挑式、跨越式、平

186

行式三种形式,如图8-36所示。

**房屋沉降缝的宽度**　　　　表8-14

| 房屋层数 | 沉降缝宽度(mm) | 房屋层数 | 沉降缝宽度(mm) | 房屋层数 | 沉降缝宽度(mm) |
|---|---|---|---|---|---|
| 二~三 | 50~80 | 四~五 | 80~120 | 五层以上 | 不小于120 |

注:当沉降缝两侧单元层数不同时,缝宽按高层者取用。

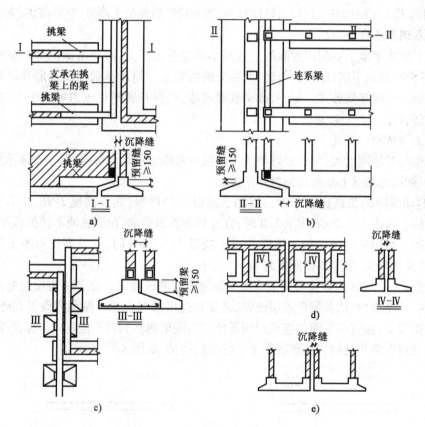

图8-36　基础沉降缝做法(尺寸单位:mm)

a)、b)悬挑式;c)跨越式;d)、e)平行式

**3.相邻建筑物基础间保持一定的净距**

相邻建筑物距离过近,因地基附加应力扩散的影响而引起相邻建筑物产生附加沉降。所以相邻建筑物基础之间必须保持一定的净距,这个距离应根据"影响建筑物"的荷载大小、受荷面积和"被影响建筑物"的刚度以及地基的压缩性等条件而定,详见表3-8。一般情况下,高、重房屋会对相邻低、轻房屋产生影响。

**4.控制建筑物标高**

(1)室内地坪和地下设施的高程,应根据预估沉降量适当提高。建筑物各部分(或设备之间)有联系时,可将沉降较大者高程提高。

(2)建筑物与设备之间,应留有足够的净空。当建筑物有管道穿过时,应预留足够尺寸的孔洞,并采用柔性的管道接头。

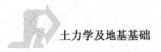 

## 二 结构措施

**1. 减轻建筑物的结构自重**

在建筑物的基底压力中建筑物的结构自重所占比例很大,工业建筑为 40% ~ 50%,民用建筑为 60% ~ 75%,因此,减轻结构自重可有效地减轻基底压力,从而减小基础的沉降。具体措施可采用轻型结构,如预应力混凝土结构、轻钢结构以及各种轻型空间结构,用架空地板代替室内厚填土;对砖石承重结构可采用轻质墙体材料,如采用轻质混凝土墙板、空心砌块、空心砖等。

**2. 减小或调整基底附加压力**

设置地下室或半地下室利用挖除的土重减小基底附加压力,减小基础沉降。在建筑物的重、高部位可设局部地下室,以减少与轻、低部分的沉降差。箱形基础以及筏形基础是很好的减小基底附加压力的基础形式。另外,改变基底尺寸,调整基底附加压力可减小不均匀沉降,尽量做到经济合理。

**3. 增强上部结构的刚度**

上部结构的整体刚度大,可以较好地改善和抵抗基础的不均匀沉降;对于砌体承重结构房屋,宜采用下列措施增强上部结构的整体刚度:

(1)控制建筑物的长高比。对于三层和三层以上的房屋,其长高比 $L/H_f$ 宜小于或等于 2.5;当房屋的长高比为 $2.5 < L/H_f \leqslant 3.0$ 时,宜合理布置纵横墙,做到纵墙不转折或少转折,并控制横墙间距。当房屋的预估最大沉降量小于或等于 120mm 时,其长高比可不受限制。总之,建筑物长高比越大,房屋整体刚度越差。

(2)设置圈梁。墙体内宜设置钢筋混凝土圈梁或钢筋砖圈梁。在多层房屋的基础和顶层处宜各设置一道圈梁,其他各层可隔层设置,必要时也可层层设置。圈梁应设置在外墙、内纵墙和主要内横墙上,并宜在平面内连成封闭系统。当圈梁遇到洞口不能在同一标高连通时,宜增设加强圈梁或在墙角处增设钢筋混凝土小柱予以连接,如图 8-37 所示。

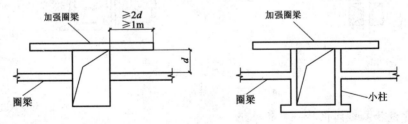

图 8-37　圈梁搭接

钢筋混凝土圈梁的宽度宜与墙厚相同,当墙厚 $h \geqslant 240mm$ 时,其宽度不宜小于 $2h/3$。圈梁高度不宜小于 120mm。纵向钢筋不应少于 $4\phi10$,箍筋间距不应于 300mm,圈梁兼作过梁时,过梁部分的钢筋应按计算用量另行增设配置。

(3)在墙体转角及适当部位,设置现浇钢筋混凝土构造柱,并用钢筋与墙体拉结,可有效增强房屋的整体刚度和抗震能力。

**4. 加强基础刚度**

基础刚度大,能较好地调整地基不均匀沉降。对于建筑物体型复杂、荷载差异较大的框架结构,在工程实际中,较多地采用加肋条基、桩基和厚度较大的筏基等,以达到减少不均匀沉降的目的。

### 三 施工措施

（1）合理安排施工顺序：当建筑物各部分存在荷载重差异时，可以合理地安排施工顺序，也能减少或调整一部分沉降差，即先施工重、高部分，后建轻、低部分；先施工主体建筑，后施工附属建筑。

（2）在基坑开挖时，尽量减少对基底原状土的扰动，可暂不挖到基底标高，一般在坑底保留 200～300mm 厚的土层，待垫层施工时再挖除。如发现基底土已被扰动，可将已扰动的土挖去，再用砂、碎石回填夯实至基底标高。

**小 知 识**

你知道基础施工会对相邻建筑物有什么影响吗？

在城市建设或改扩建工程中，距邻近原有建筑物距离过近，会给基础施工带来很大难度，同时，在基础施工时对相邻建筑物也带来一定的影响。如基坑开挖对地面建筑物的影响；降低地下水位引起沉降或相邻建筑物下失水后土层塌陷；施工中的振动引起附近地面及建筑物下沉或墙体开裂；打桩引起附近地面上抬或侧移；灌浆引起地面隆起等。

施工振动引起的地面沉降：施工中的振动源主要是打桩、强夯、爆破及某些大型机械的运行等。在地基土受振动时，会产生一定数值的体积缩小，体积缩小所产生的竖向变形是不可恢复的永久变形，缩小值与土的种类有关。砂、砾石等无黏性土比黏性土容易被振密；而对于黏性土，振动的影响很小。对于地下水位以上的稍潮湿的砂土，由于存在"假黏聚力"，振动不易引起土的变形；但对于砂及地下水位以下的砂土，振动会使其密实而产生较大的变形和沉降；对于地下水位以下较松的细粉砂土与粉土，还可能因振动而发生液化，出现喷水冒砂现象，造成地表下沉，引起建筑物沉降或倾斜。

工程中打桩引起的地面位移：在松砂中沉桩会引起地面下沉，但在其他土层（软弱土、黏性土等）中，沉桩则会使地基向上隆起和侧移，其地面隆起或侧移的总体积等于或稍小于桩身入土部分的体积。桩距很密的预制桩沉桩时，可能引起附近建筑物上抬或水平变位。打桩引起的侧向位移，会使一些横向变形能力较差的建筑物遭到破坏。因此，在打桩前应根据地质资料分析，制订合理的施工方案和施工步骤，以减少打桩所引起的位移对邻近建筑物的危害。

◀ **本 章 小 结** ▶

**1.常见的浅基础类型**

（1）无筋扩展基础是指由砖、三合土、灰土、毛石、混凝土或毛石混凝土等材料组成的墙下

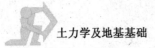 

条形基础或柱下独立基础,这类抗压强度较高,而抗拉(因弯曲而产生的拉应力)、抗剪能力较差,主要应控制台阶高宽比。

(2)扩展基础是指由钢筋混凝土建造的柱下钢筋混凝土独立基础和墙下钢筋混凝土条形基础。它的抗拉、抗压和抗弯性能都很好,所以应用较为广泛。

2.浅基础设计要点

(1)根据天然地基的浅基础设计步骤选择基础类型、综合考虑建筑场地的土质及其他因素确定基础埋深,确定地基持力层的下卧层的承载力,然后按持力层承载力特征值计算基础底面积。

轴心受压基础

$$A \geqslant \frac{F_k}{f_a - \gamma_G d}$$

偏心受压基础

$$A = (1.1 \sim 1.4) \frac{F_k}{f_a - \gamma_G d}$$

然后验算地基承载力。

(2)基础高度及基础底板配筋计算与基础的类型有关。

①无筋扩展基础设计时除满足构造要求外,其基础的台阶宽高比应不大于允许的宽高比值。

②柱下钢筋混凝土独立基础由抗冲切强度来确定基础高度,通过在底板配置一定数量的钢筋(双向为受力筋)保证其不发生受弯破坏。

③墙下钢筋混凝土条形基础通过抗剪验算来保证基础高度满足要求,并在底板配置一定数量的钢筋(短向为受力筋,长向为分布筋)保证其不发生受弯破坏。

④柱下条形基础通过抗剪验算来保证翼板厚度满足要求,并进行正截面和斜截面验算保证基础梁不发生受弯和受剪破坏。

⑤筏形基础梁板式筏基底板除计算正截面受弯承载力外,其厚度尚应满足受冲切承载力、受剪切承载力的要求;平板式筏板除满足受冲切承载力外,尚应验算距柱边缘 $h_0$ 处筏板的受剪承载力,当筏板变厚度时,尚应验算变厚度处筏板的受剪承载力。梁板式筏基的基础梁除满足正截面受弯及斜截面受剪承载力外,尚应按现行《混凝土结构设计规范》(GB 50010—2010)有关规定验算底层柱下基础梁顶面的局部受压承载力。

## 思 考 题

1.地基基础设计有哪些要求和基本规定?

2.天然地基上浅基础有哪些类型?

3.什么是基础埋置深度?确定基础埋深时应考虑哪些因素?

4.当基础埋深较浅而基础和底面积很大时,宜采用何种基础?

5.当有软弱下卧层时,如何确定基础底面积?

6.减少地基不均匀沉降的措施有哪些?

**8-1** 如表 8-15 所列四种类型建筑物的有关条件,试判断是否进行地基变形验算。

习题 1 建筑物有关条件                     表 8-15

| 建 筑 物 | 1 | 2 | 3 | 4 |
|---|---|---|---|---|
| | 28 层高层建筑 | 5 层框架结构 | 单层排架一般厂房 | 大型炼油厂 |
| 地基承载力特征值(kPa) | 250 | 100 | 150 | 100 |
| 土层坡度 | | 5% | 15% | |
| 跨度 | | | 21 | |
| 吊车 | | | 15t | |

**8-2** 在各种条件下,建筑物上部结构传到基础顶面的压力及土和基础自重压力见表 8-16,荷载效应取恒荷载控制为主,基础埋深为 2m,基础底面以上土的平均重度为 15kN/m³,试问:

(1)确定基础底面尺寸时基础底面的压力值。

(2)计算地基变形时所需基础底面的附加压力值。

(3)计算基础结构内力时,基础底面压力值。

荷载传至基础底面的平均压力(kPa)                表 8-16

| 承载力极限状态 | 正常使用极限状态 | | 土和基础自重 |
|---|---|---|---|
| 基本组合 | 标准组合 | 准永久值组合 | |
| $1.35 \times 150 = 202.5$ | 150 | 135 | 50 |

**8-3** 某六层建筑物柱截面尺寸为 400mm×400mm,已知上部结构传至柱顶的荷载效应标准组合值为 $F_k = 640$kN,$M_k = 80$kN·m,基础埋深 $d = 1.2$m,持力层为粉质黏土,重度 $\gamma = 18$kN/m³,孔隙比 $e = 0.85$,承载力特征值 $f_{ak} = 160$kPa,试确定基础底面尺寸(本题取基础扩大面积 10%,长短边之比为 1.5:1)。

**8-4** 已知某五层砖混结构宿舍楼的 + 外墙厚 370mm,上部结构传至基础顶面的竖向荷载标准组合值为 178kN/m,基础埋深为 1.8m,室内外高差为 0.3m,已知土层分布为:第一层,杂填土,厚 0.4m,$\gamma = 16.8$kN/m³;第二层土,粉质黏土,厚 3.4m,$\gamma = 19.1$kN/m³,修正后承载力特征值 $f_a = 129$kPa;第三层,淤泥质粉质黏土,厚 1.7m,$\gamma = 17.6$kN/m³;第四层土,淤泥,厚 2.1m,$\gamma = 16.6$kN/m³,经深度修正后的承载力特征值 $f_{az} = 50$kPa;地下水位位于地面下 1.3m 处,试确定基础底面尺寸。

**8-5** 已知条件同题 8-3,试用无筋扩展基础设计该墙下条形基础,并绘制基础剖面图形(提示:注意存在地下水,且地下水位位于基础范围内)。

**8-6** 某住宅楼砖墙承重,底层墙厚 240mm,相应与荷载效应基本组合时作用在基础顶面

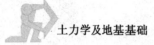

上的荷载为 235kN/m，基础埋深 1.0m，基础材料 C20 混凝土，$f_t = 1.1\text{N/mm}^2$，HPB300 钢筋，$f_y = 270\text{N/mm}^2$，试设计该墙下钢筋混凝土条形基础。

8-7 已知某厂房墙厚 240mm，墙下采用钢筋混凝土条形基础，相应与荷载效应基本组合时作用在基础顶面上的竖向荷载为 265kN/m，弯矩为 10.6kN·m，基础底面宽度为 2m，基础埋深 1.5m，试设计该基础。

8-8 某柱下锥形基础柱子截面为尺寸为 450mm × 450mm，基础底面尺寸为 2500mm × 3500mm，基础高度为 500mm，上部结构传到基础顶面的相应与荷载效应基本组合的竖向荷载值为 $F = 775\text{kN}$，$M = 135\text{kN·m}$，基础采用混凝土强度等级为 C20（$f_t = 1.1\text{N/mm}^2$），HPB300 钢筋（$f_y = 270\text{N/mm}^2$），基础埋深为 1.5m，试设计柱下钢筋混凝土独立基础。

# 第九章
## 桩 基 础

【内容提要】

本章主要讲解桩基础的概念、特点、分型及适用范围;桩基础的构造与规定;桩基础的设计。

通过本章的学习,学生应了解桩基础的概念、特点、分型及适用范围,掌握建筑桩基础设计方法和要点。根据建筑场地的岩土工程勘察报告、上部结构类型、环境约束和施工设备条件,科学、合理地选择建筑桩基础的类型和施工工艺。能够根据实际建设工程项目校核和评价建筑桩基础的安全性、经济性和可行性。

## 第一节 概　　述

桩基础是一种古老的基础形式,我国的一些古建筑中就多有应用(南京的石头城、北京的御河桥、上海的龙华塔等),成功地解决了复杂的地基基础设计与施工问题。当天然地基软弱土层较厚,荷载较大,采用浅基础不能满足承载力、变形及稳定性要求且不宜采用地基处理措施时,常采用桩基础。

桩基础是由基桩和桩顶的承台组成,按桩基础承台的位置不同可分为低承台桩基础和高承台桩基础两种,如图9-1所示。低承台桩基础是指承台埋设于室外设计地坪以下的桩基础,工业与民用建筑中的桩基础常采用低承台桩基础。高承台桩基础是指承台埋设于室外设计地坪以上的桩基础,一般用于江河湖海中的水工建筑或者岸边的港工建筑。

### 一 桩基础的特点

桩基础可以穿过软弱土层、低压缩性土层或地下水将上部结构荷载传至地下较深处的持力层上,以满足承载力和沉降要求。桩基础具有承载力高,沉降速率慢、沉降量较小且均匀等特点,能承受较大的竖向荷载、水平荷载、上拔力以及动力作用。此外,桩基础施工的土石方工程量较小、施工机械化和工厂化程度较高,综合造价较低,因此在各种类型建筑物基础中得到了广泛的应用。

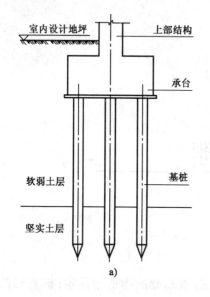
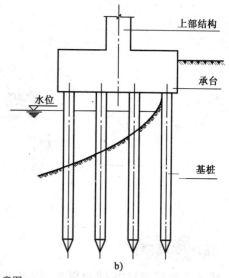

图 9-1　桩基础示意图

根据基础埋深和施工方法不同,建筑物基础分为浅基础和深基础,桩基础是一种深基础。桩基础与浅基础在设计、施工方法方面的主要区别见表 9-1。

桩基础与浅基础的主要区别　　　　　　　　　　　　　表 9-1

| 区别项目 | 基础类型 | 浅　基　础 | 桩　基　础 |
|---|---|---|---|
| 设计方法 | 地基设计 | 地基竖向承载力计算考虑基础底面下持力层、下卧层承载力;按持力层承载力确定基础底面积;地基变形验算考虑基础底面以下压缩层范围内地基土的压缩变形 | 地基竖向承载力计算既考虑桩端土层的支承力,又考虑桩侧土的摩擦阻力,据此确定桩径(边长)、桩长和桩数;地基变形验算考虑桩端底面以下深层地基土体的压缩变形 |
| | 基础设计 | 无筋扩展基础按照构造要求确定材料及其强度等级,按照允许台阶高宽比要求确定台阶尺寸和基础高度;扩展基础按平面形式不同进行截面抗剪、抗冲切承载力验算确定基础高度;按抗弯承载力计算基础底板配筋,根据构造要求确定其材料强度等级、截面尺寸和配筋 | 灌注桩一般按照构造要求对桩身配筋;预制桩按照运输吊装、打桩时吊立产生的弯矩进行抗弯承载力计算,确定桩身材料的强度等级和配筋;按照打桩时产生的拉应力进行抗拉强度和抗裂验算配筋;桩身混凝土按照轴心抗压强度进行承载力验算;承台进行抗剪、抗冲切和抗弯承载力计算,确定承台材料的强度等级、截面尺寸和配筋 |
| 施工方法 | | 先用土方施工机械敞坑开挖基坑(槽),验槽;做垫层;再在坑(槽)内进行灰土或者三合土夯筑、块材砌筑、混凝土或者钢筋混凝土浇筑 | 先用桩机施工机械和施工工艺在岩土中成桩,再在桩顶浇筑钢筋混凝土承台 |

在桩基础的地基承载力计算以及地基变形验算中,不仅要考虑承台底面以下浅层地基土层的工程性质,而且还应该考虑桩侧以及桩端以下深层地基土层的承载力和工程性质。

##  桩基础适用范围

下列情况适宜于桩基础:

（1）建筑场地的浅层土软弱深厚且不均匀，以天然地基上的浅基础或者人工地基不能满足地基设计或者不经济时最适宜采用桩基础。

（2）作用软土地基上的使用荷载不便于控制加荷速度的构筑物时最适宜采用桩基础。

（3）建筑场地的地下水位高，尤其是江河湖海的漫滩或者岸边，施工降水困难，而且不能满足地基强度和变形要求时最适宜采用桩基础。

（4）对沉降有较高要求的建筑或者设备基础适宜采用桩基础。

（5）高层建筑或者高耸构筑物，其受力特点除竖向荷载较大而外，水平荷载对建筑结构的内力和稳定影响很大，可采用桩基础。

（6）地震或者机械振动对建筑结构影响较大的地基适宜采用桩基础。

 ## 桩的分型

为全面认识桩基础，可以按照桩的承载性状、使用功能、桩身材料、施工方法、桩径大小、设置效应对建筑基桩进行分类，以便在桩基础设计与施工中根据不同的条件和要求，选择不同的桩型和成桩工艺。

### （一）按桩的承载性状分类

1. 摩擦型桩

（1）摩擦桩：在承载能力极限状态下，桩顶竖向荷载由桩侧阻力承受，桩端阻力小到可忽略不计。

（2）端承摩擦桩：在承载能力极限状态下，桩顶竖向荷载主要由桩侧阻力承受。

2. 端承型桩

（1）端承桩：在承载能力极限状态下，桩顶竖向荷载由桩端阻力承受，桩侧阻力小到可忽略不计。

（2）摩擦端承桩：在承载能力极限状态下，桩顶竖向荷载主要由桩端阻力承受。

### （二）按桩的使用功能分类

（1）抗压桩：主要承受竖向压力荷载的桩。工程中多为抗压桩，设计中应该进行桩基础的竖向地基承载力计算，必要时尚需要进行桩基础沉降验算、软弱下卧层承载力验算。

（2）抗拔桩：主要承受竖向上拔荷载的桩。设计中应该进行桩基础抗拔承载力计算和桩身强度以及抗裂度验算。

（3）抗水平荷载桩：主要承受水平荷载的桩。设计中应该进行桩基础的水平地基承载力计算和位移验算，桩身的抗剪和抗弯承载力计算以及抗裂度验算。

（4）抗复合荷载桩：承受竖向荷载和水平荷载均较大的桩。设计中要根据荷载组合不同进行抗竖向荷载作用、抗水平荷载作用的计算和验算。

### （三）按桩身材料分类

（1）混凝土桩：可以分为普通混凝土桩和预应力混凝土桩，是工程中应用最多的桩。普

通混凝土桩的特点是抗压、抗弯和抗剪强度均比较高;预应力混凝土桩的特点是可以增强桩身抵抗施工阶段和使用阶段的抗裂性能,同时充分地利用了高强钢筋的强度,节约了钢筋。

(2)钢桩:主要是以钢管、宽翼工字钢、钢轨为材料的桩。钢桩的特点是强度高,施工进度快;但是抗锈蚀性差,成本高。

(3)组合材料桩:是指用两种材料组合的桩,采用钢管中浇灌混凝土,或者下部为混凝土,上部为钢管等组合形式等。

**(四)按桩的施工方法分类**

1.预制桩

在工厂(或者现场)预制成桩以后再运到施工现场,在设计桩位处以沉桩机械沉至地基土中设计深度的施工方法的桩。根据建筑场地的地质情况、桩的类型和施工环境等条件,施工采用锤击沉桩法、振动沉桩法或者静压沉桩法。预制桩的截面为实心方桩或者空心管桩,限于沉桩机械的功率预制桩的截面边长 $b$(或者直径 $d$)为 250 ~ 550mm;桩长 $l$ 一般不小于 3m,限于城市道路运输每段的预制长度不宜超过 12m,限于沉桩机械桩架的高度每段的预制长度不超过 25 ~ 30m;若设计桩长大于每段的预制长度,沉桩施工中采取逐段接桩方法,在前一段桩沉入地基土中后再以硫磺胶泥插筋锚接、钢板角钢焊接或者凸缘螺栓连接。

2.灌注桩

在现场设计桩位处的地基岩土层中以机械或者人工成孔至设计深度,再吊放钢筋骨架、浇捣混凝土的施工方法的桩。灌注桩按照成孔以及排土是否需要泥浆划分为干作业成孔和湿作业成孔;按照成孔工艺不同又可以划分为钻(冲)孔排土成孔桩、沉管挤土成孔桩和人工挖孔成孔桩、泥浆护壁钻孔灌注桩。

(1)长螺旋钻孔灌注桩的桩径 $d$ 为 300 ~ 600mm,桩长 $l$ 一般不超过 12m;适用于地下水位以上的黏性土、粉土、中等密实以上的砂土和风化岩层。

(2)沉管挤孔灌注桩的桩径 $d$ 为 300 ~ 500mm,桩长 $l$ 一般不超过 25m;适用于地下水位以上或者以下的黏性土、粉土、淤泥质土、砂土以及填土;在厚度较大、灵敏度较高的淤泥和流塑状态的黏性土等软弱土层中采用时,应该有可靠的质量保证措施。

(3)人工挖孔灌注桩的桩径(不含护壁)$d$ 不小于 800mm,桩长 $l$ 一般不超过 40m;适用于地下水位以上的黏性土、粉土、中等密实以上的砂土和风化岩层;人工挖孔施工应该有可靠的保护孔壁、谨防落物、强制送风等措施,尤其注意在地下水位较高,含有承压水的砂土层、滞水层、厚度较大的淤泥或者淤泥质土层中施工时,必须有可靠的安全和技术措施。

(4)泥浆护壁钻孔灌注桩的桩径 $d$ 不小于 500mm,根据成孔工艺不同桩长 $l$ 可以达到 20 ~ 50m,适用于地下水位以上或者以下的各类岩土层,尤其是适用于地下水位以下的大直径灌注桩。

桩基础设计应该考虑确定桩的施工方法,因此要掌握预制桩和灌注桩两者的相对特点,见表 9-2、表 9-3。

| 序号 | 预 制 桩 | 灌 注 桩 |
|---|---|---|
| 1 | 在地面上预制混凝土成桩;桩身质量可靠;动力沉桩的数据是地基承载力的动测指标 | 在土中成孔现浇混凝土成桩,桩身质量不易控制:<br>①软土和疏松的砂土中成孔易产生径缩、塌孔,孔底虚土处理不易保证,机械扩底质量不易保证;<br>②混凝土的均匀性、密实充盈性等浇筑质量不易控制,尤其是软土地基和地下水位以下浇筑混凝土,桩身易吊脚、径缩、夹泥、断桩 |
| 2 | 挤土沉桩不排土,土方工程量小 | 除了沉管成孔工艺,其他成孔工艺皆为排土成孔;湿作业泥浆循环排土施工环境效益差 |
| 3 | 非饱和的土层中沉桩挤土,桩侧摩阻力增大 | 排土沉桩,桩侧摩阻力减小 |

灌注桩相对于预制桩的优点      表 9-3

| 序号 | 灌 注 桩 | 预 制 桩 |
|---|---|---|
| 1 | 适宜各类地质条件,针对不同的地质条件可以选择相应的成孔工艺 | 无法穿越碎石土和岩层 |
| 2 | 可以设计大直径桩,桩端可以设置扩大头,单桩承载力高 | 无法沉入较大直径的桩,桩端不能设置扩大头 |
| 3 | 混凝土强度等级较低,按照桩基础的工作受力状态配置钢筋,经济合理 | 混凝土强度等级较高,按照吊装直立产生的内力配置钢筋,对于桩基础的工作受力状态不经济 |
| 4 | 桩身无需预制、无需吊运和沉桩,综合造价较经济 | 桩身需要预制,吊运和沉桩需要机械作业,综合造价较高 |
| 5 | 施工无需接桩 | 施工接桩要耗费钢材 |
| 6 | 施工振动小、噪声小,施工环境效益较好 | 锤击沉桩的振动大、噪声大,施工环境效益差 |

### （五）按桩径大小分类

（1）小直径桩:桩径 $d \leqslant 250mm$ 的桩。小直径桩多用于基础加固和复合桩基础,小直径桩的施工机械、施工方法较为简单。

（2）中等直径桩:桩径 $250mm < d < 800mm$ 的桩。中等直径桩在建筑桩基础中使用量最大,成桩方法和工艺较多。

（3）大直径桩:桩径 $d \geqslant 800mm$ 的桩。用于高重型建筑中,特点是单桩承载力高,可以实现柱下单桩的基础形式。

### （六）按设置效应分类

（1）挤土桩:施工成桩过程中桩周土体被挤开而产生挤土效应。如打入、振入或者静压预制桩,沉管灌注桩会使桩位处的土体大量排开,因而使土的结构严重扰动破坏,对土的强度和变形影响很大。在饱和的软土层中采用挤土桩,软土的灵敏度高,施工成桩过程的振动将破坏土的天然结构。在非饱和的松散土层中采用挤土桩,沉桩挤土使桩侧土体水平方向挤密,起到了加固地基的作用,其桩侧摩阻力明显的高于非挤土桩。

（2）部分挤土桩:施工成桩过程中自桩孔内向外部分排土,桩身处土体部分挤向周边的桩。桩的设置过程中对桩周土体稍有排挤作用,但对土的强度和变形影响不大。由原状土的性质指标来估算桩基承载力和沉降量。

(3)非挤土桩:是指施工成桩过程中自桩孔内向外排土,桩身处土体排除的桩。桩周围的土可能向孔内移动使土的抗剪强度降低,桩的承载力有所减小。灌注桩多为非挤土桩。

# 第二节 桩基础构造与规定

地基基础设计必须做到安全适用、技术先进、经济合理、确保质量,保护环境和节约资源的原则;根据岩土工程勘查资料,综合考虑结构类型、材料情况与施工条件等因素,精心设计。

## 一 桩基础的构造要求

构造要求是为了满足建筑桩基础的设计,使单桩达到设计承载力、群桩受力合理和耐久性要求,以及考虑施工能够实现设计,对桩和承台的材料、配筋、几何尺寸、平面布置、桩与承台之间的连接等方面的基本规定。

### (一)桩的构造要求

(1)桩的混凝土强度等级应该符合表9-4的要求。

桩的混凝土强度等级 表9-4

| 序 号 | 桩 型 | 混凝土强度等级 |
|---|---|---|
| 1 | 灌 注 桩 | 应≥C25 |
| 2 | 预 制 桩 | 应≥C30 |
| 3 | 预应力桩 | 应≥C40 |

(2)桩的配筋率应该符合表9-5的要求。

桩 的 配 筋 率 表9-5

| 序 号 | 桩 型 | 配 筋 率 |
|---|---|---|
| 1 | 灌 注 桩 | 宜0.2%~0.65%(小直径桩取高值) |
| 2 | 打入式预制桩 | 宜≥0.8% |
| 3 | 静压式预制桩 | 宜≥0.6% |

(3)桩身的构造配筋,纵向主筋应该沿桩身周边均匀布置,其净距不应该小于60mm,并且尽量减少钢筋接头。

①桩身配筋可根据计算结果及施工工艺要求,可沿桩身纵向不均匀配筋。腐蚀环境中的灌注桩主筋直径不宜小于16mm,非腐蚀环境中的灌注桩主筋直径不宜小于12mm;

②受水平荷载的桩主筋不宜小于8根直径10mm;

③抗压桩和抗拔桩的主筋不宜小于6根直径10mm;

④预制桩的主筋直径不宜小于14mm。

(4)桩的配筋长度应该符合表9-6的要求。

| 序　号 | 场地以及地基条件、桩型以及受力特点 | 配 筋 长 度 |
|---|---|---|
| 1 | 坡地岸边 | 应该通长 |
| 2 | ≥8 度地震区 | 应该通长(计算确定配筋) |
| 3 | 淤泥、淤泥质土、液化土 | 应该穿过淤泥、淤泥质土、液化土 |
| 4 | $d > 600$mm 的钻孔灌注桩 | 不宜小于 2/3 桩长 |
| 5 | 抗拔桩 | 应该通长(计算确定配筋) |
| 6 | 受水平荷载较大和弯矩较大的桩 | 应该计算确定 |
| 7 | 单桩承载力较高的摩擦端承型桩 | 宜沿深度分段变截面通常或者局部长度 |
| 8 | 端承桩 | 宜通长 |
| 9 | 嵌岩端承桩 | 应该通长(计算确定配筋) |

(5)桩身主筋的混凝土保护层厚度应该符合表 9-7 的要求。

桩身主筋的混凝土保护层厚度 表 9-7

| 序　号 | 桩 型 | 主筋的混凝土保护层厚度(mm) |
|---|---|---|
| 1 | 预制桩 | ≥45 |
| 2 | 灌注桩 | ≥50 |
| 3 | 预应力管桩 | ≥35 |

(6)一般应该选择较硬土层作为桩端持力层,当桩端持力层以下存在软弱下卧层时,桩端以下持力层厚度不宜小于 $4d$。桩身全断面进入持力层的深度应该符合表 9-8 的要求。

桩底进入持力层的深度 表 9-8

| 序　号 | 土 类 | 桩底进入持力层深度 |
|---|---|---|
| 1 | 黏性土 | 不宜 $< 2.0d$ |
| 2 | 粉土 | 不宜 $< 2.0d$ |
| 3 | 砂土 | 不宜 $< 1.5d$ |
| 4 | 碎石土 | 不宜 $< 1.0d$ |
| 5 | 完整和较完整未风化、微风化、中风化的硬质岩体 | 不宜 $< 0.5$m |

注:表中 $d$ 为桩身直径。

(7)灌注桩的桩身主筋箍筋采用 $\phi6$mm@$200 \sim 300$mm,宜采用螺旋式箍筋;当钢筋笼长度超过 4m 时,应该每间隔 2m 左右焊接一道 $\phi12 \sim 18$mm 的加劲箍;受水平荷载较大的桩基和抗震桩基,桩顶 5 倍桩径 $d$ 长度范围内箍筋应加密间距不应大于 100mm;预制桩采用打入法沉桩时,桩顶 4~5 倍 $d$ 长度范围内箍筋应该加密,并且设置钢筋网片。

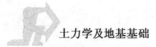 

(8)当桩端持力层地基承载力低于桩身混凝土抗压承载力时,可以采用扩底灌注桩。扩底端的直径 $D$ 不应该大于桩身直径 $d$ 的 3 倍;扩底端侧面的斜率应该根据成孔以及支护条件确定,一般取 $1/4 \sim 1/2$,砂土取 $1/4$,粉土和黏性土取 $1/3 \sim 1/2$;扩底端底面一般呈锅底形,矢高取 $0.15 \sim 0.20D$。

(9)混凝土预制桩的截面边长 $b$ 不应小于 200mm;预应力混凝土预制桩的截面边长 $b$ 不宜小于 350mm;预应力混凝土离心管桩的外径 $d$ 不宜小于 300mm。

(10)预制桩的分节长度应该根据施工条件和运输条件确定,接头数量不宜超过 3 个;预应力混凝土管桩的接头数量不宜超过 3 个。

(11)预制桩的桩尖将主筋合拢焊接在桩尖辅助钢筋上,在密实的砂土和碎石土中桩尖处包钢板桩靴以加强桩尖。

(12)桩的中心距 $S_a$ 应该符合表 9-9 的要求。

桩的最小中心距 $S_a$

表 9-9

| 序号 | 成桩工艺与土类 | | 排数不少于 3 排并且桩数不少于 9 根的摩擦型桩 | 其 他 情 况 |
|---|---|---|---|---|
| 1 | 打入式敞口管桩和 H 形钢桩 | | $3.5d$ | $3.0d$ |
| 2 | 挤土预制桩 | | $3.5d$ | $3.0d$ |
| 3 | 挤土灌注桩 | 穿越非饱和土 | $4d$ | $3.0d$ |
| 4 | | 穿越饱和软土 | $4.5d$ | $3.0d$ |
| 5 | 非挤土和部分挤土灌注桩 | | $3.0d$ | $2.5d$ |
| 6 | 扩底灌注桩 | | 不宜 $<1.5D$,并且当 $D>2.0m$ 时不宜 $<1.0D+1.0m$ | |
| 7 | 沉管夯扩灌注桩 | | $2.0D$ | |
| 8 | 各类桩 | | $4 \sim 6d$ | 以控制沉降为目的 |

注:表中 $d$ 为桩身的直径,$D$ 为扩底端的直径。

(13)布置桩位时宜使群桩承载力合力作用点与竖向永久荷载合力作用点重合,并且使桩基受水平力和力矩较大方向有较大的抗弯截面模量。

(14)大直径桩基础宜采用一柱一桩;墙下条形承台桩基础不宜将桩布置于底层门洞口下;带肋梁的桩筏基础宜将桩布置于肋梁下;桩箱基础宜将桩布置于墙下。

(15)同一结构单元宜避免采用不同类型的桩。

### (二)承台的构造要求

(1)承台的混凝土强度等级不应低于 C20,纵向钢筋的混凝土保护层厚度不应小于 70mm,当有混凝土垫层时不应小于 50mm;垫层的混凝土强度等级宜为 C10,垫层的厚度宜为 100mm。

(2)承台的最小厚度不应小于 300mm;承台的宽度不应小于 500mm;边桩中心至承台边缘的距离不宜小于桩的直径 $d$ 或者边长 $b$,并且桩的外边缘至承台边缘的距离不小于 150mm;条形承台梁桩的外边缘至承台梁边缘的距离不小于 75mm。

(3)承台的配筋,矩形承台的钢筋应该双向均匀通长布置,钢筋的直径不宜小于 $\phi10mm$,间距不宜大于 200mm;承台梁的主筋直径不宜小于 $\phi12mm$,架立筋直径不宜小于 $\phi10mm$,箍筋直径不宜小于 $\phi6mm$。

（4）承台的埋深应该不小于600mm，在季节性冻土以及膨胀土地区应该考虑防冻胀或者防膨胀的措施。

（5）承台埋深内的回填土施工应该满足填土密实性要求。

### （三）桩与承台连接构造

（1）桩顶嵌入承台的长度不宜小于50mm，大直径桩的桩顶嵌入承台的长度不宜小于100mm；桩身主筋伸入承台的长度应该符合表9-10的要求；预应力混凝土桩采用桩头钢板与钢筋焊接的连接方法。

桩身主筋伸入承台的长度　　　　　　　　　　　　　　　　表9-10

| 序　　号 | 桩身主筋级别、桩的受力特点、桩型 | 桩身主筋伸入承台长度 |
|---|---|---|
| 1 | Ⅰ级钢筋 | 不宜 $<30d$ |
| 2 | Ⅱ级钢筋 | 不宜 $<35d$ |
| 3 | 抗拔桩基 | ≥锚固长度 |
| 4 | 一柱一大径桩 | 柱子纵筋插入桩身≥锚固长度，且≥$35d$ |

注：表中 $d$ 为桩身主筋直径。

（2）承台之间的连接应该符合下列要求：

①柱下单桩宜在桩顶两个互相垂直的方向上设置连系梁，当桩柱截面直径之比较大（一般大于2），并且柱底剪力和弯矩较小时可以不设连系梁。

②两桩桩基的承台应在其短向设置连系梁。

③有抗震要求的柱下独立桩基承台，纵横方向宜设置连系梁。

④连系梁的顶面宜与承台顶面位于同一标高，连系梁的宽度不宜小于200mm，高度取承台中心距的1/10～1/15且不小于400；连系梁上不、下不配筋不宜小于2根直径 $\phi12mm$。

## 二　桩基础结构可靠度设计标准

《建筑结构可靠度设计统一标准》（GB 50008—2001）规定：结构可靠度采用以概率论为基础的极限状态设计方法分析确定；可靠度是指结构在规定的时间内，在规定的条件下，完成预定功能的概率。建筑桩基础是建筑结构的底部构成，建筑桩基础采用以概率理论为基础的极限状态设计法。

（1）建筑桩基础极限状态划分为两类：

①承载能力极限状态：对应于桩基础达到最大承载能力整体失稳或者不适于继续承载的变形。

②正常使用极限状态：对应于桩基础达到建筑物正常使用或者耐久性能的某项规定限值。

（2）桩基础设计运用概率论和数理统计分析荷载、承载力的变异特征与规律，利用既有工程经验，在安全与经济之间寻求合理的平衡，确定对应于桩基两种极限状态设计目标一定失效概率的可靠度指标 $\beta$，实用设计采用以与可靠度指标 $\beta$ 尽可能拟合的分项系数表达式进行计算。

## 三 建筑桩基础设计的规定

《建筑地基基础设计规范》（GB 50007—2011）、《建筑桩基技术规范》（JGJ 94—2008）以及相关的《混凝土结构设计规范》（GB 50010—2010）的规定，根据建筑物地基基础设计等级，按照承载能力极限状态和正常使用极限状态设计的要求，建筑桩基础设计要进行以下计算和验算。

### （一）建筑桩基础地基设计规定

（1）建筑桩基础地基承载力计算，所有建筑桩基础地基设计均应满足承载力计算以及验算规定：

①应满足竖向荷载作用下持力层地基承载力要求。

②当桩端平面以下存在软弱下卧层时，尚应该验算桩基础软弱下卧层的地基承载力。

③应满足水平荷载作用地基承载力。

（2）建筑桩基础的地基变形验算，对以下建筑物的桩基础应该进行沉降验算：

①地基基础设计等级为甲级的建筑物。

②体形复杂、荷载不均或者桩端以下存在软弱土层的设计等级为乙级的建筑物。

③设计为摩擦型桩基础的建筑物。

（3）建筑桩基础地基稳定性验算：对经常受水平荷载作用的高层建筑、高耸结构，以及建造在坡地岸边或者边坡附近的建筑桩基础，应该验算地基的整体稳定性。

（4）抗震设防地区建筑桩基，按现行《建筑抗震设计规范》（GB 50011—2010）有关规定进行地基抗震验算。

### （二）单桩设计规定

（1）单桩桩身承载力验算应该满足承载力设计要求。

（2）对于桩身露出地面或者桩侧为可液化土、极限承载力小于50kPa（或者不排水抗剪强度小于10kPa）土层中的细长桩应该进行桩身压屈的设计验算。

（3）混凝土预制桩应该进行运输、吊装和锤击等过程中的强度和抗裂验算。

### （三）桩基础承台设计规定

1. 柱下独立承台的承载力设计

（1）承台抗冲切承载力验算。

（2）承台抗剪承载力验算。

（3）承台抗弯承载力计算。

2. 墙下梁式承台的承载力设计

（1）抗剪承载力计算。

（2）抗弯承载力的计算。

3. 柱下或墙下满堂承台板的承载力设计

（1）柱下满堂承台板抗冲切承载力验算。

（2）柱下或墙下满堂承台板抗弯承载力计算。

限于本章篇幅仅讨论以下内容：竖向荷载作用桩基础持力层地基承载力的计算；桩基础软弱下卧层地基承载力验算；桩基础沉降验算；桩身承载力计算；混凝土预制桩吊立过程抗弯承载力的计算；柱下独立承台承载力的设计与验算。

# 第三节　桩基础的设计

## 一 设计资料

现行行业标准《建筑桩基技术规范》（JGJ 94—2008）规定，建筑桩基设计应该具备以下基本资料：

（1）岩土工程勘察资料。

（2）建筑场地与环境条件的有关资料。

（3）建筑物的有关资料。

（4）施工条件的有关资料。

（5）供设计比较用的各种桩型以及实施的可能性。

## 二 建筑桩基础设计要点

### （一）选择桩型、桩长及桩的截面尺寸

（1）桩型：根据上部结构荷载大小及性质、工程地质条件、施工条件等综合因素确定。

（2）桩的截面尺寸：混凝土预制桩常为方形截面，边长一般为 250～550mm。混凝土灌注桩截面均为圆形，其直径随成桩工艺不同而有所变化。沉管灌注桩直径一般为 300～500mm；钻孔灌注桩直径为 500～1200mm；钻孔扩底注桩扩底直径一般为桩身直径的 1.5～2.0 倍。

（3）桩长与持力层：主要在于桩端持力层的确定，当然也与桩的材料和施工工艺等因素有关，应选择较硬土层作为桩端持力层。桩端全断面进入持力层的深度，对于黏性土、粉土不宜小于 $2d$，砂土不宜小于 $1.5d$，碎石类土不宜小于 $1d$。当存在软弱下卧层时，桩端以下硬持力层厚度不宜小于 $3d$。桩端全面进入持力层的深度，见表 8-8。摩擦桩的桩长确定与桩基承载力和沉降量有关，桩端下坚硬土层的厚度一般不宜小于 5 倍桩径。

### （二）单桩竖向承载力特征值的确定

单桩竖向承载力特征值的确定应符合下列规定：

（1）单桩竖向承载力特征值应通过单桩竖向静荷载试验确定。在同一条件下的试桩数量不宜少于总桩数的 1%，且不应少于 3 根。

当桩端持力层为密实砂卵石或者其他承载力类似的土层时，对单桩承载力很高的大直径端承型桩，可以采用深层平板荷载试验确定桩端土的承载力特征值。

（2）地基基础设计等级为丙级的建筑桩基，可以采用静力触探以及标贯试验参数确定 $R_a$。

值。根据桩周与桩底土层的分布情况,可利用规范经验方法和经验公式或静力触探资料初步估算。

(3)初步设计时单桩竖向承载力特征值可按式(9-1)估算:

$$R_a = q_{pa} \cdot A_p + u_p \cdot \sum q_{sia} \cdot l_i \tag{9-1}$$

式中:$q_{pa}$、$q_{sia}$——桩端端阻力特征值、桩侧阻力特征值,kPa,由当地静荷载试验结果统计分析算得;

       $A_p$——桩底端横截面的面积,$m^2$;

       $u_p$——桩身周边长度,m;

       $l_i$——第 $i$ 层岩土的厚度,m。

当桩端嵌入完整以及较完整的硬质岩石中时,可按式(9-2)估算:

$$R_a = q_{pa} A_p \tag{9-2}$$

式中:$q_{pa}$——桩端岩石承载力特征值,kN。

(4)当桩承受上拔力时,应对桩基进行抗拔验算及桩身抗裂验算。

### (三)桩数及桩的平面布置

1. 桩数

轴心受压桩基础

$$n \geqslant \frac{F_K + G_K}{R_a} \tag{9-3}$$

偏心受压桩基础

$$n \geqslant \psi_e \frac{F_K + G_K}{R_a} \tag{9-4}$$

式中:$F_K$——相应作用的标准组合时,作用于桩基承台顶面的竖向力,kN;

    $G_K$——桩基承台自重及承台上土自重标准值,kN;

    $R_a$——单桩竖向承载力特征值,kN;

    $n$——桩基中的桩数;

    $\psi_e$——考虑合力偏心影响对桩数的增大系数;一般取 $\psi_e = 1.0 \sim 1.2$。

2. 桩的平面布置

(1)桩距:通常按桩的中心距(3~4倍桩径)布桩,为防止挤土效应造成的影响,布置较多的群桩时,其桩距在满足最小中心距(表9-9)要求的基础上适当加大,但桩距不宜过大,否则桩承台尺寸太大不经济。

(2)桩的平面布置:除了要选择合适的桩距外,尽量使永久荷载的合力重心与桩群截面形心接近;平面布桩时还要考虑边桩外边缘至承台边缘距离的构造要求,以便估算承台的平面尺寸。并且使群桩截面积在受力矩较大的方向有较大的截面抵抗矩,同时,尽量对结构有利。如对墙体落地的结构沿墙下布桩,一般不在无墙的门洞位置布桩。对带梁的筏形基础沿梁位布桩。

### (四)建筑桩基础承载力验算

1. 单桩竖向承载力验算

由于上部结构作用于承台的荷载一般均大于单桩承载力,因此,一般承台下均布置多根基桩、组成群桩共同承受上部结构荷载。建筑桩基础群桩的竖向地基承载力是通过建立与单桩的竖向地基承载力之间的关系来确定的。

(1)对于端承桩群桩基础,其各根基桩桩顶承受的荷载通过桩身直接传至桩端以下持力层中,各根基桩在桩端下持力层中的附加应力相互叠加,很小,可以忽略不计,因此,群桩中的各根基桩的工作性状与单桩的工作性状是相同的。设计时取群桩中的各基桩平均竖向承载力等于单桩竖向承载力,并且群桩的沉降亦与单桩的沉降相等。

(2)对于考虑桩侧摩阻力的群桩基础,桩距越小、桩数越多、桩长越大,其各根基桩桩顶承受的荷载通过桩侧传至桩侧土层中,由于附加应力的扩散在桩端下持力层的附加应力相互叠加而增大。因此,群桩中各根基桩的工作性状与单桩工作性状是不同的。若仅以群桩沉降量与单桩沉降量相等作为衡量桩基竖向承载力的标准,则群桩中的基桩平均竖向承载力则小于单桩竖向承载力。《建筑地基基础设计规范》(GB 50007—2011)对群桩中的单桩竖向力和单桩竖向承载力特征值给出了规定,同时对必须进行桩基沉降验算给出了规定(图9-2),即群桩中单桩桩顶竖向力按下式计算:

轴心竖向力作用下

$$Q_K = \frac{F_K + G_K}{n} \tag{9-5}$$

并规定单桩桩顶竖向力应符合单桩竖向承载力特征值的要求,即:

$$Q_K \leqslant R_a \tag{9-6}$$

偏心竖向力作用下

$$Q_{iK} = \frac{F_K + G_K}{n} \pm \frac{M_{xK} \cdot y_i}{\sum y_i^2} \pm \frac{M_{yK} \cdot x_i}{\sum x_i^2} \tag{9-7}$$

并规定单桩最大桩顶竖向力应符合单桩竖向承载力特征值的要求,即:

$$Q_{iKmax} \leqslant 1.2R_a,尚应满足 Q_K \leqslant R_a \tag{9-8}$$

式中:$Q_K$——相应于作用的标准组合时,轴心竖向力作用下任一单桩的竖向力,kN;

$Q_{iK}$——相应于作用的标准组合时,偏心力作用下第 $i$ 根桩的竖向力,kN;

$Q_{iKmax}$——相应于作用的标准组合时,偏心力作用下单桩的最大竖向力,kN;

$M_{xK}, M_{yK}$——相应于作用的标准组合时,作用于承台底面通过桩群形心的 $x$、$y$ 轴的力矩,kN·m;

$x_i, y_i$——桩 $i$ 至桩群形心的 $y$、$x$ 轴线的距离,m。

2.软弱下卧层承载力验算

当桩端平面以下持力层下存在软弱下卧层时,应进行软弱下卧层承载力验算。

已知建筑桩基设计应该具备的基本资料;上部结构对承台的作用力;建筑桩基础持力层竖向地基承载力,承台埋深和平面尺寸、承台下的桩数

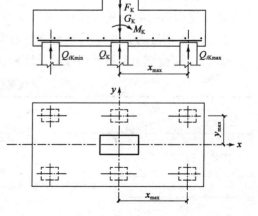

图9-2 桩基持力层竖向承载力计算示意图

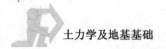

和平面布置;建筑桩基础的剖面(图9-3)。

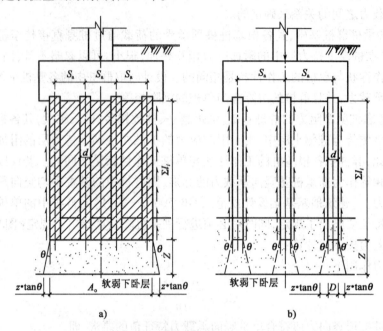

图9-3 软弱下卧层承载力验算示意图

a)$S_a \leq 6d$ 实体深基础;b)$S_a > 6d$ 单桩基础

根据现行《建筑地基基础设计规范》(GB 50007—2011)关于竖向地基承载力计算的规定,以及现行行业标准《建筑桩基技术规范》(JGJ 94—2008)关于群桩软弱下卧层竖向地基承载力验算的规定,建筑桩基础软弱下卧层的竖向地基承载力验算方法根据桩的中心距 $S_a$ 不同划分为两类。

(1)如图9-3a)所示,对于 $S_a \leq 6d$ 的群桩基础,群桩将桩间土夹紧形成实体深基础,按实体深基础验算软弱下卧层顶面承载力。

(2)如图9-3b)所示,对于单桩基础和 $S_a > 6d$ 并且桩端以下硬持力层的厚度 $Z < (S_a - D)$ ctan$\theta/2$ 的群桩基础,各根基桩的地基压力扩散线在硬持力层中不相交,按照单桩基础验算软弱下卧层顶面的竖向地基承载力。图9-2 中符号的意义:$S_a$ 为桩的中心距离;$d$ 为桩身直径;$\sum l_i$ 为承台下桩身的长度;$l_i$ 为承台下桩身穿过第 $i$ 层土的厚度;$Z$ 为桩端至软弱下卧层顶面的距离;$A_0$、$B_0$ 分别为群桩外边缘的长度和宽度;$\theta$ 为桩端持力层压力扩散角,按表9-11采用。

地基压力扩散角 $\theta$                     表9-11

| $E_{s1}/E_{s2}$ \ $Z/B_0$ | < 0.25 | 0.25 | ≥ 0.5 |
|---|---|---|---|
| 1 | | 4° | |
| 3 | 0° | 6° | |
| 5 | (必要时由试验确定) | 10° | |
| 10 | | 20° | |

注:$E_{s1}$ 为桩端硬持力层的压缩模量;$E_{s2}$ 为软弱下卧层的压缩模量。

软弱下卧层承载力验算公式详见《建筑桩基技术规范》(JGJ 94—2008)。

**(五)建筑桩基沉降验算**

计算桩基沉降时,传至基础底面上的荷载效应按正常使用极限状态下荷载效应的准永久组合,不计入风荷载和地震作用;建筑桩基础的最终沉降不得超过建筑物的沉降允许值,即:

$$s \leqslant [s] \tag{9-9}$$

式中:$s$——相应于荷载效应准永久组合建筑物地基变形特征的计算值,mm;

$[s]$——建筑物地基变形特征的允许值,mm,见表 3-11。

当 $S_a \leqslant 6d$ 时,按照扩散角实体深基础或者实体深基础计算桩基础的最终沉降量,如图 9-4 所示,图中符号的意义如下:

$\alpha$——承台下地基压力扩散角,取 $\alpha = \varphi_0/4$;

$\varphi_0$——桩长范围内各土层的摩擦角 $\varphi_i$ 的加权平均值,$\varphi_0 = \sum \varphi_i l_i / \sum l_i$;

$A_0$、$B_0$——桩群外缘的长度、宽度。

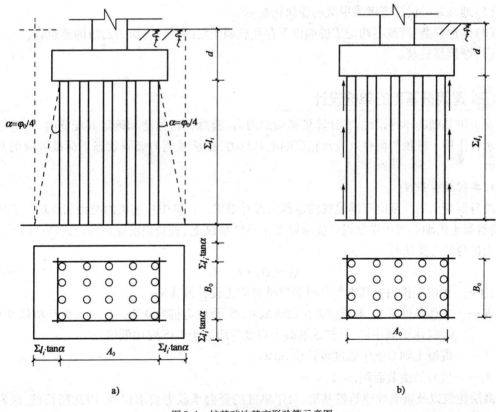

图 9-4  桩基础地基变形验算示意图

a)扩散角实体深基础;b)实体深基础

与浅基础最终沉降的计算方法相同,桩基础地基的最终变形量可以按式(9-10)计算:

$$s = \psi_P \cdot s' = \psi_P \cdot \sum \frac{p_0}{E_{si}} (z_i \bar{\alpha}_i - z_{i-1} \bar{\alpha}_{i-1}) \tag{9-10}$$

式中： $s$——实体深基础的地基最终变形量,mm;

$\psi_P$——实体深基础计算桩基础沉降的经验系数,应该根据地区桩基础沉降观测资料以及经验统计确定,在不具备条件时可以按表9-12选用;

$s'$——按分层总和法计算出的地基变形量,mm;

$p_0$——相应于荷载效应准永久组合时深基础底面处的附加压力,kPa;

$E_{si}$——深基础底面以下第 $i$ 层土的压缩模量,MPa;

$\bar{\alpha}_i , \bar{\alpha}_{i-1}$——深基础底面计算点至第 $i$ 层土、第 $i-1$ 层土底面范围内平均附加应力系数;

$z_i , z_{i-1}$——深基础底面至第 $i$ 层土、第 $i-1$ 层土底面的距离,m。

实体深基础计算桩基础沉降的经验系数 $\psi_p$     表9-12

| $E_s(\text{MPa})$ | ≤15 | 25 | 35 | ≥45 |
|---|---|---|---|---|
| $\psi_p$ | 0.5 | 0.4 | 0.35 | 0.25 |

《建筑地基基础设计规范》(GB 50007—2011)规定对以下建筑物的桩基应进行沉降验算：

(1)地基基础设计等级为甲级的建筑物桩基。

(2)体形复杂、荷载不均匀或桩端以下存在软弱土层的设计等级为乙级的建筑物。

(3)摩擦型桩基。

### 三 建筑桩基础的单桩设计

对于桩基础的单桩设计,在计算桩基础的内力、验算材料强度和确定其配筋时,上部结构通过承台作用于桩顶的荷载效应和相应的地基反力,按承载能力极限状态下荷载效应的基本组合。

**1.单桩桩身强度**

桩身混凝土的强度应该满足桩的承载力设计要求。计算中应按桩的类型和成桩工艺的不同,将混凝土的轴心抗压强度设计值乘以工作条件系数 $\psi_c$,桩身强度应该符合式(9-11)要求。

当桩身轴心受压时

$$Q \leq \psi_c \cdot f_c \cdot A_P \tag{9-11}$$

式中: $Q$——相应于作用的基本组合时的单桩竖向力设计值,kN;

$\psi_c$——工作条件系数,非预应力预制桩取0.75,预应力桩取 $0.55 \sim 0.65$,,灌注桩取 $0.6 \sim 0.8$(水下灌注桩、长桩或混凝土强度等级高于C35时用低值);

$f_c$——混凝土轴心抗压强度设计值,kPa;

$A_P$——桩身的横截面积,m²。

高层建筑以及重要性建筑桩基础,对于单桩的竖向承载力要求很高,因此超长桩、嵌岩桩和大直径扩底桩的应用较多,建筑桩基础的单桩设计往往由桩身混凝土的强度控制。

**2.预制桩吊立抗弯承载力计算**

钢筋混凝土预制桩在沉桩施工开始,需要将平卧于地面的桩身吊立,再对准桩位插入土中。在这一施工过程中桩身将有两方面变化:其一桩身由静态变为动态;其二桩身由全身与地面接触变为仅桩尖与地面接触。吊装时由于桩身重力而使产生内力,必须对吊立施工进行抗弯承载力验算。

如图 9-5 所示,桩身吊起的瞬间,桩身的受力计算简图为简支伸臂梁,桩身自重的惯性力在桩身内产生弯矩。考虑吊装施工方便无须翻动桩身并且使桩身配筋经济,起吊的吊点位置确定原则是:以桩身正负弯矩的峰值绝对值相等。理论上可以证明:当一点起吊的吊点位置距离桩顶为近乎 0.3 倍桩长 $l$ 时,桩身内正负弯矩最大值的绝对值相等,据此按钢筋混凝土结构进行配筋计算。

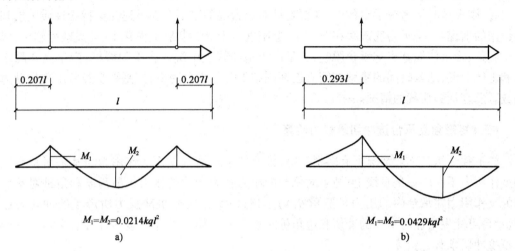

$M_1=M_2=0.0214kql^2$

a)

$M_1=M_2=0.0429kql^2$

b)

图 9-5　预制桩吊装抗弯承载力计算示意图

a)二点起吊;b)一点起吊

$$M_{max} = 0.0429kql^2 \tag{9-12}$$

式中:$M_{max}$——一点起吊桩身弯矩最大值的设计值,kN·m;

$k$——吊装动力系数;取 $k=1.5$;

$q$——桩身自重线荷载的设计值,kN;

$l$——桩身的长度,m。

# 四 桩基承台设计

## (一)承台分类

(1)独立(墩式)承台,平面多为矩形,也有正多边形或者三角形;一般设置于柱子下面,根据地基承载力设计承台下布设一根或者多根桩。

(2)条形承台(梁)也称带形承台(梁),一般设置于墙体下面,根据地基承载力设计承台(梁)下布设单排或者双排多根桩。

(3)满堂承台板,即桩筏基础或者桩箱基础的底板,整体性好,刚度较大,对于协调承台下面基桩之间的不均匀沉降,实现上部结构、桩基础和地基土体共同工作更为有利。

## (二)柱下矩形独立承台承载力验算

承台承载力验算,是在完成初步确定了承台尺寸之后进行。在确定承台高度、计算承台内

力、确定配筋和验算材料强度时,上部结构柱子传至承台顶面的荷载效应组合和相应的桩顶反力,按承载能力极限状态下荷载效应的基本组合考虑。

一般情况以柱子根部对承台的作用力和桩顶对承台的净反力求解承台内力的外力;桩的净反力是指扣除承台及其上回填土自重之后桩对于承台的反作用力,即上部结构荷载通过承台对于桩顶的作用力。之所以这样是考虑承台及其上回填土自重由承台底部浅层土体承担,以充分合理地利用承台底部土体的承载力。但是当工程中可能发生地基土体与承台底部脱空现象时,则设计时不考虑承台效应,主要是针对承台底面以下存在下述几类特殊性质土层和动力作用的情况:一是承台底部存在新填土、湿陷性黄土、欠固结土、液化土、高灵敏度软土,或者由于震陷、降水使地基土与承台脱空;二是由于饱和软土中沉入密集的群桩,产生高孔隙水压力和土体上涌,随着时间的推移桩间土逐渐固结下沉与承台脱空;三是承受经常出现的动力作用或者反复加卸荷载的情况。

### (三)矩形独立承台抗冲切承载力验算

柱下独立承台一般情况下有多根基桩,因此柱子对承台顶面的作用力与基桩对承台底面的反作用力不在同一条直线上;柱子对承台的压力在承台内的压力扩散角 $\theta$ 和角桩对承台底面的反作用力在承台内的压力扩散角 $\theta$,均不超过45°。在基桩净反力所产生的冲切力作用下,承台可能发生柱对承台的冲切和边角桩对承台的冲切两种冲切破坏,因此,必须对承台进行抵抗冲切承载力验算。

**1. 柱对承台的冲切**

承台混凝土抵抗柱子冲切的承载力验算控制截面,应该取柱边或者承台变阶处至桩顶内边缘连线所成的锥体,如图9-6所示,锥台与承台底面的夹角不小于45°,计算时可取45°。

柱下桩基独立承台抗冲切承载力验算,应符合下列规定:

$$F_1 \leqslant 2\beta_{hp}f_t h_0 [\alpha_{ox}(b_c + a_{oy}) + \alpha_{oy}(h_c + a_{ox})]$$

$$\tag{9-13}$$

$$F_1 = F - \sum N_i \tag{9-14}$$

$$\alpha_{ox} = 0.84/(\lambda_{ox} + 0.2) \tag{9-15}$$

$$\alpha_{oy} = 0.84/(\lambda_{oy} + 0.2) \tag{9-16}$$

$$\lambda_{ox} = a_{ox}/h_0 \tag{9-17}$$

$$\lambda_{oy} = a_{oy}/h_0 \tag{9-18}$$

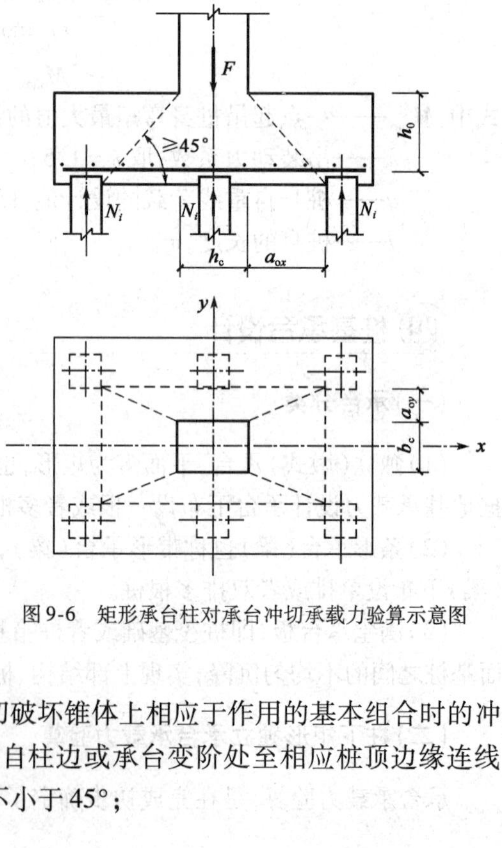

图9-6 矩形承台柱对承台冲切承载力验算示意图

式中:$F_1$——扣除承台及其上填土自重,作用在冲切破坏锥体上相应于作用的基本组合时的冲切力设计值,kN;冲切破坏锥体应采用自柱边或承台变阶处至相应桩顶边缘连线构成的锥体,锥体与承台底面的夹角不小于45°;

$F$——柱根部轴向力设计值,kN;

$h_0$——冲切破坏锥体的有效高度,m;

$\sum N_i$——冲切破坏锥体范围内各桩的净反力设计值之和,kN;对中压缩性土上的承台,当承台与地基土之间没有脱空现象时,可根据地区经验适当减小柱下桩基础独立承台受冲切承载力计算的承台厚度;

$\beta_{\mathrm{hp}}$——受冲切承载力截面高度影响系数,当 $h \leqslant 800\mathrm{mm}$ 取 $\beta_{\mathrm{hp}} = 1.0$,当 $h \geqslant 2000\mathrm{mm}$ 取 $\beta_{\mathrm{hp}} = 0.9$,其间按线性内插法取用;

$\alpha_{ox}, \alpha_{oy}$——相应于 $x$、$y$ 轴方向的冲切系数;

$\lambda_{ox}, \lambda_{oy}$——相应于 $x$、$y$ 轴方向的冲跨比;当 $a_{ox}(a_{oy}) < 0.25h_0$ 时,$a_{ox}(a_{oy}) = 0.25h_0$;当 $a_{ox}(a_{oy}) > h_0$ 时,$a_{ox}(a_{oy}) = h_0$。

$a_{ox}, a_{oy}$——柱边或者变阶处至桩边的水平距离。

关于柱下桩基矩形独立承台抵抗柱子冲切承载力验算的说明:

(1)计算公式(9-13)中的冲切系数即冲切锥体的冲切锥面上抗拉设计强度的影响系数,冲切系数中进一步考虑了冲跨比的影响,冲跨比是指桩边至柱边或者承台变阶处的水平距离与承台冲切破坏锥体的有效高度之比。

(2)计算公式(9-13)中柱子压力或者承台变阶处压力在承台内的压力扩散角 $\theta$ 是按45°角推导的,但适用于压力扩散角 $\theta$ 不大于45°的抗冲切承载力计算。

(3)当采用圆柱或者圆桩时,根据截面周长相等的原则将圆形截面折算为方形截面,即将圆截面的直径乘以0.8倍作为柱或者桩的折算截面宽度。

(4)若按照计算公式(9-13)计算不满足时,一般可以通过适当增加承台高度重新试算,直至满足为止。建筑桩基柱下独立承台抵抗柱子冲切承载力验算目的,是确定承台高度。

**2. 角桩对承台的冲切**

多桩矩形承台下角桩对承台底面的反作用力,在承台内的扩散角 $\theta$ 不超过45°,角桩的净反力对自角桩内边缘向承台内作压力扩散线至承台顶面,或者承台变阶处顶面所形成的锥体表面产生冲切内力。柱下桩基混凝土矩形独立承台抵抗角桩冲切承载力设计验算的控制截面,应该取自角桩内缘至承台顶面或者承台变阶处顶面连线所成的半个锥体,锥体与承台底面的夹角不小于45°,如图9-7所示。

多桩矩形承台受角桩冲切的承载力应按下式计算:

$$N_1 \leqslant \beta_{\mathrm{hp}} f_t h_0 \left[ \alpha_{1x}(c_2 + a_{1y}/2) + \alpha_{1y}(c_1 + a_{1x}/2) \right] \tag{9-19}$$

$$\alpha_{1x} = 0.56/(\lambda_{1x} + 0.2) \tag{9-20}$$

$$\alpha_{1y} = 0.56/(\lambda_{1y} + 0.2) \tag{9-21}$$

$$\lambda_{1x} = a_{1x}/h_0 \tag{9-22}$$

$$\lambda_{1y} = a_{1y}/h_0 \tag{9-23}$$

式中:$N_1$——扣除承台和填土自重后的角桩桩顶相应于作用的基本组合时的竖向力设计值,kN;

$h_0$——承台外边缘的有效高度,m;

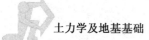
$\alpha_{1x}$、$\alpha_{1y}$——相应于 $x$、$y$ 轴方向的角桩冲切系数；

$\lambda_{1x}$、$\lambda_{1y}$——相应于 $x$、$y$ 轴方向的角桩冲跨比，其值满足 $0.25 \sim 1.0$；

$c_1$、$c_2$——从角桩内边缘至承台外边缘的距离，m；

$a_{1x}$、$a_{1y}$——从承台底角桩内边缘引 $45°$ 冲切线与承台顶面或者承台变阶处相交点至角桩内边缘的水平距离，m；当柱位于该 $45°$ 线以内时则取柱边与柱内边缘连线为冲切锥体的锥线。

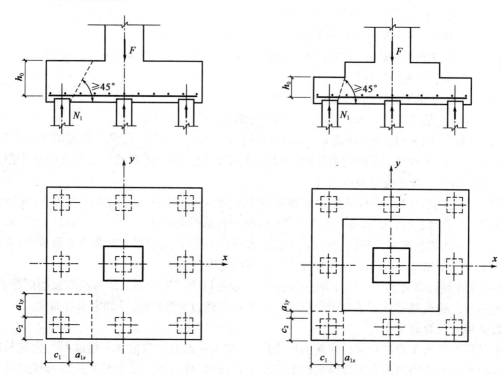

图 9-7　矩形承台角桩冲切承载力验算示意图

3. 对圆柱圆转桩，计算时可将圆形截面换算成正方形截面

### （四）矩形独立承台斜截面抗剪承载力验算

柱下桩基独立承台抗剪承载力验算时，应该分别对柱子的纵横（$x\text{-}x$，$y\text{-}y$）两个方向的柱边和桩边、变阶处和桩边连线形成的斜截面进行抗剪承载力验算，如图 9-8 所示。当柱边外有多排桩形成多个剪切斜截面时，应该对每一个斜截面都进行受剪承载力设计验算。斜截面受剪承载力按下列公式计算：

$$V \leqslant \beta_{hs}\beta f_t b_0 h_0 \tag{9-24}$$

$$V = \sum N_i \tag{9-25}$$

$$\beta = \frac{1.75}{\lambda + 1.0} \tag{9-26}$$

$$\lambda_x = a_x / h_0 \tag{9-27}$$

$$\lambda_y = a_y / h_0 \tag{9-28}$$

式中:$V$——扣除承台及其上填土自重后相应于作用的基本组合时的斜截面上的最大剪力设计值,kN;

$\sum N_i$——剪切破坏斜截面以外相应于荷载效应基本组合时各桩的净反力设计值之和,kN;

$\beta_{hp}$——受剪切承载力截面高度影响系数;按 $\beta_{hs} = (800/h_0)^{1/4}$ 式计算,当 $h_0 < 800\,\text{mm}$ 取 $h_0 = 800\,\text{mm}$;当 $h_0 > 2000\,\text{mm}$ 取 $h_0 = 2000\,\text{mm}$;

$\beta$——剪切系数;

$\lambda$——计算截面的剪跨比;当 $\lambda < 0.25$ 取 $\lambda = 0.25$;当 $\lambda > 3$ 取 $\lambda = 3$;

$\lambda_x$、$\lambda_y$——相应于 $x$、$y$ 轴方向计算截面的剪跨比;

$a_x$、$a_y$——柱边或者承台变阶处至 $x$、$y$ 轴方向计算一排桩的桩边的水平距离;

$b_0$——承台计算截面处的计算宽度,m;

$h_0$——计算宽度处的承台有效高度,m。

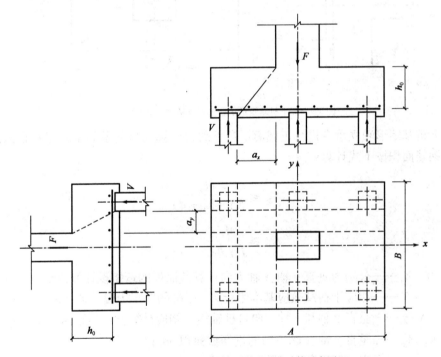

图 9-8　柱下桩基矩形承台受剪承载力验算示意图

### (五) 矩形独立承台正截面抗弯承载力计算

一般柱下独立承台下有多根基桩,基桩的净反力便对承台内的正面产生弯曲内力,必须对承台进行抗弯承载力计算。如图 9-9 所示,其计算控制截面,应该分别取柱子的纵横($x$-$x$,$y$-$y$)两个方向的柱边和承台高度变化处(杯口外侧或者台阶边缘)进行正截面抗弯承载力计算。

两个方向的正截面弯矩表达式分别为:

$$M_x = \sum N_i y_i \tag{9-29}$$

$$M_y = \sum N_i x_i \tag{9-30}$$

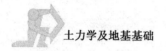
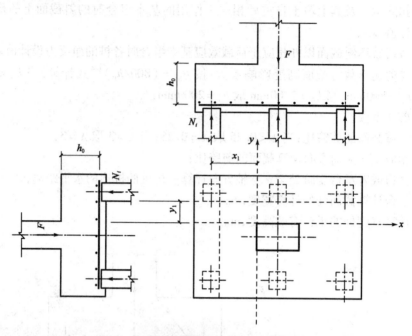

图 9-9　柱下桩基矩形承台抗弯承载力计算示意图

对柱下桩基矩形独立承台进行正截面抗弯承载力计算的目的是为了求得承台的配筋,两个方向的钢筋面积按下式计算:

$$A_{gx} \geqslant \frac{M_x}{f_y \gamma_s (h_0 - d)} \qquad (9\text{-}31)$$

$$A_{gy} \geqslant \frac{M_y}{f_y \gamma_s h_0} \qquad (9\text{-}32)$$

以上式中:$M_x$、$M_y$——分别为垂直 $y$ 轴、$x$ 轴方向计算截面处的弯矩设计值,kN·m;

$\quad\quad\quad N_i$——相应于荷载效应基本组合第 $i$ 根桩的净反力设计值,kN;

$\quad\quad\quad x_i$、$y_i$——垂直 $y$ 轴和 $x$ 轴方向自桩轴线到相应计算截面的距离,m;

$\quad\quad\quad A_{gx}$、$A_{gy}$——垂直 $y$ 轴、$x$ 轴方向的钢筋截面积,$m^2$;

$\quad\quad\quad \gamma_s$——内力臂系数;一般取 $\gamma_s = 0.9$;

$\quad\quad\quad h_0$——柱边或者承台高度变化处的有效高度,m;

$\quad\quad\quad d$——$x$ 轴方向(承台长向)配筋的钢筋直径,m。

# 第四节　桩基础设计实例

已知:某开发新区的工程建设项目,岩土工程勘察报告对建筑场地的表述为:建筑场地所处地貌为江河漫滩,岩土为第四纪冲击土,地势较为平坦,无不良地质现象。根据土工试验成果和地方设计标准给出桩基础设计指标,绘制建筑场地剖面,如图 9-10a)所示。

设计单位对该建设项目设计为框架结构、采用预制桩基础,给出的某根柱下桩基础剖面初步设计,如图9-10b)所示。

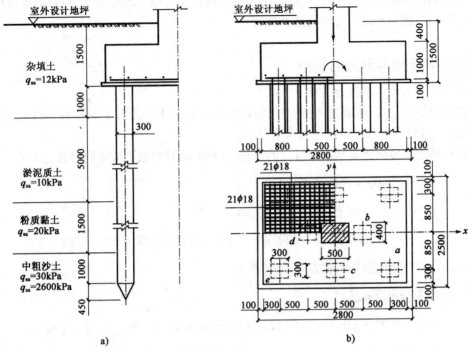

图 9-10　建筑场地剖面与桩基础初步设计图(尺寸单位:mm)

a)建筑场地剖面图;b)某根柱下桩基础剖面图

(1)柱子截面长边 $h_c = 500mm$、短边 $b_c = 400mm$。

(2)预制桩的混凝土强度等级 C30($f_c = 14.3N/mm^2$)、钢筋 HPB300 级（Ⅰ级、$f_y = 270N/mm^2$）、桩身通长配筋 4$\phi$16($A_s = 804mm$)、钢筋保护层厚度 $a_s = 45mm$。

(3)承台埋深 1400mm、承台高度 $h = 1000mm$、桩顶嵌入承台 50mm、承台长边 $A = 2600mm$,短边 $B = 2300mm$;承台的混凝土强度等级 C20($f_t = 1.1N/mm^2$)、钢筋 HPB300 级（Ⅰ级、$f_y = 270N/mm^2$,双向配筋各 21$\phi$18($A_s = 5344mm$)、钢筋的混凝土保护层厚度 $c = 50mm$;承台下垫层的混凝土强度等级 C10、垫层厚度 100mm。

结构计算给出底层柱子根部作用于承台顶面的荷载为:

(1)荷载效应标准组合的竖向力 $F_k = 2500kN$;沿承台长边方向的水平力 $H_k = 40kN$;沿承台长边方向的力矩 $M_k = 260kN \cdot m$。

(2)荷载效应基本组合的竖向力 $F = 3380kN$,沿承台长边方向的水平力 $H = 55kN$,沿承台长边方向的力矩 $M = 350kN \cdot m$。

该建设项目的监理单位受建设单位的委托,对建设全过程监理,试在施工之前对桩基础初步设计进行设计监理评价。

## 一　桩基础适用条件及类型评价

该建设项目的建筑场地地貌为江河漫滩,地基土为浅层土软弱、深层土坚实的双层地质构

造,地基条件适宜采用桩基础。

在开发新区的建设项目采用预制桩基础,施工环境条件基本不受限制;预制桩质量相对可靠,施工进度快,桩型和施工方法的选择适宜。

## 二 桩基础地基承载力复核

### 1. 桩基础竖向地基承载力复核

桩端持力层的选择、桩底进入持力层的深度、桩的最小中心距及平面布桩均符合《建筑桩基技术规范》(JGJ 94—2008)规定的构造要求。

桩基础持力层竖向地基承载力设计的校核,单桩的地基承载力应该同时符合下式:

$$Q_k = (F_k + G_k)/n$$
$$= [F_k + (\gamma_G l'b'd)]/n$$
$$= [2500 + (20 \times 2.6 \times 2.3 \times 1.4)]/8 = 333.43 \text{kN}$$

初步设计单桩竖向地基承载力 $R_a$ 的估算:

$$R_a = q_{pa}A_p + u_p\sum q_{sia}l_i$$
$$= 2600 \times 0.3^2 + (0.3 \times 4)[(12 \times 1) + (10 \times 5) + (20 \times 1.5) + (30 \times 1)]$$
$$= 380.4 \text{kN} > Q_k$$

符合要求。

$$Q_{ihmax} = (F_k + G_k)/n + (M_{xk}/\sum y_j^2)y_{max} + (M_{yk}/\sum x_j^2)x_{max}$$
$$= 333.43 + [(260 + 40 \times 1.0)/(4 \times 1.0^2 + 2 \times 0.5^2)] \times 1.0$$
$$= 400 \text{kN}$$

$$1.2R_a = 1.2 \times 380.4 = 456.48 \text{kN}$$

因 $Q_k < R_a$, $Q_{ikmax} < 1.2R_a$,故符合《建筑桩基技术规范》(JGJ 94—2008)桩基础竖向地基承载力初步设计的规定。施工图设计和施工阶段尚需进一步对桩基础竖向地基承载力做静荷载试桩校验。

该建设项目的地基条件,桩端平面以下的受力层范围内不存在软弱下卧层,无需验算软弱下卧层的竖向地基承载力。

### 2. 桩基础地基变形的复核

本设计中桩承受竖向荷载的性状,即桩的竖向地基承载力构成中桩端阻力占桩的竖向地基承载力的比例为:

$$(q_{pa}A_p)/R_a = (2600 \times 0.3^2)/380.4 = 61.5\%$$

该建设项目建筑场地的地质条件不复杂,结构荷载均匀、对沉降无特殊要求;本设计中桩端持力层为较密实的中粗沙土层,桩承受竖向荷载的性状为端承型桩。按照《建筑桩基设计规范》(JGJ 94—2008)的规定,当有可靠地区经验时可以不进行沉降验算。

## 三 单桩承载力复核

桩的混凝土强度等级、桩的配筋率、主筋直径及净距、配筋长度、主筋的混凝土保护层厚度;箍筋的直径及间距;桩尖的加强等均符合《建筑桩基技术规范》(JGJ 94—2008)规定的基桩构造要求。

1. 施工阶段预制桩吊立抗弯承载力复核

在打桩架对预制桩吊装直立时只能采用一点起吊,吊点距离桩顶近乎 0.3 倍桩长 $l$。

施工阶段钢筋混凝土预制桩吊立抗弯承载力设计应该符合下式:

$$M_{max} \leq f_y A_s \gamma_s h_0$$

桩身主筋伸入承台 100mm(不小于 5 倍主筋直径,以备双面焊接伸入承台的连接钢筋);桩顶嵌入承台 50mm;桩尖长度 450mm(桩尖长度 $1.3 \sim 1.5b$)。

$$
\begin{aligned}
M_{max} &= 0.0429kql^2 \\
&= 1.0 \times 0.0429 \times 1.5(1.2 \times 25 \times 0.3^2) \times \\
&\quad (0.10 + 0.05 + 1.00 + 5.00 + 1.50 + 1.00 + 0.45)^2 \\
&= 14.39\text{kN} \cdot \text{m}
\end{aligned}
$$

因为桩的主筋布于桩截面的四角,故受拉钢筋与受压钢筋之间的距离为 $b - 2a_s$。

$$
\begin{aligned}
f_y A_s \gamma_s h_0 &= f_y A_s(b - 2a_s)\gamma_s \\
&= 210 \times 804/2(300 - 2 \times 35) \times 0.9 \\
&= 19.5\text{kN} \cdot \text{m} > 14.39\text{kN} \cdot \text{m}
\end{aligned}
$$

符合施工阶段预制桩吊立抗弯承载力设计。

2. 使用阶段单桩的桩身承载力设计的校核

使用阶段单桩的桩身承载力设计应该符合下式:

$$
\begin{aligned}
Q &\leq \psi_c f_c A_p \\
Q &= 1.0 \times 1.35 Q_{ikmax} \\
&= 1.0 \times 1.35 \times 400 = 540\text{kN} \\
\psi_c f_c A_p &= 0.75 \times 14.3 \times 300^2 = 965.25\text{kN} > Q = 540\text{kN}
\end{aligned}
$$

符合使用阶段单桩的桩身承载力设计要求。

## 四 矩形独立承台承载力复核

承台及其垫层的混凝土强度等级、承台配筋的直径及间距、钢筋的混凝土保护层厚度、承台的厚度、承台的埋深、边桩中心至承台边缘的距离等均符合《建筑桩基技术规范》(JGJ 94—2008)规定的构造要求。

柱下桩基础混凝土矩形独立承台的承载力设计,以柱子根部对承台的作用力和桩顶对承台的净反力作为求解承台内力的外力。桩顶的净反力设计值为:

$$N_i = F/n + (M_x / \sum y_i^2)y_i + (M_y / \sum x_i^2)x_i$$

a 桩:$N_a = 3380/8 + [(350 + 55 \times 1.0)/(4 \times 1.0^2 + 2 \times 0.5^2)] \times 1.0 = 512.5\text{kN}$

b 桩:$N_b = 3380/8 + [(350 + 55 \times 1.0)/(4 \times 1.0^2 + 2 \times 0.5^2)] \times 0.5 = 467.5\text{kN}$

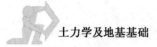

c 桩：$N_c = 3380/8 = 422.5 \text{kN}$

d 桩：$N_d = 3380/8 + [(350 + 55 \times 1.0)/(4 \times 1.0^2 + 2 \times 0.5^2)] \times (-0.50) = 377.5 \text{kN}$

e 桩：$N_e = 3380/8 + [(350 + 55 \times 1.0)/(4 \times 1.0^2 + 2 \times 0.5^2)] \times (-1.0) = 332.5 \text{kN}$

## （一）柱下矩形独立承台抗冲切承载力的复核

### 1. 柱对承台的冲切承载力复核

矩形独立承台抵抗柱子冲切承载力应该符合下式要求：

$$F_1 \leqslant 2\beta_{hp} f_t h_0 [\alpha_{ox}(b_c + a_{oy}) + \alpha_{oy}(h_c + a_{ox})]$$

$$F_1 = \gamma_0(F - \sum N) = 1.0[3380 - (467.5 + 377.5)] = 2535 \text{kN}$$

$$\beta_{hp} = 0.9 + (2000 - 1000)(1 - 0.9)/(2000 - 800) = 0.98$$

取 $a_s = 50 \text{mm}, h_0 = 1000 - 50 - 50 = 900 \text{mm}$。

$$a_{ox} = 2600/2 - 500/2 - 300 - 150$$
$$= 600 \text{mm}$$

$$\lambda_{ox} = \frac{a_{ox}}{h_0}$$
$$= 600/900$$
$$= 0.67 \in [0.2, 1.0]$$

$$\alpha_{ox} = 0.84/(\lambda_{ox} + 0.2)$$
$$= 0.84/(0.67 + 0.2)$$
$$= 0.97$$

$$a_{oy} = 2300/2 - 400/2 - 300 - 150$$
$$= 500 \text{mm}$$

$$\lambda_{oy} = \frac{a_{oy}}{h_0}$$
$$= 500/900$$
$$= 0.56 \in [0.2, 1.0]$$

$$\alpha_{oy} = 0.84/(\lambda_{oy} + 0.2)$$
$$= 0.84/(0.56 + 0.2)$$
$$= 1.11$$

$$2\beta_{hp} f_t h_0 [\alpha_{ox}(b_c + a_{oy}) + \alpha_{oy}(h_c + a_{ox})]$$
$$= 2 \times 0.98 \times 1.1 \times 900 \times [0.97 \times (400 + 500) + 1.17 \times (500 + 600)]$$
$$= 4063198 \text{N} = 4063.198 \text{kN} > F_c = 2535 \text{kN}$$

符合承台柱子抗冲切承载力的规定。

**2. 角桩对承台的冲切承载力复核**

矩形独立承台抵抗角桩冲切的承载力应该符合下式要求：

$$N_1 \leqslant \beta_{hp} f_t h_0 [\alpha_{1x}(c_2 + a_{1y}/2)h_0 + \alpha_{1y}(c_1 + a_{1x}/2)]$$

$$N_1 = N_a = 512.5\text{kN}$$

$$\beta_{hp} = 0.98, h_0 = 910\text{mm}_{\circ}$$

$$C_1 = 300 + 150 = 450\text{mm}$$

$$a_{1x} = 2600/2 - 500/2 - 450 = 600\text{mm}$$

$$\lambda_{1x} = \frac{a_{1x}}{h_0} = 600/900$$

$$= 0.67 \in [0.2 \text{、} 1.0]$$

$$\alpha_{1x} = 0.56/(\lambda_{1x} + 0.2)$$

$$= 0.56/(0.67 + 0.2)$$

$$= 0.64$$

$$C_2 = 300 + 150 = 450\text{mm}$$

$$a_{1y} = 2300/2 - 400/2 - 450 = 500\text{mm}$$

$$\lambda_{1y} = \frac{a_{1y}}{h_0} = 500/900$$

$$= 0.56 \in [0.2 \text{、} 1.0]$$

$$\alpha_{1y} = 0.56/(\lambda_{1y} + 0.2)$$

$$= 0.56/(0.56 + 0.2)$$

$$= 0.74$$

$$\beta_{hp} f_t h_0 [\alpha_{1x}(C_2 + a_{1y}/2)h_0 + \alpha_{1y}(C_1 + a_{1x}/2)]$$

$$= 0.98 \times 1.1 \times 900[0.64(450 + 500/2) + 0.74(450 + 600/2)]$$

$$= 973111\text{N} = 973.111\text{kN} > 512.51\text{kN}$$

符合承台角桩抗冲切承载力的规定。

**(二)矩形独立承台斜截面抗剪承载力的复核**

矩形独立承台斜截面抗剪承载力设计应该符合下式：

$$V \leqslant \beta_{hs} \beta f_t b_0 h_0$$

**1. 对平行于 $y$ 轴的柱边斜截面抗剪承载力的复核**

$$V = \sum N_i = 1.0 \times [2 \times 512.5 + 467.5] = 1492.5\text{kN}$$

$$\beta_{hs} = (800/h_0)^{1/4} = (800/900)^{1/4} = 0.97$$

$$\alpha_x = \frac{a_x}{h_0} a_x = \left(\frac{2600}{2} - 300 - \frac{300}{2} - \frac{500}{2}\right)$$

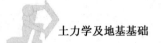

$$= 600 \text{mm}$$

$$\lambda_x = \frac{\alpha_x}{h_0} = 600/900 = 0.67 \in [0.3 、 3.0]$$

$$\beta_x = 1.75/(1 + \lambda_x)$$

$$= 1.75/(1 + 0.48) = 1.05$$

$$\beta_{hs}\beta f_t b_0 h_0 = 0.97 \times 1.05 \times 1.1 \times 2300 \times 900$$

$$= 2319125 \text{N} = 2319.125 \text{kN} > 1492.5 \text{kN}$$

符合承台斜截面抗剪承载力的规定。

2. 对平行于 $x$ 轴的柱边斜截面抗剪承载力的复核

因相对于平行于 $y$ 轴的柱边斜截面,平行于 $x$ 轴的柱边斜截面的剪力较小,但是抗剪截面较大,所以符合《建筑桩基技术规范》(JGJ 94—2008)柱下桩基础混凝土矩形独立承台斜截面抗剪承载力设计的规定。

**(三)柱下桩基础混凝土矩形独立承台正截面抗弯承载力设计的校核**

柱下桩基础混凝土矩形独立承台正截面抗弯承载力设计应该符合下式:

$$M_x \leqslant f_y A_{gx} \gamma_s (h_0 - d)$$

$$M_y \leqslant f_y A_{gy} \gamma_s h_0$$

注:式中 $d$ 为 $x$ 轴方向(承台长向)配筋的钢筋直径。

1. 平行于 $x$ 轴的柱边正截面抗弯承载力设计的校核

$$M_x = \sum N_i y_i = (512.5 + 422.5 + 332.5)(2.3/2 - 0.3 - 0.4/2)$$

$$= 823.875 \text{kN} \cdot \text{m}$$

$$f_y A_{gx} \gamma_s (h_0 - d) = 270 \times 5344 \times 0.9 \times (900 - 18)$$

$$= 11453581142 \text{N} \cdot \text{mm} = 1145 \text{kN} \cdot \text{m}$$

符合矩形独立承台正截面抗弯承载力设计的规定。

2. 平行于 $y$ 轴的柱边正截面抗弯承载力设计的校核

$$M_y = \sum N_i x_i = 2 \times 512.5 \times (2.6/2 - 0.3 - 0.5/2) + 467.5 \times (0.5 - 0.5/2)$$

$$= 885.625 \text{kN} \cdot \text{m}$$

$$f_y A_{gy} \gamma_s h_0 = 270 \times 5344 \times 0.9 \times 900 = 1168732800 \text{N} \cdot \text{mm}$$

$$= 1168.7328 \text{kN} \cdot \text{m} > 885.625 \text{kN} \cdot \text{m}$$

符合矩形独立承台正截面抗弯承载力的设计规定。

**五 建设项目桩基础设计监理评价**

(1)该建设项目的桩基础设计,适宜建筑场地的岩土工程地质条件和项目周边的环境约束条件。

(2)该建设项目的桩基础设计,符合《建筑桩基技术规范》(JGJ 94—2008)关于桩基础的构造要求、地基承载力设计的规定、单桩施工阶段和使用阶段设计的规定、承台承载力设计的规定。

(3)该建设项目的桩基础设计安全、比较经济、合理可行。

**小知识**

预应力混凝土管桩是在工厂中以先张法张拉预应力钢丝，然后浇筑混凝土，再以旋转胎模形成空心的管状预制桩，我国大陆于1968年开始批量生产预应力混凝土管桩，目前应用数量较大的首数珠三角和长三角地区。预应力混凝土管桩生产工厂化、桩身质量可靠；施工沉桩机械化、静力压桩无噪声、进度快；承载力高；综合价格较低，在建筑基础工程中应用的空间较大，是具有发展前景的建筑技术之一，将越来越广泛地应用于房建、桥梁、铁路、电力、水利等土木工程建设。

## 本章小结

本章讲述了建筑桩基础的适用条件、桩基础的分类；桩基础设计的构造要求、桩基础的竖向地基承载力设计和变形验算、单桩和承台的承载力设计。本章的重点是桩基础的地基设计计算及验算，即桩的类型选择、持力层选择、桩径及桩长的确定、单桩竖向地基承载力特征值的估算与确定、桩的根数的确定。



# 思考题

1. 解释术语：桩基础、单桩基础、群桩基础、单桩、基桩、群桩效应、负摩阻力。

2. 试述建筑桩基础的适用条件。

3. 按照桩承受竖向荷载的性状将桩划分为摩擦型桩和端承型桩，这种划分有什么工程意义？

4. 桩基础设计为什么要控制桩的最小中心距？

5. 在设计和施工中如何确保单桩的竖向地基承载力？

# 综合练习题

9-1 某建筑场地上的砖混结构建设项目采用桩基础，室内外高差0.90m，底层外墙厚度490mm，承台梁埋深1.50m，荷载效应标准组合上部结构作用于承台顶面的竖向力为300kN/m；

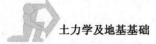

施工图单桩设计完成,采用桩径为450mm的灌注桩,由现场静荷载试验确定的单桩竖向地基承载力特征值为450kN。试设计该项目外墙下的桩基础。

9-2 某建筑场地的天然地层:第一层为杂填土,1.4m;第二层为淤泥质土,厚度6.5m, $q_{sa} = 10kPa$;第三层为中粗砂土, $q_{sa} = 60kPa$、 $q_{pa} = 2500kPa$。建设项目为框架结构,采用灌注桩基础,室内外高差0.60m;室内的中柱截面长边 $h_c = 350mm$、短边 $b_c = 350mm$,荷载效应标准组合柱根作用于承台顶面的竖向力 $F_K = 150kN$,荷载效应基本组合的竖向力 $F = 2000kN$。试对该项目室内中柱下的桩基础进行初步设计(取桩截面直径 $d = 400mm$)。

# 第十章
# 软弱地基处理

【内容提要】

本章主要讲解软弱地基的种类及性质,地基处理方法和适用范围。

通过本章的学习,学生应初步了解地基处理的分类和适用范围;掌握换土垫层法的适用范围及施工;了解机械压实法的基本原理及适用范围;了解强夯法的适用范围;了解排水固结法的原理及适用范围;了解挤密法和振冲法的适用范围;了解化学加固法的分类与适用范围。

学习时应掌握各类软弱地基处理方法的基本原理、适用条件与局限性,能根据工程地质条件、施工条件、资金情况等因素因地制宜地选择合适的地基处理方法。

223

## 第一节　概　　述

软弱地基是指主要由淤泥、淤泥质土、冲填土、杂填土或其他高压缩性土层构成的地基。另外,在建筑地基的局部范围内有此类高压缩性土层时,应按局部软弱土层考虑。这类土的工程性质是压缩性高、强度低,用作建筑物的地基时,不能满足地基承载力和变形的基本要求。

地基处理是指通过物理、化学或生物等处理方法,改善天然地基土的工程性质,提高地基承载力,改善变形特性或渗透性质,达到满足建筑物上部结构对地基承载力和变形的要求。

### 一 软弱地基的种类及性质

1. 淤泥和淤泥质土

淤泥和淤泥质土,统称为软土,是在静水或缓慢的流水环境中沉积,并经生物化学作用形成,其天然含水率大于液限、天然孔隙比 $e \geqslant 1.5$ 的黏性土,称为淤泥;当天然孔隙比 $1.0 \leqslant e \leqslant 1.5$ 的黏性土,称为淤泥质土。软土广泛分布于我国东南沿海地区及内陆江河湖泊附近,具有压缩性高、抗剪强度低、渗透性小、结构性及流变性明显等工程特性。因此,变形问题是软土地基的一个主要问题,表现为建筑物的沉降量大而不均匀、沉降速率大以及沉降稳定历时较长等特点。

### 2.人工填土

由人类活动而堆填成的土称之为人工填土,根据其物质组成和堆填方式,人工填土可分为素填土、杂填土和冲填土三类。其性质与淤泥质土相似,也归于软土的范畴中。人工填土的物质成分较杂,均匀性较差,多数情况下,在同一建筑场地的不同位置,其承载力和压缩性往往有较大的差异,如作为地基持力层,一般需经处理。

### 3.其他高压缩性土

饱和松散粉细砂和粉土属于高压缩性土,在动荷载作用下可能会产生液化,基坑开挖时可能会产生管涌。

## 二 地基处理方法及适用范围

近年来,大量的土木工程实践推动了软弱地基处理技术的迅速发展,地基处理的途径越来越多,《建筑地基处理技术规范》(JGJ 79—2012)(以下简称《地基处理规范》)给出了 13 种地基处理方法。这些方法都有各自的特点和作用机理,在不同的土类中产生不同的加固效果和局限性,所以,在考虑地基处理的设计与施工时,必须注意坚持因地制宜的原则,不可盲目从事。根据地基处理方法的基本原理,常用的地基处理方法见表 10-1。

软弱地基处理方法分类　　　　　　　　　　　　　　表 10-1

| 分　类 | 处理方法 | 原理及作用 | 适用范围 |
|---|---|---|---|
| 碾压及夯实 | 重锤夯实、机械压实、振动压实、强夯等 | 利用压实原理,通过机械碾压夯击,把表层地基土压实;强夯则利用强大的夯击能,在地基中产生强烈的冲击波和动应力,迫使土动力固结密实 | 适用于碎石土、砂土、粉土、低饱和度黏性土、杂填土等,对饱和黏性土应慎重采用 |
| 换土垫层 | 砂石垫层、素土垫层、灰土垫层、矿渣垫层等 | 以砂石、素土、灰土或矿渣等强度较高材料,置换地基表层软弱土,提高持力层的承载力,扩散应力,减少沉降 | 适用于处理地基表层软弱土和暗沟、暗塘等软弱地基 |
| 排水固结 | 天然地基预压、砂井及塑料排水带预压、真空预压、降水预压等 | 在地基中增设竖向排水体,加速地基的固结和强度增长,提高地基的稳定性;加速沉降发展,使基础沉降提前完成 | 适用于处理饱和软弱黏土层;对于渗透性极低的泥炭土,必须慎重对待 |
| 振密、挤密 | 振冲挤密、灰土桩挤密、砂石桩、石灰桩、爆破挤密等 | 采用一定的技术措施,通过振动或挤密,使土体的孔隙减少,强度提高;必要时在振动挤密的过程中,回填砂、砾石、灰土、素土等,与地基土形成复合地基,从而提高地基的承载力,减少沉降 | 适用于处理松砂、粉土、杂填土及湿陷性黄土等 |
| 置换 | 振冲置换、挤淤置换、强夯置换等 | 采用专门的技术措施,以砂、碎石等置换软弱地基中部分软弱土,从而提高地基承载力,减少沉降 | 软弱地基、人工填土、黏性土、砂土等;振冲置换限于不排水抗剪强度大于 20kPa 的地基土 |

| 分 类 | 处理方法 | 原理及作用 | 适用范围 |
|---|---|---|---|
| 灌入固化物 | 深层搅拌、高压喷射注浆、渗入性灌浆等 | 采用专门的机械设备,在部分软弱地基中掺入水泥、石灰或砂浆等形成增强体,与未处理部分土组成复合地基 | 软弱地基、黏性土、粉土、黄土等 |
| 加筋 | 加筋土、锚固、树根桩等 | 在土体中埋置土工合成材料、金属板条等形成加筋土垫层,提高地基承载力,改善变形特性;锚杆一端固定于地基土或岩石中,另一端与构筑物连接,可以减少或承受水平向作用力;在地基中设置如树根状的微型灌注桩,可以提高地基或边坡的稳定性 | 软弱地基、填土及陡坡填土等 |
| 其他 | 冻结、烧结、托换技术、纠偏技术等 | 通过独特的技术措施处理软弱地基 | 根据实际情况确定 |

表 10-1 中的很多地基处理方法具有多重加固处理的功能,例如砂石桩具有挤密、置换、排水和加筋等多重功能;而灰土桩则具有挤密和置换等功能。不同的地基处理方法之间相互渗透、交叉,功能也在不断地扩大,上述分类方法并非严格统一的。

# 第二节 换 填 法

换填法又称换土垫层法,是指挖去地表的软弱土层(厚度不超过 3m),然后以质地坚硬、强度较高、性能稳定、具有抗侵蚀性的砂、碎石、卵石、素土、灰土、煤渣、矿渣等材料分层充填,并分层压实的方法。

 **换填法的作用及适用范围**

## (一)换填层法的作用

**1. 提高地基承载力**

一般换填易夯实易压密的松散材料(中粗砂等)作为持力层,可提高地基的承载力。

**2. 减少沉降量**

以密实砂等材料代替软弱土层,由于砂垫层或其他垫层对应力的扩散作用,使作用在下卧层土上的附加压力减小,相应地减少了基础沉降量。

**3. 加速软弱土层的排水固结**

砂垫层和砂石垫层等垫层材料透水性大,软弱土层受压后,垫层可作为良好的排水面,可以使基础下面的孔隙水压力迅速消散,加速垫层下软弱土层的固结并提高其强度,避免地基土塑性破坏。

**4. 消除湿陷性黄土的湿陷性**

用素土或灰土置换基础底面一定范围内的湿陷性黄土,可消除地基土因遇水湿陷而造成

的不均匀变形,但是砂和砂石垫层不宜用于处理湿陷性黄土地基,因为它们良好的透水性反而容易引起下卧黄土的湿陷。

**5. 消除膨胀土的胀缩作用**

在膨胀土地基上可选用砂、碎石、块石、煤渣、二灰或灰土等材料作为垫层以消除胀缩作用,但垫层厚度应依据变形计算确定,一般不少于 0.3m,且垫层宽度应大于基础宽度,而基础的两侧宜用与垫层相同的材料回填。

**6. 防止冻胀**

因为粗颗粒的垫层材料孔隙大,不易产生毛细管现象,因此可以防止寒冷地区土中结冰所造成的冻胀。工程实践中,应保证砂垫层的底面满足当地冻结深度的要求。

### (二)换土垫层法的适用范围

换填法适用于淤泥、淤泥质土、湿陷性黄土、素填土、杂填土及暗沟、暗塘等的浅层处理,多用于多层或低层建筑的条形基础、独立基础、地坪、料场及道路工程。

## 二 垫层设计要点

垫层设计既要满足建筑物对地基变形和强度的要求,又要经济合理。因此,设计内容主要是确定砂垫层的厚度、宽度和承载力,必要时进行变形验算。

**1. 垫层厚度的确定**

应根据需置换软弱土(层)的深度或下卧土层的承载力确定,应符合式(10-1)要求:

$$p_z + p_{cz} \leqslant f_{az} \tag{10-1}$$

式中:$p_z$——相应于作用的标准组合时,垫层底面处的附加压力值,kPa;

$p_{cz}$——垫层底面处土的自重压力值,kPa;

$f_{az}$——垫层底面处经深度修正后的地基承载力特征值,kPa。

垫层底面处的附加压力值 $p_z$ 可按压力扩散角方法进行简化计算,即:

条形基础 $$p_z = \frac{b(p_k - p_c)}{b + 2z\tan\theta} \tag{10-2}$$

矩形基础 $$p_z = \frac{bl(p_k - p_c)}{(b + 2z\tan\theta)(l + 2z\tan\theta)} \tag{10-3}$$

式中:$b$——矩形基础或条形基础底面的宽度,m;

$l$——矩形基础底面的长度,m;

$p_k$——相应于作用的标准组合时,基础底面处的平均压力值,kPa;

$p_c$——基础底面处土的自重压力值,kPa;

$z$——基础底面下垫层的厚度,m;

$\theta$——垫层(材料)的压力扩散角(°),宜通过试验确定,当无试验资料时,可按表 10-2 采用。

具体计算时,可先假设一个垫层的厚度,然后按式(10-1)进行验算。一般砂垫层的厚度为 1～2m,不宜大于 3m,否则垫层过厚施工较困难,也不经济。

| z/b | 换填材料 | 中砂、粗砂、砾砂、圆砾、角砾石屑、卵石、碎石、矿渣 | 粉质黏土、粉煤灰 | 灰土 |
|---|---|---|---|---|
| 0.25 | | 20 | 6 | 28 |
| ≥0.50 | | 30 | 23 | |

注：1. 当 $z/b < 0.25$ 时，除灰土仍取 $\theta = 28°$ 外，其余材料均取 $\theta = 0°$，必要时宜由试验确定。

2. 当 $0.25 < z/b < 0.5$ 时，$\theta$ 值可内插求得。

3. 土工合成材料加筋垫层其压力扩散角宜由现场静荷载试验确定。

**2. 垫层宽度的确定**

垫层底面宽度应满足基础底面应力扩散的要求；可根据式（10-4）计算：

$$b' \geqslant b + 2z\tan\theta \tag{10-4}$$

式中：$b'$——垫层底面宽度，m；

　　　$z$——基础底面下垫层的厚度，m；

　　　$\theta$——垫层的压力扩散角（°），可按表 10-2 取值；当 $z/b < 0.25$ 时，仍按 $z/b = 0.25$ 取值。

垫层顶面每边超出基础底边缘不应小于 300mm，且从垫层底面两侧向上，按当地开挖基坑经验及要求放坡，整片垫层的宽度可根据施工的要求适当加宽。

### 三　垫层的承载力和变形验算

垫层的承载力宜通过现场载荷试验确定，对于垫层下存在软弱下卧层的建筑，在进行地基变形计算时应考虑邻近建筑物基础荷载对软弱下卧层顶面应力叠加的影响，应进行下卧层承载力验算。当超出原地面标高的垫层或换填材料的重度高于天然土层重度时，宜及时换填，并应考虑其附加荷载的不利影响。进行基础沉降的验算时，要求最终沉降量小于建筑物的允许沉降值。验算时不考虑垫层的压缩变形，仅按常规的沉降公式计算下卧软土层引起的基础沉降。

**【例题 10-1】**　某职工宿舍楼采用钢筋混凝土结构的条形基础，宽 1.2m，埋深 0.8m，基础的平均重度为 26kN/m³，作用于基础顶面的竖向荷载为 125kN/m。地基土情况：表层为粉质黏土，重度 $\gamma_1 = 17.5$kN/m³，厚度 $h_1 = 1.2$m；第二层为淤泥质土，$\gamma_2 = 17.8$kN/m³，$h_2 = 10$m，地基承载力特征值 $f_{ak} = 50$kPa。地下水位深 1.2m。试设计该宿舍楼的砂垫层。

**【解】**　（1）假设砂垫层厚度为 1m，并要求分层碾压夯实，干密度 $>1.5$t/m³。

（2）垫层厚度的验算：

①计算基础底面处的平均压力 $p_k$：

$$p_k = \frac{F_k + G_k}{b} = \frac{125 + 26 \times 1.2 \times 0.8}{1.2} = 125\text{kPa}$$

②计算垫层底面处的附加压力 $p_z$：

由于 $z/b = 1/1.2 = 0.83 \geqslant 0.5$，通过查表 10-2，垫层的压力扩散角 $\theta = 30°$。

$$p_z = \frac{b(p_k - p_c)}{b + 2z\tan\theta} = \frac{1.2 \times (125 - 17.5 \times 0.8)}{1.2 + 2 \times 1 \times \tan30°} = 56.6\text{kPa}$$

③计算垫层底面处土的自重压力 $p_{cz}$：

$$p_{cz} = \gamma_1 h_1 + \gamma_2(d + z - h_1) = 17.5 \times 1.2 + (17.8 - 10) \times (0.8 + 1 - 1.2) = 25.7\text{kPa}$$

④计算垫层底面处经深度修正后的地基承载力特征值 $f_{az}$：

$$f_{az} = f_{ak} + \eta_b \gamma(b - 3) + \eta_d \gamma_m(d - 0.5)$$

$$= 50 + 1.0 \times \frac{17.5 \times 1.2 + (17.8 - 10) \times (0.8 + 1 - 1.2)}{0.8 + 1} \times (1.8 - 0.5) = 68.5\text{kPa}$$

⑤验算垫层下卧层的强度，根据式(10-1)得：

$$p_z + p_{cz} = 56.6 + 25.7 = 82.3\text{kPa} > f_{az} = 68.5\text{kPa}$$

这说明垫层的厚度不够，再假设垫层厚度为 1.7m，重新计算可得：

$$p_z = \frac{1.2 \times (125 - 14)}{1.2 + 2 \times 1.7 \times \tan 30°} = 42.1\text{kPa}$$

$$p_{cz} = 17.5 \times 1.2 + (17.8 - 10) \times (0.8 + 1.7 - 1.2) = 31.1\text{kPa}$$

$$f_{az} = 50 + 1.0 \times \frac{17.5 \times 1.2 + (17.8 - 10) \times (0.8 + 1.7 - 1.2)}{0.8 + 1.7} \times$$

$$(0.8 + 1.7 - 0.5) = 74.9\text{kPa}$$

$$p_z + p_{cz} = 42.1 + 31.1 = 73.2\text{kPa} \leqslant f_{az} = 74.9\text{kPa}$$

这说明垫层的厚度满足要求。

(3)确定垫层底面的宽度：

$$b' = b + 2z\tan\theta = 1.2 + 2 \times 1.7 \times \tan 30° = 3.2\text{m}$$

(4)绘制砂垫层剖面图，如图 10-1 所示。

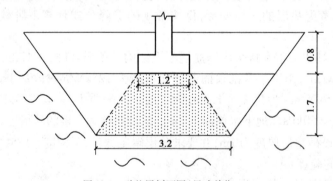

图 10-1　砂垫层剖面图(尺寸单位:m)

四 垫层施工

(1)垫层施工应根据不同的换填材料选择施工机械。粉质黏土、灰土垫层宜采用平碾、振动碾或羊足碾，以及蛙式夯、柴油夯。砂石垫层等宜用振动碾。粉煤灰垫层宜采用平碾、振动碾、平板振动器、蛙式夯。矿渣垫层宜采用平板振动器或平碾，也可采用振动碾。

(2)垫层的施工方法、分层铺填厚度、每层压实遍数宜通过现场的试验确定。除接触下卧软土层的垫层底部应根据施工机械设备及下卧层土质条件确定厚度外,其他垫层的分层铺填厚度宜为200～300mm。为保证分层压实质量,应控制机械碾压速度。

(3)粉质黏土和灰土垫层土料的施工含水率宜控制在$\omega_{op} \pm 2\%$的范围内,粉煤灰垫层的施工含水率宜控制在$\omega_{op} \pm 4\%$的范围内。最优含水率$\omega_{op}$可通过击实试验确定,也可按当地经验选取。

(4)当垫层底部存在古井、古墓、洞穴、旧基础、暗塘时,应根据建筑物对不均匀沉降的控制要求予以处理,并经检验合格后,方可铺填垫层。

(5)基坑开挖时应避免坑底土层受扰动,可保留180～220mm厚的土层暂不挖去,待铺填垫层前再由人工挖至设计标高。严禁扰动垫层下的软弱土层,应防止软弱垫层被践踏、受冻或受水浸泡。在碎石或卵石垫层底部宜设置厚度为150～300mm的砂垫层或铺一层土工织物,并应防止基坑边塌塌土混入垫层中。

(6)换填垫层施工时,应采取基坑排水措施。除砂垫层宜采用水撼法施工外,其余垫层施工均不得在浸水条件下进行。工程需要时应采取降低地下水位的措施。

(7)垫层底面宜设在同一标高上,如深度不同,坑底土层应挖成阶梯或斜坡搭接,并按先深后浅的顺序进行垫层施工,搭接处应夯压密实。

(8)粉质黏土、灰土垫层及粉煤灰垫层施工,应符合下列规定:

①粉质黏土及灰土垫层分段施工时,不得在柱基、墙角及承重窗间墙下接缝。

②垫层上下两层的缝距不得小于500mm,且接缝处应夯压密实。

③灰土拌和均匀后,应当日铺填夯压;灰土夯压密实后,3d内不得受水浸泡。

④粉煤灰垫层铺填后,宜当日压实,每层验收后应及时铺填上层或封层,并应禁止车辆碾压通行。

⑤垫层施工竣工验收合格后,应及时进行基础施工与基坑回填。

(9)土工合成材料施工,应符合下列要求:

①下铺地基层面应平整。

②土工合成材料铺设顺序应先纵向后横向,且应把土工合成材料张拉平整、绷紧,严禁有皱折。

③土工合成材料的连接宜采用搭接法、缝接法或胶接法,接缝强度不应低于原材料抗拉强度,端部应采用有效方法固定,防止筋材拉出。

④应避免土工合成材料暴晒或裸露,阳光暴晒时间不应大于8h。

# 第三节　压　实　法

压实是指通过夯锤或机械,夯击、碾压填土或疏松土层,使其孔隙体积减小、密实度提高。压实能提高土的抗剪强度、降低土的压缩性、减弱土的透水性,使经过处理的表层软弱土成为能承担较大荷载的地基持力层。

根据不同的施工机械和工艺,压实法一般包括机械碾压、振动击实、重锤夯实等。这些方法所使用的机械或设备的能力较小,因而碾压或夯实的影响范围较小,一般用于道路、堆场的地基处理,有时也可适用于轻型建筑。机械压实法可以减少建筑材料的耗用量,施工简便、成

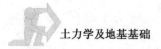 

本低、工期短,但必须预先正确查明地基土的工程性质,以防出现工程事故。

## 一 土的压实原理

大量工程实践和试验研究表明,对过湿的黏性土进行夯实或碾压时会出现软弹现象(俗称"橡皮土"),土的密实度并不会因此增大;对很干的土进行夯实或碾压时,显然也不能把土充分压实。只有在适当含水率范围内,土的压实效果才能达到最佳。在一定压实机械能量作用下,土最易于被压实,并能达到最大密实度时的含水率,称为最优含水率 $w_{opt}$,相应的干密度则称为最大干密度 $\rho_{dmax}$。当无试验资料时,最大干密度可按式(10-5)计算:

$$\rho_{dmax} = \eta \frac{\rho_w d_s}{1 + 0.01\omega_{op}d_s} \tag{10-5}$$

式中:$\rho_{dmax}$——分层压实填土的最大干密度,$t/m^3$;

$\eta$——经验系数,粉质黏土取 0.96,粉土取 0.97;

$\rho_w$——水的密度,$t/m^3$;

$d_s$——土粒相对密度(比重),$t/m^3$;

$\omega_{op}$——填料的最优含水率,%。

各类土的矿物成分与粒径级配不同,其最大干密度与最优含水率也不相同;可在试验室内进行击实试验测得。试验时将同一种土配制成若干份不同含水率的试样,用同样的压实能量分别对每一试样进行击实,然后测定各试样击实后的干密度与含水率,从而绘制干密度和含水率的关系曲线(图10-2),称为压实曲线。从图中可以看出,当含水率较低时,随着含水率的增加,土的干密度也逐渐增大,表明压实效果逐步提高;当含水率超过最优含水率后,干密度则随着含水率的增加而逐渐减小,即压实效果变差。这说明土的压实效果是随着含水率的变化而变化的,并在击实曲线上出现一个干密度峰值,相应于这个峰值的含水率就是最优含水率。

当黏性土含水率较小时,其粒间引力较大,在一定的外部压实作用下,如不能有效克服引力而使土粒相对移动,压实效果就比较差。当含水率适当增大时,结合水膜逐渐增厚,土粒之间的联结力减弱,在相同的压实作用下土粒易于移动,压实效果较好。但当含水率增大到一定程度后,孔隙中就出现了自由水,击实时过多的水分不易立即排出,从而阻止了土粒间的相互靠拢,所以压实效果又趋下降,这就是土的压实原理。

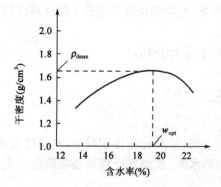

图 10-2 干密度和含水率关系曲线

试验统计表明:最优含水率 $w_{opt}$ 与土的塑限 $w_p$ 有关,大致为 $w_{opt} = w_p + 2$。土中黏土矿物含量越多,则最优含水率越大。当填料为碎石或卵石时,其最大干密度可取 2.1 ~ 2.2 $t/m^3$。

对于同类土,随着压实能量的变化,最大干密度和最优含水率也随之变化。当压实能量较小时,土压实后的最大干密度较小,对应的最优含水率则较大,如图10-3所示;反之,干密度较大,对应的最优含水率则较小,如图中曲线1、2。因此,当压实程度不足时,可以改用较大的压实能量补充,以达到所需的密实度。图中还给出了理论饱和曲线,实际压实曲线只能位于理论曲线的左下方,而不可能与其相交。这是由于黏性土在最优含水率时,土体压实到最大干密度,其饱和度一般为80%左右;此时,孔隙中的气体越来越难和大气相通,压实时不能将其完全排出去。

砂土的击实性能与黏性土不同。由于砂土的粒径大,孔隙大,结合水的影响微小,总的来说比黏性土容易压实。

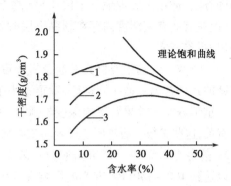

图10-3 击实能量对压实效果的影响

## 二 机械碾压法

机械碾压法是一种采用平碾、羊足碾、压路机、推土机或其他压实机械压实松软土的方法,这种方法常用于地下水位以上,大面积填土的压实和杂填土地基的处理。

碾压的效果主要决定于被压实土的含水率和压实机械的压实能量。在实际工程中若要求获得较好的压实效果,应根据碾压机械的压实能量控制碾压土的含水率,选择适合的分层碾压厚度和遍数,一般可以通过现场碾压试验确定。关于黏性土的碾压,通常用 80～100kN 的平碾或 120kN 的羊足碾,每层铺土厚度为 200～300mm,碾压 8～12 遍。碾压后填土地基的质量常以压实系数和现场含水率控制,压实系数是控制的干密度与最大干密度的比值,在主要受力层范围内一般大于 0.96。

## 三 振动压实法

振动压实法是一种在地基表面施加振动把浅层松散土振实的方法,地基土的颗粒受到振动而发生相对运动,移动至稳固位置,减小土的孔隙而压实。

振动压实机是这种方法的主要机具,自重为 20kN,振动力为 50～100kN,频率为 1160～1180 转/分,振幅为 3.5mm。这种方法主要应用于处理砂土、炉渣、碎石等无黏性土为主的填土。振动压实的效果主要决定于被压实土的成分和振动的时间,振动的时间越长,效果越好,但超过一定时间后,振动的效果就趋于稳定,所以在施工之前先进行试振,确定振动所需的时间和产生的下沉量。例如炉灰和细粒填土,振实的时间为 3～5min,有效的振实深度为 1.2～1.5m。一般杂填土经过振实后,地基承载力基本值可以达到 100～120kPa。如地下水位太高,则将影响振实的效果。另外应注意振动对周围建筑物的影响,振源与建筑物的距离应大于 3m。

## 四 重锤夯实法

重锤夯实法是利用起重机械将重锤提到一定高度,然后使其自由落下,重复夯打地基,使地基表面形成一层较均匀密实的硬壳层,从而提高了地基强度。这种方法是一种浅层的地基

加固方法,适用于处理地下水位 0.8m 高度以上稍湿的杂填土、黏性土、砂土、湿陷性黄土等地基,但在有效夯实深度内存在软黏土层时不宜采用,因为饱和土在瞬间冲击力作用下,水不易排出,很难夯实。

重锤夯实法的主要机具是起重机和重锤。起重设备宜采用带有摩擦式卷扬机的起重机;重锤的式样常为一截头圆锥体,锤重不小于 15kN,锤底的直径为 0.7~1.5m。

重锤夯实的效果及影响深度与锤重、锤底直径、落距、夯击的遍数、土质条件和含水率等因素有关,这些参数一般需要通过现场试夯来确定。根据国内一些地区的经验,常用锤重为 1.5~3.2t,落距为 2.5~4.5m,夯击遍数一般取 6~10 遍,夯实后杂填土地基的承载力基本值一般可以达到 100~150kPa,夯实的影响深度大致相当于重锤锤底直径。夯实过程中,土的含水率直接影响其夯实效果,施工时,尽量使土在最优含水率条件下夯实。如果夯实土的含水率发生变化,应及时调节夯实功的大小,使夯实功适应土的实际含水率。一般情况下,增大夯实功或增加夯击的遍数可以提高夯实的效果;但是当土夯实到达某一密实度时,再增大夯实功和夯击遍数,土的密实度反而会降低。

重锤夯实宜按一夯换一夯的顺序进行。在独立基础基坑内,宜先外后内进行夯击。同一基坑底面标高不同时,应按先深后浅的顺序进行夯实。一般当最后两遍的平均夯沉量达到黏性土及湿陷性黄土小于 1.0~2.0cm,砂土小于 0.5~1.0cm 时,可停止夯击。

重锤夯实法加固后的地基应经静载试验确定其承载力,必要时还应对软弱下卧层承载力及地基沉降进行验算。

# 第四节　强　夯　法

 概述

## (一)强夯法的特点及适用范围

强夯法又称动力固结法或动力压实法,是由法国 Menard 技术公司于 1969 年首创的一种地基处理方法。该方法通过 10~40t 的重锤和 10~40m 的落距,对地基施加强大的冲击能,强制夯实地基。

强夯法的显著特点是夯击能量大,因此影响深度也大,并具有施工简单、施工速度快、费用低、适用范围广、加固效果好等优点。它不仅可以提高地基土的强度、降低土的压缩性、改善砂土的抗液化条件、消除湿陷性黄土的湿陷性等;同时,还可以提高土层的均匀程度,减少将来可能出现的不均匀沉降。强夯法适用于处理碎石土、砂土、低饱和度的粉土与黏性土、湿陷性黄土、素填土和杂填土地基等。

## (二)强夯法的加固机理

强夯法有三种不同的加固机理:动力挤密、动力固结和动力置换,它取决于地基土的类别和强夯施工工艺。

**1. 动力挤密**

采用强夯法加固多孔隙、粗颗粒、非饱和土是基于动力挤密的机理,即用冲击型动力荷载,使土体孔隙减小、挤密,从而提高地基土强度。

**2. 动力固结**

在饱和的细粒土中,土体在巨大夯击能量作用下产生孔隙水压力使土体结构被破坏,土颗粒间出现裂隙,形成排水通道,渗透性改变,随着孔隙水压力的消散土开始密实,抗剪强度、变形模量增大。一般认为,加固过程可以分为加载、卸载与动力固结三个阶段。

**3. 动力置换**

动力置换可分为整式置换和桩式置换,如图 10-4 所示。整式置换是采用强夯将碎石整体挤入淤泥中,其作用机理类似于换土垫层。桩式置换是通过强夯将碎石填筑土体中,部分碎石桩间隔地夯入软土中,形成碎石桩。其作用机理就是在饱和软黏土特别是淤泥及淤泥质土中,通过强夯将碎石填充于土体中,形成复合地基,从而提高地基的承载力。

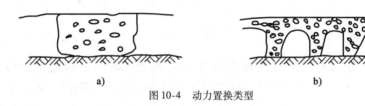

a)                                        b)

图 10-4 动力置换类型
a)整式置换;b)桩式置换

## 二 设计要点

为了使强夯达到预期的加固效果,需要根据地基土的种类及建筑物对地基加固深度的要求,确定锤重、落距、夯击次数和遍数、时间间隔、夯击点间距和排列等,最后检验夯击的效果。

### (一)有效加固深度

工程实践中,有效加固深度可用如下经验公式估算:

$$H = \alpha\sqrt{M \cdot h} \tag{10-6}$$

式中:$H$——强夯的有效加固深度,m;

$M$——夯锤重,t;

$h$——落距,m;

$\alpha$——修正系数,视地基土性质而定,软土取 0.5,砂土取 0.7,黄土取 0.35~0.5。

强夯法的有效加固深度也可根据现场试夯或当地经验确定。在缺少试验资料或经验时,也可根据表 10-3 预估。

强夯法有效加固深度(m)                                表 10-3

| 单击夯击能<br>(kN·m) | 碎石土、砂土等<br>粗颗粒土 | 粉土、黏性土、湿陷性黄土等细颗粒土 |
|---|---|---|
| 1000 | 4.0~5.0 | 3.0~4.0 |
| 2000 | 5.0~6.0 | 4.0~5.0 |

| 单击夯击能<br>（kN·m） | 碎石土、砂土等<br>粗颗粒土 | 粉土、黏性土、湿陷性黄土等细颗粒土 |
|---|---|---|
| 3000 | 6.0~7.0 | 5.0~6.0 |
| 4000 | 7.0~8.0 | 6.0~7.0 |
| 5000 | 8.0~8.5 | 7.0~7.2 |
| 6000 | 8.5~9.0 | 7.5~8.0 |
| 8000 | 9.0~9.5 | 8.0~8.5 |
| 10000 | 9.5~10.0 | 8.5~9.0 |
| 12000 | 10.0~11.0 | 9.0~9.5 |

注：强夯的有效加固深度应从最初起夯面算起；单击夯击能 $E$ 大于12000kN·m时，强夯的有效加固深度应通过试验确定。

### （二）单击夯击能

单击夯实能在数值上等于夯锤锤重与落距的乘积。我国采用的单击夯击能大多为1000kN·m，随着起重机械工业的发展，目前最大单击夯击能为8000kN·m。单击夯实能大，夯击次数和遍数少，有效加固深度大，加固效果与经济效益均较好。设计中对相同的夯击能，增大落距比增大锤重更有效，可以获得较大的接地速度，有效地将能量传到地下深处，增加深层夯实效果。

### （三）夯击次数与遍数

**1. 夯击次数**

夯击次数应根据现场试夯确定，常以夯坑的压缩量最大、夯坑周围隆起量最小为确定的原则。

**2. 夯击遍数**

夯击遍数应根据地基土的性质和平均夯击能确定。根据我国工程实践，对于大多数工程可采用点夯2~3遍，最后再以低能量满夯2遍，满夯可采用轻锤或低落距锤多次夯击，锤印彼此搭接。

### （四）时间间隔

对于多遍夯击之间应有一定的时间间隔，主要取决于加固土层孔隙水压力的消散时间。对于渗透性较差的黏性土地基的间隔时间，应不小于3~4周；对于渗透性较好的地基可连续夯击。

### （五）夯击点布置与间距

夯点位置可根据基础平面形状布置。对于基础面积较大的建筑物，可按等边三角形或正方形布置夯击点；办公楼、住宅建筑，可根据承重墙位置布置；工业厂房，可按柱网来设置夯击点。

夯击点间距一般根据地基土的性质和处理深度而定。第一遍夯击点间距可取夯锤直径的2.5~3.5倍,第二遍夯击点位于第一遍夯击点之间,以后各遍夯击点间距可适当减小。对于要求加固深度较深或单击夯击能较大的工程,第一遍夯击点间距应适当增大。

### (六)试夯及处理范围

强夯法施工前,应根据初步确定的强夯参数,提出强夯试验方案,进行现场试夯。由于基础的应力扩散作用,强夯处理的范围可根据建筑物类型和重要性等因素综合考虑决定。对一般建筑物,每边超出基础外缘的宽度宜为设计处理深度的1/2~2/3,并不宜小于3m。

## 三 施工要点

(1)强夯夯锤质量宜为10~60t,其底面形式宜采用圆形,锤底面积宜按土的性质确定,锤底静接地压力值宜为25~80kPa,单击夯击能高时,取高值,单击夯击能低时,取低值,对于细颗粒土宜取低值。锤的底面宜对称设置若干个上下贯通的排气孔,孔径宜为300~400mm。

(2)强夯法施工,应按下列步骤进行:

①清理并平整施工场地。

②标出第一遍夯点位置,并测量场地高程。

③起重机就位,夯锤置于夯点位置。

④测量夯前锤顶高程。

⑤将夯锤起吊到预定高度,开启脱钩装置,夯锤脱钩自由下落,放下吊钩,测量锤顶高程;若发现因坑底倾斜而造成夯锤歪斜时,应及时将坑底整平。

⑥重复步骤⑤,按设计规定的夯击次数及控制标准,完成一个夯点的夯击;当夯坑过深,出现提锤困难,但无明显隆起,而尚未达到控制标准时,宜将夯坑回填至与坑顶齐平后,继续夯击。

⑦换夯点,重复步骤③~⑥,完成第一遍全部夯点的夯击。

⑧用推土机将夯坑填平,并测量场地高程。

⑨在规定的间隔时间后,按上述步骤逐次完成全部夯击遍数;最后,采用低能量满夯,将场地表层松土夯实,并测量夯后场地高程。

(3)施工检测。在强夯施工结束一至数周后,应进行强夯效果质量检测。检测点位置可分别布置在夯坑内、外和夯击区边缘,其数量应根据场地复杂程度和建筑物的重要性确定。对简单场地的一般建筑物,检测点不应少于3处;对于重要工程或复杂场地应增加检测点。检测深度不应小于设计地基处理深度。

# 第五节　排水固结法

排水固结法是在建(构)筑物建造前,通过预压使土体中孔隙水排出,逐渐固结,孔隙体积逐渐减小,强度逐渐提高,达到解决建筑物地基稳定和变形问题的地基处理方法。

根据预压荷载的不同,排水固结法可分为堆载预压、真空预压、降低地下水位预压、电渗预

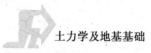 

压等。堆载预压是工程上常用的软土地基处理方法，一般用填土、砂石等材料堆载。真空预压是在软土地基内设置砂井，然后在地面铺设砂垫层，其上覆盖不透气的密封膜，利用真空装置对砂垫层及砂井抽气，促使孔隙水快速排出，加速地基固结。通过地下水位的下降使土体中的孔隙水压力减小，从而增大有效应力，促进地基固结的方法称为降低地下水位预压。通过电渗作用逐渐排出土中水的方法称为电渗预压。当真空预压达不到要求的预压荷载时，可与堆载预压联合使用，其堆载预压荷载和真空预压荷载可叠加计算。在工程中应用时，可根据不同的土质条件选择相应的方法。

## 一 加固原理及适用范围

在荷载作用下，地基土中孔隙水慢慢排出，孔隙体积减小，地基发生固结变形。同时，随着超静孔隙水压力逐渐消散，土的有效应力逐渐提高，地基土的强度逐渐增长。以堆载预压排水固结为例说明地基土密实、强化的原理，如图 10-5 所示。

图 10-5 中，土样在天然固结压力 $\sigma_c'$ 下的天然孔隙比为 $e_0$，在 $e - \sigma_c'$ 坐标上与 $a$ 点对应。当土样上增加荷载 $\Delta\sigma'$ 后，由曲线上的 $a$ 点变化到 $c$ 点，同时孔隙比减少 $\Delta e$，曲线 $abc$ 为压缩曲线。如果此时卸除压力 $\Delta\sigma'$，则土样发生回弹，$c$ 点沿 $cef$ 曲线回到 $f$ 点，孔隙比增加 $\Delta e'$，继续加压 $\Delta\sigma'$，土样继续压缩，沿虚线到达 $c'$ 点。前后两次加荷至完全固结所到达的 $c$ 点和 $c'$，

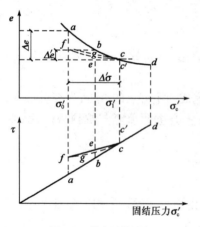

图 10-5　排水固结原理

是很接近的。在上述加荷—卸荷—再加荷过程中，土样的抗剪强度也在变化着。第一次加荷后，抗剪强度值从曲线上的 $a$ 点上升到 $c$ 点，卸荷后又从 $c$ 点退至 $f$ 点。之后第二次加荷，再从 $f$ 点上升到 $c'$ 点。显然，在相同的固结压力下，加荷时的抗剪强度要比未预先加荷时的抗剪强度大，如图 10-5 中 $\tau - \sigma_c'$ 坐标上的 $f$ 点、$e$ 点分别要比 $a$ 点和 $b$ 点高。这说明，如果在建筑场地上预先施加一个与上部结构荷载相同（等载预压）或者更大的荷载（超载预压）进行预压使土层固结，然后卸除荷载，再在其上建造建（构）筑物，可以消除或减少地基沉降。值得注意的是，预压荷载不应大于地基土的容许承载力。

排水固结法适用于处理各类淤泥、淤泥质土及冲填土等饱和黏性土地基。砂井堆载法适用于连续薄砂层地基；真空预压法适用于能在加固区形成稳定负压边界条件的软土地基；降低地下水位法、真空预压法和电渗法由于不增加剪应力，地基不会产生剪切破坏，故适用于很软弱的黏土地基。

## 二 砂井堆载预压法

为了缩短加载预压后排水固结的时间，对较厚的软土层，常在地基中设置砂井等竖向排水通道，以缩短排水距离，加速土层的固结。砂井堆载预压法由美国加州公路局于 1934 年首次应用于路基下软土地基的处理，并取得了满意的效果，其后在铁路路堤、土坝、大型储油罐、机

场、高速公路等工程中得到了广泛的应用。

砂井堆载预压法的设计，实质上就是进行排水系统和加压系统的设计，使地基在受压过程中排水固结，强度相应增加，以满足逐渐加荷条件下地基稳定性的要求。

1. 排水系统的设计

排水系统的设计主要包括选择适当的砂井直径、间距、深度、平面布置以及形成砂井排水系统所需的材料、砂垫层厚度等。砂井可分为普通砂井和袋装砂井。普通砂井是指用沉管法或高压射水法的砂井，渗透性较强，排水性能良好，但施工速度较慢，工程量大，造价较高。袋装砂井是用土工编织袋，内装砂密实，制成砂袋，用专用机具打入地基中制成；排水性能良好，但随着打入深度的增大，井阻增大，并受涂抹作用影响；其施工机具简单轻便，用料较省，造价低。砂井类型的选用需要根据工程建筑物的特点和对地基固结时间的要求，综合考虑地质条件、材料来源、施工条件及工程造价等因素，通过比较后确定。

(1)砂井直径和间距：砂井直径和间距，主要取决于黏性土层的固结特性和施工期限的要求。实际应用中，砂井直径不能过小，间距也不可过密，否则将增加施工难度和提高工程造价。普通砂井直径一般为300~500mm，间距一般为砂井直径的6~8倍；袋装砂井直径可取70~120mm，间距一般为1.0~1.5m。

(2)砂井深度：砂井深度主要根据土层的分布、地基中的附加应力大小、施工条件与期限以及建筑物对地基变形和稳定性的要求等因素确定。对以变形控制的建筑，砂井深度应根据在限定的预压时间内需完成的变形量确定，并宜穿透受压土层。对于较厚的受压土层(超过20m)，在施工条件允许时，应尽可能加深砂井深度，这对加速土层固结、缩短工期是有利的。对以地基抗滑稳定性控制的工程，砂井深度应超过最危险滑动面2.0m以上。

(3)平面布置：砂井的平面布置可采用正方形或等边三角形排列。等边三角形的排列比较紧凑，实际工程中采用较多。砂井的有效排水直径与间距的关系为：

等边三角形布置

$$d_e = \sqrt{\frac{2\sqrt{3}}{\pi}} l = 1.050l \qquad (10\text{-}7)$$

正方形布置

$$d_e = \sqrt{\frac{4}{\pi}} l = 1.128l \qquad (10\text{-}8)$$

式中：$d_e$——砂井的有效排水直径，mm；

$l$——砂井间距，mm。

砂井的布置范围，一般要比建筑物基础范围稍大为好，这是因为基础以外一定范围内地基中仍然存在压应力和剪应力。基础外的地基土如能加速固结，对提高地基的稳定性和减小侧向变形以及由此引起的沉降是有好处的。

(4)砂料：砂井的砂料应选用中粗砂，其黏粒含量不应大于3%。

(5)砂垫层：为了使砂井有良好的排水通道，砂井顶部应铺设砂垫层，垫层砂料和砂井砂料相同，厚度不应小于500mm。在预压区边缘应设置排水沟，在预压区内宜设置与砂垫层相连的排水盲沟。

2. 加压系统设计要点

加压系统的目的是使地基在预压荷载作用下基本固结完成,然后卸去预压荷载建造建筑物,以消除建筑物基础的部分固结沉降和不均匀沉降。加压系统设计的内容包括:

(1)确定预压荷载的大小,应根据设计要求确定。预压荷载一般用填土、砂石等散粒材料;宜使预压荷载下受压土层各点的有效竖向应力大于建筑物荷载引起的相应点的附加应力。油罐通常利用灌体充水对地基进行预压。对堤坝等以稳定为控制的工程,则以其本身的重量有控制地分级逐渐加载,直至设计标高。

(2)确定预压荷载的范围,应等于或大于建筑物基础外缘所包围的范围。

(3)加载速率和荷载分级,由于软黏土地基抗剪强度低,必须分级逐渐加荷,待前期预压荷载下地基土的强度增长满足下一级荷载下地基的稳定性要求时方可加载。

(4)确定预压的时间,是通过设计来确定。对主要以变形控制的建筑,当排水砂井处理深度范围和砂井底面以下受压土层经预压后完成的变形和平均固结度符合设计要求时,方可卸载。对主要以地基承载力或抗滑稳定性控制的建筑,当地基土经预压而增长的强度满足建筑物地基承载力或稳定性要求时,方可卸载。

3. 地基土固结度计算

是根据各级荷载下不同时间的固结度,推算地基强度的增长值,分析地基的稳定性,确定相应的加载计划,估算加荷期间地基的沉降量,确定预压荷载的期限等。受压土层平均固结度包括径向排水平均固结度和竖向排水平均固结度,一般采用砂井固结理论分析。

4. 地基土的强度增长计算

饱和黏性土在预压荷载作用下排水固结,从而提高地基土抗剪强度;但同时随着荷载的增加,地基中剪应力也在增大,在一定条件下,剪切蠕动还有可能导致强度的衰减。因此,地基土强度增长的预计需要考虑这一因素的影响。

5. 稳定性分析

稳定性分析是路堤、土坝以及岸坡等以稳定为控制的工程设计中的一项重要内容。对于预压工程,在加荷预压过程中,每级荷载下地基的稳定性也必须进行验算以保证工程安全、经济、合理,达到预期的效果。

# 第六节　振冲法和挤密法

 振冲法

振动水冲法,简称振冲法,是利用振动和水冲来加固地基的一种方法。振冲法适用于处理砂土、粉土、粉质黏土、素填土和杂填土等地基。对于处理不排水抗剪强度不小于 20kPa 的饱和黏性土和饱和黄土地基,应在施工前通过现场试验确定其适用性。

振冲法主要的施工机具是振冲器、吊机和水泵。振冲器是一种利用自激振动,配合水力冲击进行作业的机具。振冲法的优点是施工设备较简单,操作方便,施工速度快,造价较低;缺点是加固地基时要排出大量的泥浆,环境污染比较严重。

根据加固机理的不同,振冲法可分为振冲密实法和振冲置换法两类。

### (一)振冲密实法

**1.加固机理**

在砂土中,振冲器对地基土施加重复水平振动和侧向挤压,使土的结构逐渐破坏,孔隙水压力逐渐增大。由于土的结构破坏,土粒便向低势能位置转移,土体由松变密。当孔隙水压力增大到大主应力值时,土体开始液化。因此,振冲对砂土的作用主要是振动密实和振动液化。

**2.适用范围**

振动密实法适用于砂类土,从粉粒砂到含砾粗砂,只要粒径小于0.005mm的黏粒含量不超过10%,都可得到显著的挤密效果;若黏粒含量大于30%,则挤密效果明显降低。

**3.设计要点**

(1)处理范围:振冲的范围如果没有抗液化要求,一般不超出或稍超出基底覆盖的面积;但在地震区有抗液化要求时,应在基底外缘每边放宽不少于5m。当可液化土层不厚时,振冲深度应穿透整个可液化土层;当可液化土层较厚时,振冲深度应按要求的抗震深度处理。

(2)孔位间距和平面布置:孔位间距与砂土的颗粒组成、密实程度、地下水位、振冲器功率等有关。砂的粒径越细,密实要求越高,则间距应越小。使用30kW振冲器,间距一般为1.8~2.5m;使用75kW的大功率振冲器,间距可加大到2.5~3.5m。振冲孔位布置常用等边三角形和正方形两种。

(3)填料:振冲密实法宜用碎石、卵石、角砾、圆砾、砾砂、粗砂、中砂等硬质材料作为填入材料,在施工不困难的前提下,粒径越粗,加密效果越好。每一振冲点所需的填料量,随地基土要求达到的密实程度和振冲点间距通过现场试验而定。

### (二)振冲置换法

振冲置换法是利用振冲器在高压水流下边振边冲在地基中冲成一孔,再在孔内填入碎石等坚硬材料制成一根桩体的地基处理技术。

**1.加固原理**

在黏性土中,振动不能使黏性土液化。除了部分非饱和土或黏粒土含量较少的黏性土在振动挤压作用下可能压密外,对于饱和黏性土,特别是饱和软土,振动挤压不可能使土密实,甚至会扰动土的结构,引起土中孔隙水压力的升高,降低有效应力,使土的强度降低。所以振冲置换法在黏性土中的作用主要是振冲制成碎石柱,置换软弱土层,碎石桩与周围土组成复合地基。在复合地基中,碎石桩的变形模量远比黏性土的大,因而使应力集中于碎石桩,相应减少软弱土中的附加应力,从而改善地基承载能力和变形特性。

**2.适用范围**

振冲置换法适用于主要以黏性土层为主的软弱地基。

**3.设计要点**

(1)处理范围:振冲置换法的处理范围依基础形式而定:对于单独基础和条形基础,一般不超出或适当超出基底覆盖的面积;对于板式、十字交叉和柔性基础,应在建筑物平面外轮廓线范围内满堂加固,轮廓线外加2~3排保护桩。

(2)桩间距及平面布置:桩中心间距的确定应考虑荷载大小、原土的抗剪强度等。荷载大,间距应小;原土强度低,间距也应小。

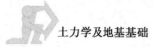 

大面积满堂加固时,桩位布置常用等边三角形;单独基础、条形基础等小面积加固常用正方形或矩形布置。

(3)桩体材料:桩体材料可以就地取材,碎石、卵石、含石砾砂、矿渣、碎砖等材料均能利用。桩体材料的容许最大粒径与振冲器的外径和功率有关,一般不大于80mm。

(4)振动影响:用振冲法加固地基时,由于振冲器在土中振动产生的振动波向四周传播,对周围的建筑物,特别是不太牢固的陈旧建筑物可能造成某些振害。为此,在设计中应该考虑施工的安全距离,或者事先采取适当的防振措施。

4.施工步骤

(1)振冲施工可根据设计荷载的大小、原土强度的高低、设计桩长等条件选用不同功率的振冲器。施工前应在现场进行试验,以确定水压、振密电流和留振时间等各种施工参数。

(2)升降振冲器的机械可用起重机、自行井架式施工平车或其他合适的设备。施工设备应配有电流、电压和留振时间自动信号仪表。

(3)振冲施工可按下列步骤进行:

①清理平整施工场地,布置桩位。

②施工机具就位,使振冲器对准桩位。

③启动供水泵和振冲器,水压宜为200～600kPa,水量宜为200～400L/min,将振冲器徐徐沉入土中,造孔速度宜为0.5～2.0m/min,直至达到设计深度;记录振冲器经各深度的水压、电流和留振时间。

④造孔后边提升振冲器,边冲水直至孔口,再放至孔底,重复2～3次扩大孔径并使孔内泥浆变稀,开始填料制桩。

⑤大功率振冲器投料可不提出孔口,小功率振冲器下料困难时,可将振冲器提出孔口填料,每次填料厚度不宜大于500mm;将振冲器沉入填料中进行振密制桩,当电流达到规定的密实电流值和规定的留振时间后,将振冲器提升300～500mm。

⑥重复以上步骤,自下而上逐段制作桩体直至孔口,记录各段深度的填料量、最终电流值和留振时间。

⑦关闭振冲器和水泵。

(4)施工现场应事先开设泥水排放系统,或组织好运浆车辆将泥浆运至预先安排的存放地点,应设置沉淀池,重复使用上部清水。

(5)桩体施工完毕后,应将顶部预留的松散桩体挖除,铺设垫层并压实。

(6)不加填料振冲加密宜采用大功率振冲器,造孔速度宜为8～10m/min,到达设计深度后,宜将射水量减至最小,留振至密实电流达到规定时,上提0.5m,逐段振密直至孔口,每米振密时间约1min。在粗砂中施工,如遇下沉困难,可在振冲器两侧增焊辅助水管,加大造孔水量,降低造孔水压。

(7)振密孔施工顺序,宜沿直线逐点逐行进行。

施工步骤详图如图10-6所示。

 挤密法

挤密法是以沉管、爆扩或冲击等方法,在软弱地基中挤压成孔,随后向孔内填入砂、石、土、石灰、灰土或其他材料,经夯实或振密构成桩体的一种地基处理方法。挤密法适用于处理湿陷性黄土、素填土、杂填土和松散砂土等地基。按其填入材料的不同,挤密法可以分为砂石桩法、土桩挤密法及灰土桩挤密法。

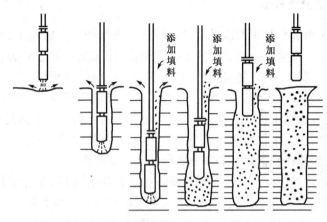

图 10-6　振冲置换法施工步骤示意图

### (一)砂石桩法

砂石桩法是指利用振动、冲击或打入套管等方法在地基中成孔,然后向孔中填入含泥量不大于 5% 的碎石、卵石、角砾、圆砾、砾砂、粗砂、中砂或石屑等硬质材料,再加以夯实或振密形成较大直径的密实砂石桩的地基处理方法。砂石桩法适用于挤密松散砂土、粉土、黏性土、素填土、杂填土等地基。对饱和黏土地基上对变形控制要求不严的工程也可采用砂石桩置换处理。同时,砂石桩法还可用于处理可液化地基。

1.设计要点

(1)处理范围:砂石桩处理范围应大于基底范围,处理宽度宜在基础外缘加宽 1~3 排桩。对可液化地基,在基础外缘扩大宽度不应小于可液化土层厚度的 1/2,并不应小于 5m。

(2)桩直径及平面布置:砂石桩直径可根据地基土质情况和成桩设备等因素确定,一般为 300~800mm,对饱和黏性土地基宜选用较大的直径。平面布置宜采用等边三角形或正方形。

(3)桩间距:砂石桩的间距应通过现场试验确定。对粉土和砂土地基,不宜大于砂石桩直径的 4.5 倍;对黏性土地基不宜大于砂石桩直径的 3 倍。

(4)桩长:砂石桩桩长可根据工程要求和工程地质条件通过计算确定,且不宜小于 4m。

(5)垫层:砂石桩顶部宜铺设一层厚度为 300~500mm 的砂石垫层。

2.施工要点

(1)施工设备:砂石桩施工可采用振动沉管、锤击沉管或冲击成孔等成桩法。当用于消除粉细砂及粉土液化时,宜用振动沉管成桩法。

(2)施工顺序:对砂土地基宜从外围或两侧向中间进行,对黏性土地基宜从中间向外围或隔排施工。在既有建(构)筑物邻近施工时,应背离建(构)筑物方向进行。

(3)施工要求:施工前应进行成桩工艺和成桩挤密试验。当成桩质量不能满足设计要求

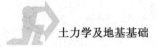

时,应在调整设计与施工有关参数后,重新进行试验或改变设计方案。

施工时桩位水平偏差不应大于 0.3 倍套管外径;套管垂直度偏差不应大于 1%。

### (二)土桩和灰土桩挤密法

土桩和灰土桩挤密法是利用形成桩孔时的侧向挤压作用挤密桩间土,然后将桩孔用素土或灰土分层夯填密实。用素土夯填者称为土桩挤密法,用灰土夯填者称为灰土桩挤密法。土桩和灰土桩挤密地基均属于人工复合地基,其上部荷载由桩体和桩间土共同承担。土桩和灰土桩适用于处理地下水位以上的湿陷性黄土、素填土和杂填土等地基。当以消除地基土的湿陷性为主要目的时,宜选用土桩挤密法;当以提高地基土的承载力或增强其水稳性为主要目的时,宜选用灰土桩挤密法。土桩和灰土桩具有原位处理、深层挤密和就地取材等特点,具有明显的技术经济效益,因此在我国西北和华北等地区已广泛应用。

土桩挤密地基是由素土夯填的土桩和桩间挤密土体组合而成,其加固作用主要体现在增加土的密实度,降低土中孔隙率。灰土桩挤密地基中的石灰与土掺和后,在一定条件下将发生复杂的物理化学反应,从而使灰土桩具有一定的胶凝强度,能够起到分担荷载、降低土中应力的作用。

1. 设计要点

(1)地基处理的面积:当采用整片处理时,应大于基础或建筑物底层平面的面积,超出建筑物外墙基础底面外缘的宽度,每边不宜小于处理土层厚度的 1/2,且不应小于 2m;当采用局部处理时,对非自重湿陷性黄土、素填土和杂填土等地基,每边不应小于基础底面宽度的 25%,且不应小于 0.5m;对自重湿陷性黄土地基,每边不应小于基础底面宽度的 75%,且不应小于 1.0m。

(2)处理地基的深度,应根据建筑场地的土质情况、工程要求和成孔及夯实设备等综合因素确定。对湿陷性黄土地基,应符合现行国家标准《湿陷性黄土地区建筑规范》(GB 50025—2004)的有关规定。

(3)桩孔直径宜为 300~600mm。桩孔宜按等边三角形布置,桩孔之间的中心距离,可为桩孔直径的 2.0~3.0 倍,也可按式(10-9)估算:

$$s = 0.95d\sqrt{\frac{\overline{\eta}_c\rho_{dmax}}{\overline{\eta}_c\rho_{dmax} - \overline{\rho}_d}} \tag{10-9}$$

式中:$s$——桩孔之间的中心距离,m;

$d$——桩孔直径,m;

$\rho_{dmax}$——桩间土的最大干密度,$t/m^3$;

$\overline{\rho}_d$——地基处理前土的平均干密度,$t/m^3$;

$\overline{\eta}_c$——桩间土经成孔挤密后的平均挤密系数,不宜小于 0.93。

(4)桩间土的平均挤密系数 $\overline{\eta}_c$,应按式(10-10)计算:

$$\overline{\eta}_c = \frac{\overline{\rho}_{d1}}{\rho_{dmax}} \tag{10-10}$$

式中:$\overline{\rho}_{d1}$——在成孔挤密深度内,桩间土的平均干密度,$t/m^3$,平均试样数不应少于 6 组。

（5）桩孔的数量可按式（10-11）估算：

$$n = \frac{A}{A_e} \tag{10-11}$$

式中：$n$——桩孔的数量；

$A$——拟处理地基的面积，$m^2$；

$A_e$——单根土或灰土挤密桩所承担的处理地基面积，$m^2$。

$A_e$ 可按式（10-12）计算：

$$A_e = \frac{\pi d_e^2}{4} \tag{10-12}$$

式中：$d_e$——单根桩分担的处理地基面积的等效圆直径（m）。

（6）桩孔内的灰土填料，其消石灰与土的体积配合比，宜为2:8 或 3:7。土料宜选用粉质黏土，土料中的有机质含量不应超过 5%，且不得含有冻土，渣土垃圾粒径不应超过 15mm。石灰可选用新鲜的消石灰或生石灰粉，粒径不应大于 5mm。消石灰的质量应合格，有效 CaO + MgO 含量不得低于 60%。

（7）孔内填料应分层回填夯实，填料的平均压实系数 $\lambda_c$ 不应低于 0.97，其中压实系数最小值不应低于 0.93。

（8）桩顶标高以上应设置 300~600mm 厚的褥垫层。垫层材料可根据工程要求采用2:8 或 3:7 灰土、水泥土等。其压实系数均不应低于 0.95。

2. 施工要点

土桩和灰土桩的桩孔填料不同，但两者的施工工艺和程序相同。成孔挤密的施工方法有沉管（锤击、振动）法、爆扩法和冲击法。沉管法是目前国内最常用的一种，具体采用哪种方法应根据土质情况、桩孔深度、机械设备和当地施工经验等条件来确定。

成孔时，地基土宜接近最优含水率，当土的含水率低于12%时，宜对拟处理范围内的土层进行增湿。当整片场地成孔和孔内回填夯实时，宜从里向外间隔1~2孔进行，对大型工程，可采取分段施工；当局部处理时，宜从外向里间隔1~2孔进行。雨季或冬季施工时，应采取防雨或防冻措施，防止灰土和土料受雨水淋湿或冻结。

# 第七节　化学加固法

化学加固法是在软弱地基土中掺入水泥、石灰等，用喷射、搅拌等方法使其与土体充分混合固化；或把一些能固化的化学浆液注入地基土孔隙，用以改善地基土的物理力学性质。经过化学作用，固化材料与土粒胶结、硬化后，能有效提高被加固土的强度，减小压缩性，达到加固目的。化学加固法可按加固材料的状态与施工工艺等划分，本节仅介绍工程上常用的灌浆法、高压喷射注浆法与深层搅拌法。

## 一　注浆法

注浆法，又称灌浆法，是利用气压、液压或电化学原理将某些能固化的浆液通过注浆管均

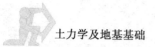

匀地注入地层中,以浆液挤压土粒孔隙或岩石裂隙中的水分和气体,经过一定时间后,浆液将松散的土体或有缝隙的岩石胶结成整体,形成强度高、防水性能高和化学稳定性好的人工地基的处理方法。

注浆法适用于处理砂土、粉土、黏性土和人工填土等地基,目前已在我国的煤炭、冶金、水利水电、建筑、交通和铁道等部门的有关工程中得到广泛应用。

**1. 灌浆材料**

注浆法所用的浆液是由主剂(原材料)、溶剂(水或其他溶剂)及各种外加剂混合而成。通常所说的注浆材料,是浆液中所用的主剂。注浆材料常分为粒状浆材和化学浆材两个系统:

(1)粒状浆材系统分为稳定浆材(黏土浆、水泥黏土浆等)和不稳定浆材(水泥浆、水泥砂浆等)。

(2)化学浆材系统分为无机浆材(硅酸盐)和有机浆材(环氧树脂类、甲基丙烯酸酯类、聚氨酯类、丙烯酰胺类、木质素类等)。

粒状浆材的主要特点是结石力学强度高,耐久性较好且无毒,料源广且价格较低;但普通水泥浆容易沉淀析水而稳定性较差,因此常在水泥浆中加入黏土、砂和粉煤灰等材料。化学浆材可用来灌注细小的裂缝或孔隙,能够解决粒状浆材难以解决的复杂地质问题,但造价较高且存在环境污染问题。在工程建设中,应根据土质条件、处理要求、工程费用及材料来源综合考虑选用合适的灌浆材料。

**2. 注浆法分类**

按注浆机理的不同,灌浆法可分为以下四类:

(1)渗透注浆:在灌浆压力作用下,浆液渗入土的孔隙和岩石的裂隙,使土的密实度提高,土体和裂隙岩石胶结成一整体,这种灌浆方法称为渗透注浆。渗透注浆的特点是注浆压力一般较小,浆液注入土层后基本不改变原状土的结构和体积。渗透注浆一般仅适用于中砂以上的砂性土和有裂隙的岩石。

(2)挤密注浆:是指用较高的压力将浓度较大的浆液注入土层,在注浆管底部附近形成"浆泡",使注浆点附近的土体挤密,硬化的浆泡是一个坚固的压缩性很小的球体或圆柱体。挤密注浆可用于调整不均匀沉降以及在大开挖或隧道开挖时对邻近土体的加固处理,适用范围为非饱和的土体。

(3)劈裂注浆:是指在压力作用下,浆液克服地层的初始应力和抗拉强度,使地层中原有的裂隙或孔隙张开,形成新的裂隙和孔隙,促使浆液注入并增加其可注性和扩散距离。劈裂注浆的特点是注浆过程中将引起岩石和土体结构的扰动和破坏,注浆压力相对较高。

(4)电动化学注浆:是在电渗排水和灌浆法的基础上发展起来的一种加固方法,即指在黏性土中将带孔的注浆管作为阳极,用滤水管作为阴极,将浆液由阳极压入土中,通以直流电,在电渗作用下使孔隙水由阳极流向阴极,促使通电区域中土的含水率降低,形成渗浆通路,使浆液得以顺利流入土中,达到加固地基的目的。

**3. 工程应用**

注浆法加固地基,施工方法灵活,机具设备简单,对场地要求低,可在比较狭小的场地条件下进行施工作业。在工程中,主要应用于以下几个方面:

(1)降低地基土的透水性,改善地下工程的开挖条件。

（2）提高地基承载力,减少地基沉降和不均匀沉降。

（3）对原有建筑物,特别是古建筑的地基加固处理。

## 二 高压喷射注浆法

高压喷射注浆法,又称旋喷法,是在化学注浆的基础上采用高压水射流切割技术发展起来的一种地基处理方法。它是利用钻机成孔至预定深度后,将加固用浆液从喷嘴喷射出冲击土层,把一定范围内土的结构破坏,并强制与化学浆液混合,形成注浆体;待浆液凝固后在土中制成具有一定强度和防渗性能的圆柱状、板状或连续墙等的固结体。

高压喷射注浆法适用于处理淤泥、淤泥质土、流塑、软塑或可塑黏性土、粉土、砂土、黄土、素填土和碎石土等地基。

### 1. 高压喷射注浆法分类

高压喷射注浆法可以按注浆形式和喷射管结构两种方式进行分类,如图10-7所示。

单管法,是用一根注浆管喷射浆液,由于浆液喷射流在土中衰减大,破碎土的射程较短,成桩直径小,一般为0.3~0.6m。二重管法,是用二层喷射管,内管喷射高压水泥浆,外管同时喷射压缩空气;由高压浆液流和它外圈环绕气流共同作用,使得破坏土体的能量显著增加,成桩直径可达1m。三重管法,是用一个同轴三重管进行喷射(图10-8),内管通水泥浆,中间管通高压水,外管通压缩空气,可形成较大空隙填入浆液,成桩直径大,一般可达0.8~2.0m。

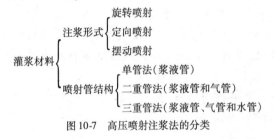

图10-7　高压喷射注浆法的分类

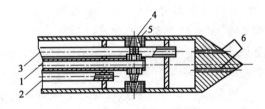

图10-8　三重管喷头结构图

1-输水管;2-输气管;3-输浆管;4-喷水口;5-喷气口;6-喷浆口

### 2. 工程应用

高压喷射注浆法一般适用于标准贯入试验击数小于10的砂土和小于5的黏性土,超过上述限度,则可能影响成桩直径。这种方法用途广泛,作为旋喷桩可以提高地基的承载力,作为连续墙可以防渗止水;还可应用于深基坑开挖中隔水、坑底加固、挡土、盾构工程起始和终端部位土体加固,已建建筑物的基础补强,市政管线加固等。

## 三 深层搅拌法

深层搅拌法是加固饱和软黏土地基的处理方法,它是利用水泥、石灰等材料作为固化剂,通过特制的深层搅拌机械,在地基深处就地将软土和固化剂强制搅拌,固化后形成具有整体性、水稳定性和足够强度的优质地基。与其他地基加固方法相比,深层搅拌法具有施工时无噪声、无振动、无污染,对周围环境及建筑物无不良影响;而且施工工艺较为简单、施工速度较快、施工成本不高等特点。

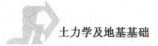

深层搅拌法适用于处理地下深处的河流冲积软土、湖沼及海底极软的沉积土、疏浚航道堆于两岸的超软填土，甚至新近沉积的淤泥等。目前，深层搅拌法广泛应用于房屋建筑、油罐、堤坝等工程的软基处理和软土地基中的基坑围护结构以及防渗帷幕等工程。

1. 施工机具

深层搅拌法的主要机具为搅拌机，目前国内外有中心管喷浆方式和叶片喷浆方式，另外配置有起重机及导向、量测、固化剂制备等系统。

2. 工程应用

经深层搅拌法固化后的地基，抗压强度高于天然地基几十甚至几百倍，变形模量也增大数十到数百倍。工程上，深层搅拌法主要适用于下列情况：

(1)加固建筑物、高速公路、铁道和高填方路堤下软弱地基，提高地基承载力、减小沉降量和不均匀沉降；

(2)作为支挡结构物，用于软土层中的基坑开挖、管沟开挖或河道开挖的边帮支护和防止底部管涌、隆起；

(3)用于软土地基基坑开挖和其他工程的防渗帷幕。

**小知识**

在城市规划建设中，经常会遇到这样的问题，在某些必须要重建的地区却矗立着一栋年代久远、极有保存意义的古建筑。拆掉意味着丢失了一件文物，是人类文明的遗憾；保留又会影响城市整体规划。这原本难于处理的问题，随着建筑整体平移技术的发展和应用而迎刃而解。

建筑物整体平移的原理与起重搬运中的重物水平移动相似，其主要的技术处理为：

(1)将建筑物在某一水平面切断，使之与基础分离变成一个可搬动的"重物"。

(2)在建筑物切断处设置托换梁，形成一个可移动托梁。

(3)在就位处设置新基础。

(4)在新旧基础间设置行走轨道梁。

(5)安装行走机构，施加外加动力将建筑物移动。

(6)就位后拆除行走机构进行上下结构连接，至此平移完成。

平移前需要对建筑物的结构图纸进行仔细分析，本着安全可靠、经济合理的标准，设定合理的平移路线，选择合适的外加动力。一般根据作用力的方向，将外加动力分为顶推力和牵拉力两种。顶推力一般由油压式千斤顶或机械式千斤顶提供，作用于建筑物平移方向后端。优点是移动比较稳定，平移偏位易调整；缺点是作用点偏高，平移时，建筑物移动一定距离后反力支座需重新安装。牵拉力作用在建筑物前方，优点是在远距离单向平移中只要设置一个反力装置即可实现平移，千斤顶及反力装置无需反复移动，其动力可由油压千斤顶提供，但拉杆或拉绳受力后变形较大，应注意受力均匀性。

## ◀ 本 章 小 结 ▶

本章主要介绍了几种工程上常采用的地基处理方法,包括换填法、机械压实法、强夯法、排水固结法、挤密法、振冲法以及化学加固法。需要学生对上述地基处理方法有初步的认识,学习重点应放在地基处理方法的适用范围和技术要点方面。

## 思 考 题

1. 地基处理的目的是什么? 常用的地基处理方法有哪些? 其适用范围如何?
2. 试述换填法的作用与适用范围,如何计算垫层厚度和宽度?
3. 机械压实包括哪些方法? 其适用条件是什么?
4. 强夯法适宜于处理哪些地基? 其处理地基的机理是什么?
5. 试述排水固结法的加固机理及适用范围。
6. 砂井堆载预压法的设计需要考虑哪些因素?
7. 挤密法和振冲法各包括哪些具体方法? 其适用范围是什么?
8. 高压喷射注浆法和深层搅拌法加固有什么不同特点?

# 第十一章
# 区域性地基

## 【内容提要】

通过本章的学习,学生能了解湿陷性黄土和膨胀土地基的概念、工程特性、工程措施及评价方法,理解影响湿陷性及膨胀土胀缩变形的主要因素,熟悉相关指标;了解红黏土地基的概念及工程特性;了解岩溶、土洞等形成条件和主要特征,以及主要工程地质、防治措施;了解滑坡的预防与处理;了解冻土地基的评价及工程措施;掌握地震的基本概念,了解地基基础抗震设计原则。

学习时应突出重点,兼顾全面。抓住区域性特殊土的主要工程地质特性,掌握区域性地基的处理方法,能对工程中常遇到的区域性特殊土的形成、特性、分布范围及处理方法有一定程度的了解,对于常见的基础工程事故,能做出合理的评价。注重培养学生独立思考能力,结合工程实例,提高学生解决工程实际问题的能力。

## 第一节　概　　述

我国地域辽阔,各地区的地理条件复杂、性质各异。由于土生成时不同的地理环境、气候条件、地质历史和物质成分等原因,形成一些具有特殊成分、结构和工程性质的特殊土类,主要有湿陷性黄土、膨胀土、红黏土、多年冻土、盐渍土以及污染土等。在地理分布上存在着一定的规律,具有明显的区域性。如湿陷性黄土主要分布于西北、华北等干旱、半干旱地区;膨胀土主要分布于南方和中南地区;红黏土主要分布于西南亚热带湿热气候地区;多年冻土及盐渍土主要分布于高纬度、高海拔地区。

区域性地基具有多种不良地质现象,如滑坡、崩塌、泥石流、岩溶和土洞等,给建筑物造成直接或潜在的威胁。此外,我国位于世界两大地震带——环太平洋地震带与欧亚地震带的交汇部位,构造复杂,地震活动频繁。地基的稳定性、变形以及抗震、防震措施则是地基基础设计必须考虑的重要问题,因此,为保证建筑物的安全和正常使用,应根据其工程特点和要求,因地制宜、综合治理。

本章将主要介绍在我国分布较广的湿陷性黄土地基、膨胀土地基、红黏土地基、冻土地基和地震区地基在我国的分布特征、特殊的工程性质以及工程建设中应采取的措施。

# 第二节　湿陷性黄土地基

## 一　黄土的特征与分布

黄土是第四纪时期干旱条件下形成的特殊土状堆积物,呈黄色或褐黄色,它的颗粒组成以粉粒(0.05~0.005mm)为主。黄土含有大量的可溶盐类,孔隙比在1左右,通常肉眼可见大孔隙。黄土因沉积年代不同而性质差别很大,以风力搬运堆积,未经次生扰动,不具层理的称为原生黄土。原生黄土再经流水冲刷、搬迁重新沉积而成的称为次生黄土,具有层理或砾石夹层,较原生黄土结构强度低。黄土在覆盖土层的自重压力或自重与附加压力作用下受水浸湿,土的结构迅速破坏并发生显著的附加下沉,其强度也迅速降低的黄土称为湿陷性黄土。当黄土作为建筑物地基时,首先要判断它是否具有湿陷性,然后再考虑是否需要地基处理以及如何处理。

我国黄土主要分布南始于甘肃南部的岷山、陕西秦岭、河南熊耳山、伏牛山;北以陕西白于山、河北燕山为界,西起祁连山,东至太行山。黄河中游的黄土高原,是世界上黄土和黄土地貌最发育、规模最大的地区。湿陷性黄土约占我国黄土面积的四分之三,主要分布于黄河中、下游地区,厚度最大达30m左右。我国《湿陷性黄土地区建筑规范》(GB 50025—2004)列出了我国湿陷性黄土工程地质分区略图。

## 二　黄土发生湿陷的原因及影响因素

黄土湿陷性的原因和机理,主要分为外因和内因两部分:由于管道或水池漏水、地面积水、生产生活用水等渗入地下,或大量降水等使地下水位上升是引起黄土湿陷的外因;而黄土结构特征及其物质成分则是产生湿陷性的内因。

由于季节性雨水把松散干燥的粉粒黏聚,而长期干旱使土中水分不断蒸发。随着含水率的减少,土粒彼此靠近,颗粒间的分子引力以及结合水和毛细水的联结力也逐渐加大。这些因素都增强了土粒之间抵抗滑移的能力,阻止了土体的自重压密,于是形成了以粗粉粒为主体骨架的多孔隙结构(图11-1)。黄土受水浸湿时,结合水膜增厚楔入颗粒之间,于是,结合水联结消失,盐类溶于水中,骨架强度随着降低。土体在上覆土层的自重应力或在附加应力与自重应力综合作用下,其结构迅速破坏,土粒滑向大孔,这就是黄土湿陷的内在过程。

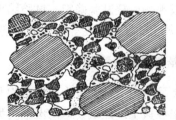

细、微砂粒
粗粉上粒
细粉土粒
粒粒及各种盐类
孔隙

图11-1　黄土结构示意图

影响黄土结构的特点和湿陷性强弱的因素:黄土中胶结物含量和成分、颗粒的组成和分布。黏粒含量多、胶结物含量大,结构致密,使湿陷性降低并改善其力学性质。此外,黄土中的盐类、孔隙比、含水率以及所受压力的大小有关。天然孔隙比越大,或天然含水率越小则湿陷性越强。

### 三 黄土湿陷性评价

黄土地基的湿陷性评价包括三方面:判别黄土在一定压力下浸水后是否具有湿陷性;判别湿陷类型;判定湿陷等级。

**(一)湿陷性判别**

1. 湿陷系数 $\delta_s$

黄土的湿陷量与所受的压力大小有关,湿陷性的强弱可利用湿陷系数来表示。湿陷系数 $\delta_s$ 由室内压缩试验测定,压力 $p$ 作用下的浸水压缩曲线如图 11-2 所示。湿陷系数是指单位厚度的环刀试样,在上覆土的饱和自重压力下,下沉稳定后,试样浸水饱和所产生的附加下沉,其计算式为:

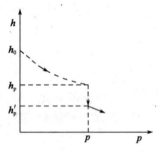

$$\delta_s = \frac{h_p - h_p'}{h_0} = \frac{e_p - e_p'}{1 + e_0} \tag{11-1}$$

式中:$h_p$、$e_p$ ——分别为保持天然湿度和结构的试样,加至一定压力 $p$ 时,下沉稳定后的高度与孔隙比;

$h_p'$、$e_p'$ ——分别为上述加压稳定后的试样,在浸水(饱和)作用下,附加下沉稳定后的高度与孔隙比;

$h_0$、$e_0$ ——分别为试样的原始高度与孔隙比。

湿陷系数在工程上主要用于判别黄土的湿陷性,鉴别湿陷性的强弱,以及预估湿陷性黄土地基的湿陷量。按《黄土规

图 11-2 在压力 $p$ 下浸水压缩曲线

范》判别黄土湿陷性:当湿陷系数 $<0.015$ 时,为非湿陷性黄土;大于或等于 $0.015$ 时,为湿陷性黄土。工程实际中规定:当 $0.015 \leqslant \delta_s \leqslant 0.03$ 时,湿陷性轻微;当 $0.03 < \delta_s \leqslant 0.07$ 时,湿陷性中等;当 $\delta_s > 0.07$ 时,湿陷性强烈。

2. 湿陷起始压力 $p_{sh}$

湿陷起始压力是指湿陷性黄土在某一压力作用下浸水后开始出现湿陷时的压力。如果实际作用于地基上的压力小于湿陷起始压力,地基即便浸水,也不会发生湿陷。湿陷起始压力可用室内压缩试验或现场荷载试验确定。试验结果表明:黄土的湿陷起始压力随着土的密度、湿度、胶结物含量以及土的埋藏深度等的增加而增加。

**(二)黄土地基湿陷类型判定**

地基的湿陷类型应按照全部黄土层浸水饱和时是否会发生迅速的湿陷,分为自重湿陷性黄土和非自重湿陷性黄土。建筑场地的湿陷类型可根据实测自重湿陷量或计算自重湿陷量判定。实测自重湿陷量是在湿陷性黄土建筑物场地,采用试坑浸水压缩试验测得黄土的自重湿陷量;计算自重湿陷量是在室内采用压缩试验,根据不同深度的湿陷性黄土试样的自重湿陷系数,考虑现场条件而得到的自重湿陷量累计值。场地的湿陷类型一般按计算湿陷量 $\Delta_{zs}$ 判定。自重湿陷量按式(11-2)计算:

$$\Delta_{zs} = \beta_0 \sum_{i=1}^{n} \delta_{zsi} h_i \tag{11-2}$$

式中:$\delta_{zsi}$ ——第 $i$ 层土在上覆土的饱和($s_r > 0.85$)自重应力作用下的湿陷系数;

$h_i$——第 $i$ 层土的厚度,cm;

$n$——总计算厚度内湿陷土层的数目,总计算厚度应从天然地面算起(当挖、填方厚度及面积较大时,自设计地面算起)至其下全部湿陷性黄土层的底面为止,但其中 $\delta_{zs} < 0.015$ 的土层不累计;

$\beta_0$——因地区土质而异的修正系数,对陇西地区取 1.5,陇东、陕北、晋西地区取 1.2,关中地区取 0.9,其他地区取 0.5。

当自重湿陷量的实测值 $\Delta'_{zs}$ 或计算值 $\Delta_{zs} \leq 7\text{cm}$ 时,为非自重湿陷性黄土场地;$\Delta_{zs} > 7\text{cm}$ 时,为自重湿陷性黄土场地;当实测值和计算值出现矛盾时,应按自重湿陷量的实测值判定。

### (三)湿陷等级的判定

湿陷性黄土地基的湿陷等级,应根据基底下各土层累计的计算自重湿陷量大小和总湿陷量等因素按表 11-1 判定。总湿陷量 $\Delta_s$ 是湿陷性黄土地基在规定压力作用下充分浸水后可能发生的湿陷变形值,设计时应按黄土地基的湿陷等级考虑相应的设计措施。在相同情况下,湿陷程度越高,设计措施要求也越高。可按式(11-3)计算:

$$\Delta_s = \sum_{i=1}^{n} \beta \delta_{si} h_i \tag{11-3}$$

式中:$\delta_{si}$——第 $i$ 层土的湿陷系数;

$h_i$——第 $i$ 层土的厚度,cm;

$\beta$——考虑地基土浸水机率和侧向挤出等因素的修正系数。基底以下 0~5m 深度内取 $\beta = 1.5$;基底以下 5~10m 深度内取 $\beta = 1$;基底 10m 以下至非湿陷性黄土顶面,在自重湿陷性黄土场地可取工程所在地区的 $\beta_0$。

**湿陷性黄土地基的湿陷等级** 表 11-1

| 湿陷类型 | 非自重湿陷性场地 | 自重湿陷性场地 | |
|---|---|---|---|
| 计算自重湿陷量(cm)<br>总湿陷量(cm) | $\Delta_{zs} \leq 7$ | $7 < \Delta_{zs} \leq 35$ | $\Delta_{zs} > 35$ |
| $\Delta_s \leq 30$ | Ⅰ(轻微) | Ⅱ(中等) | — |
| $30 < \Delta_s \leq 70$ | Ⅱ(中等) | Ⅱ或Ⅲ | Ⅲ(严重) |
| $\Delta_s > 70$ | Ⅱ(中等) | Ⅲ(严重) | Ⅳ(很严重) |

注:当总湿陷量 $\Delta_s > 60\text{cm}$、计算自重湿陷量 $\Delta_{zs} > 30\text{cm}$ 时,判别为Ⅲ级,其他情况可判别为Ⅱ级。

**【例题 11-1】** 晋西地区某建筑场地,工程地质勘探中某探坑每隔 1m 取土样,其土工试验资料如表 11-2 所示,试确定该场地的湿陷类型和地基的湿陷等级。

**土 工 试 验 资 料** 表 11-2

| 土样编号 | $\delta_{zsi}$ | $\delta_{si}$ | 土样编号 | $\delta_{zsi}$ | $\delta_{si}$ |
|---|---|---|---|---|---|
| 2-1 | 0.002 | 0.065 | 2-6 | 0.050 | 0.090 |
| 2-2 | 0.013 | 0.070 | 2-7 | 0.003 | 0.038 |
| 2-3 | 0.024 | 0.037 | 2-8 | 0.031 | 0.020 |
| 2-4 | 0.014 | 0.071 | 2-9 | 0.066 | 0.002 |
| 2-5 | 0.026 | 0.088 | 2-10 | 0.012 | 0.001 |

注:$\delta_{zsi}$ 或 $\delta_{si} < 0.015$,属非湿陷性土层,不参加累计。

**【解】** (1)判别场地湿陷类型

首先计算自重湿陷量 $\Delta_{zs}$,自天然地面起至其下全部湿陷性黄土层面为止,根据《黄土规范》,晋西地区可取 $\beta_0 = 1.2$,由式(11-2)得:

$$\Delta_{zs} = \sum_{i=1}^{n}\beta\delta_{zsi}h_i$$
$$= 1.2 \times (0.024 + 0.026 + 0.05 + 0.031 + 0.066) + 1 \times 100$$
$$= 23.64\text{cm} > 7\text{cm}$$

故该场地应判定为自重湿陷性黄土场地。

(2)判别黄土地基湿陷等级

计算黄土地基的总湿陷量 $\Delta_s$,取 $\beta = \beta_0$,由式(11-3)得:

$$\Delta_{zs} = \sum_{i=1}^{\hat{n}}\beta\delta_{si}h_i$$
$$= 1.5 \times (0.065 + 0.07 + 0.037 + 0.071 + 0.088) \times 1(0.09 + 0.038 + 0.02)$$
$$= 64.45\text{cm}$$

根据表11-1,该湿陷性黄土地基的湿陷等级可判为Ⅱ级(中等)。

## 四 工程措施

根据黄土湿陷类型、湿陷等级以及施工条件等因素,因地制宜采取合理地基处理等工程措施。

**1.地基处理措施**

湿陷性黄土地基处理的目的主要是消除湿陷性,改善土的物理力学性质,消除或减少地基因浸水而引起的湿陷变形。湿陷变形是一种附加变形,往往是局部和突然发生,且不均匀,对建筑物破坏及危害严重,因此,湿陷性黄土地区的建筑物不论地基承载力是否满足,都应对地基进行处理。目前国内较常用的处理方法、适用范围及可处理的土层厚度见表11-3。

湿陷性黄土地基常用的处理方法　　　　　　　　　表11-3

| 内　容 | 适　用　范　围 | 可处理的湿陷性黄土层厚度(m) |
|---|---|---|
| 垫层法 | 地下水位以上,局部或整片处理 | 1~3 |
| 强夯法 | 地下水位以上,$s_r \leqslant 0.60$ 的湿陷性黄土,局部或整片处理 | 3~12 |
| 挤密法 | 地下水位以上,$s_r \leqslant 0.65$ 的湿陷性黄土 | 5~15 |
| 预浸水法 | 自重湿陷性黄土场地,地基湿陷等级为Ⅲ级或Ⅳ级 | 可消除地面下6m以下湿陷性黄土层的全部湿陷性,6m以上,尚应采用垫层或其他方法处理 |
| 桩基础 | 有可靠持力层的建筑场地 | ≤30 |
| 化学加固法 | 地下水位以上,渗透系数为 0.50~2.00m/d 的湿陷性黄土 | 2~5 |

**2.防水措施**

防水措施是用以防止大气降水、生产和生活用水以及污水浸入建筑物地基,消除黄土发生湿陷的外在条件。基本措施包括:

(1)基本防水措施:在建筑物布置、场地排水、屋面排水、地面防水、散水、排水沟、管道敷设、管道材料和接口等方面,应采取措施防止雨水或生产、生活用水的渗漏。

(2)检漏防水措施:在基本防水措施的基础上,对防护范围内的地下管道,应增设检漏管沟和检漏井。

(3)严格防水措施:在检漏防水措施的基础上,应提高防水地面、排水沟、检漏管沟和检漏井等设施的材料标准,如增设可靠的防水层、采用钢筋混凝土排水沟等。

3.结构措施

结构措施的作用是增强建筑物适应或抵抗因湿陷引起的不均匀沉降的能力,避免或减轻由此造成的危害。具体措施包括:选择适宜的结构体系和基础形式;加强结构的整体性和空间刚度;墙体宜选用轻质材料;预留适应沉降的净空等。

以上三种措施,是地基处理的主要工程措施。当地基不处理或仅消除地基的部分湿陷量时,应注意采取必要的防水、结构措施。如地基处理已能消除全部地基土的湿陷性,可不必考虑其他措施。

# 第三节　膨胀土地基

## 一　膨胀土的特性与分布

膨胀土是指土中黏粒成分主要由亲水性矿物组成,具有显著的吸水膨胀和失水收缩且胀缩变形往复可逆性的黏性土。天然状态下的膨胀土,多呈硬塑到坚硬状态,强度较高,压缩性较低。当无水浸入时,是一种良好的天然地基;但遇水或失水后,则胀缩明显。建在未处理的膨胀土地基上的建筑物,往往产生开裂和破坏,且多发、反复、严重,危害极大。

我国膨胀土的成因多为冲积、洪积或坡积等。膨胀土多呈黄、黄褐、红褐、灰白或花斑等颜色,主要矿物成分是蒙脱石、伊利石和高岭石。膨胀土黏粒含量较高,一般超过20%;天然含水率接近塑限,饱和度常在80%以上。

我国膨胀土分布范围很广,在广西、云南、湖北、安徽、四川、河南、山东等20多个省、自治区均有不同范围的分布。

## 二　膨胀土胀缩变形的原因

膨胀土的胀、缩两个变形过程,前者是土在一定条件下吸水而体积不断增大;后者由于失水等原因导致土的体积不断减少。膨胀土胀缩变形的主要原因包括:内因(矿物成分与含量、微观结构)和外因(气候、地形、地貌)。

内因包括:

(1)主要矿物成分是蒙脱石、伊利石和高岭石等亲水性矿物,蒙脱石含量越多,膨胀性越强烈。

(2)黏粒含量越高,吸水性就越强,膨胀的可能性就越大。

(3)土的天然孔隙比越大,则土的膨胀越小,收缩越大;反之,土的天然孔隙比越小,则土的膨胀越大,收缩越小。

（4）土的含水率的变化，易产生胀缩变形。当土的初始含水率与膨胀后的含水量越接近，则膨胀小，收缩大；反之，膨胀大，收缩小。

## 三 膨胀土的评价与工程特性指标

### （一）膨胀土的评价

1. 膨胀土的判别

目前我国对膨胀土采用综合判别法，即根据现场的工程地质特征、自由膨胀率 $\delta_{ef}$ 及建筑物的破坏特征来综合判定。《膨胀土地区建筑技术规范》（GB 50112—2013）规定，凡具有下列工程地质特征的场地，且自由膨胀率大于或等于40%的土应判定为膨胀土：

（1）裂隙发育，常有光滑面和擦痕，有的裂隙中充填着灰白、灰绿色黏土，在自然条件下呈坚硬或硬塑状态。

（2）多出露于Ⅱ级或Ⅱ级以上阶地、山前和盆地边缘丘陵地带，地形平缓，无明显自然陡坎。

（3）常见浅层塑性滑坡、地裂，新开挖坑（槽）壁易发生坍塌等。

（4）建筑物裂缝随气候变化而张开和闭合。

2. 膨胀土的膨胀潜势

膨胀土判别后，要进一步确定膨胀土胀缩性能的强弱程度。自由膨胀率能较好地反映土中黏土矿物成分、颗粒组成等基本特征，常作为膨胀土及分类的指标。研究表明，自由膨胀率愈小，膨胀潜势越弱，建筑物损坏程度越轻；反之，建筑物损坏程度愈严重。《膨胀土地区建筑技术规范》（GB 50112—2013）按自由膨胀率大小，将膨胀潜势分为弱、中、强三类，见表11-4。

膨胀土的膨胀潜势分类表 　　　　表11-4

| 自由膨胀率（%） | 膨胀潜势 | 自由膨胀率（%） | 膨胀潜势 |
|---|---|---|---|
| $40 \leq \delta_{ef} < 65$ | 弱 | $\delta_{ef} \geq 90$ | 强 |
| $65 \leq \delta_{ef} < 90$ | 中 | | |

3. 膨胀土地基的胀缩等级

膨胀土地基评价，应根据地基的膨胀、收缩变形对低层砖混结构房屋的影响程度进行。《膨胀土地区建筑技术规范》（GB 50112—2013）规定以50kPa压力下测定的土的膨胀率，计算地基分级胀缩变形量 $S_c$，作为划分胀缩等级的标准，见表11-5。

膨胀土地基的胀缩等级 　　　　表11-5

| 地基分级胀缩变形量（mm） | 级 别 | 地基分级胀缩变形量（mm） | 级 别 |
|---|---|---|---|
| $15 \leq S_c < 35$ | Ⅰ（轻微） | $S_c \geq 70$ | Ⅲ（严重） |
| $35 \leq S_c < 70$ | Ⅱ（中等） | | |

地基分级胀缩变形量 $S_c$ 可按式（11-4）计算，其中第一部分为地基土的膨胀变形量，第二部分为收缩变形量。

$$S_c = \psi \sum_{i=1}^{n} (\delta_{epi} + \lambda_{si} \Delta w_i) h_i \tag{11-4}$$

式中：$\psi$——计算胀缩变形量的经验系数，可取 0.7；

$\delta_{\mathrm{ep}i}$——基础底面下第 $i$ 层土在该层土的平均自重应力与平均附加应力之和作用下的膨胀率，由室内试验确定；

$\lambda_{\mathrm{s}i}$——第 $i$ 层土的收缩系数，由室内试验确定；

$\Delta w_i$——第 $i$ 层土在收缩过程中可能发生的含水率变化的平均值，按《膨胀土地区建筑技术规范》（GB 50112—2013）公式计算；

$h_i$——第 $i$ 层土的计算厚度，mm；

$n$——自基础底面至计算深度内所划分的土层数。

位于平坦场地的建筑物地基，应按胀缩变形量控制设计，而位于斜坡场地上的建筑物地基，除按胀缩变形量设计外，还应进行地基稳定性计算。

### (二)膨胀土的工程特性指标

**1. 自由膨胀率 $\delta_{\mathrm{ef}}$**

将人工磨细烘干的土样，经无颈漏斗注入量杯，量其体积，然后倒入盛水的量筒中，经充分吸水膨胀稳定后，再测其体积。增加的体积与原体积的比值称为自由膨胀率 $\delta_{\mathrm{ef}}$，按式(11-5)计算：

$$\delta_{\mathrm{ef}} = \frac{V_{\mathrm{W}} - V_0}{V_0} \times 100\% \tag{11-5}$$

式中：$V_0$——土样原有体积；

$V_{\mathrm{w}}$——土样在水中膨胀后的体积。

自由膨胀率表示膨胀土在无结构力影响下和无压力作用下的膨胀特性，可反映土的矿物成分及含量，可用作初步判定是否是膨胀土。

**2. 膨胀率 $\delta_{\mathrm{ep}}$ 和膨胀力 $p_{\mathrm{e}}$**

膨胀率 $\delta_{\mathrm{ep}}$，指在一定压力作用下，处于侧限条件下的原状土经浸水充分膨胀稳定后，土样增加高度与原高度的比值，按式(11-6)计算：

$$\delta_{\mathrm{ep}} = \frac{h_{\mathrm{w}} - h_0}{h_0} \tag{11-6}$$

式中：$h_0$——土样的原始高度，mm；

$h_{\mathrm{w}}$——土样浸水膨胀稳定后的高度，mm。

膨胀率可用于评价地基的胀缩等级，计算膨胀土地基的变形量以及测定其膨胀力。

膨胀力 $P_{\mathrm{e}}$ 表示原状土样在体积不变时，因浸水膨胀产生的最大内应力。确定时，可以各级压力下的膨胀率 $\delta_{\mathrm{ep}}$ 为纵坐标，压力 $p$ 为横坐标，将试验结果绘制 $p\text{-}\delta_{\mathrm{ep}}$ 关系曲线(图 11-3)，该曲线与横坐标的交点即为膨胀力 $P_{\mathrm{e}}$。在工程设计中，应使基底压力接近于膨胀力，可有效减少膨胀变形。

**3. 线缩率 $\delta_{\mathrm{s}}$ 和收缩系数 $\lambda_{\mathrm{s}}$**

膨胀土失水收缩，其收缩性可用线缩率与

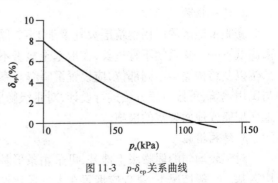

图 11-3　$p\text{-}\delta_{\mathrm{ep}}$ 关系曲线

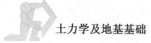

收缩系数表示,它们是地基变形计算中的两项主要指标。

线缩率 $\delta_s$ 是指土的竖向收缩变形与原状土样高度之比,表示为:

$$\delta_s = \frac{h_0 - h_i}{h_0} \tag{11-7}$$

式中:$h_0$——土样的原始高度,mm;

$\quad h_i$——某含水率 $w_i$ 时的土样高度,mm。

根据不同时刻的线缩率及相应含水率,可绘制成收缩曲线(图 11-4)。由图可知,土的收缩过程分成三个阶段:收缩阶段($a$-$b$ 直线段),过渡阶段($b$-$c$ 曲线段)及微缩阶段($c$-$d$ 直线段)。收缩系数 $\lambda_s$ 定义为:原状土样在直线收缩阶段,含水率减少1%时的竖向线缩率,即:

$$\lambda_s = \frac{\Delta\delta_s}{\Delta w} \tag{11-8}$$

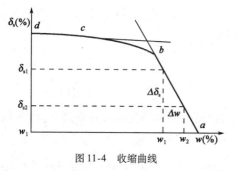
图 11-4 收缩曲线

式中:$\Delta w$——收缩过程中,直线变化阶段两点含水率之差,%;

$\quad \Delta\delta_s$——两点含水率之差对应的竖向线缩率之差,%。

## (四)工程措施

膨胀土地区的工程建设,应根据当地气候、地基胀缩等级、场地工程地质和水文地质等条件,并结合当地的施工条件、施工经验等,因地制宜采取综合措施,一般可考虑以下几个方面:

### 1.地基处理措施

处理膨胀土地基的目的在于减小或消除地基的胀缩对建筑物产生的危害,处理原则应从上部结构和地基基础两方面着手,常用的方法有换土、砂石垫层、桩基和土质改良等方法。换土法是将膨胀土全部或部分挖掉,换填非膨胀性黏性土、砂土或灰土,换土厚度可通过变形计算确定,垫层宽度应大于基础宽度。平坦场地上 Ⅰ、Ⅱ 级膨胀土地基处理,宜采用砂、碎石垫层。垫层厚度不应小于300mm,垫层宽度应大于基础宽度,两侧宜用相同材料回填,并做好防水处理。当大气影响深度较深,膨胀土层厚,选用地基加固或墩式基础施工有困难或不经济时,可选用桩基。土质改良可通过在膨胀土中掺入一定量的石灰来提高土的强度,也可采用压力灌浆的方法将石灰浆液灌注入膨胀土的裂隙中起加固作用。

### 2.建筑措施

膨胀土地区的民用建筑层数宜多于 1~2 层,体型力求简单,尽量避免平面凹凸曲折和立面高低不一。建筑物不宜过长,在地基土显著不均匀处、建筑平面转折部位或高度有显著差异部位以及结构类型不同部位,应设置沉降缝。室内地面设计应根据要求区别对待:对一般工业与民用建筑,可按一般方法进行设计;对 Ⅲ 级膨胀土地基和使用要求特别严格的地面,可采用地面配筋或地面架空的措施。

### 3.结构措施

对于较均匀的弱膨胀土地基,可采用条形基础。当基础埋深较大或基底压力较小时,宜采用墩基。一般情况下,基础应埋置在大气风化作用影响深度以下。当以基础埋深为主要防治措施时,基础埋深还可适当增大。在建筑物顶层和基础顶部应设置圈梁,多层房屋的其他各层可隔层设置,必要时可层层设置。

4.施工措施

膨胀土地区的建筑物,应根据设计要求、场地条件和施工季节,做好施工组织设计。在施工中应尽量减少地基中含水率的变化,以便减少土的胀缩变形。基槽开挖施工宜采取分段快速作业法,施工过程中,基槽不应曝晒或浸泡;雨季施工应有防水措施。基础施工完毕后,基槽应及时分层回填完毕,填土可用非膨胀土、弱膨胀土或掺有石灰的膨胀土。

# 第四节　红黏土地基

## 一　红黏土的特征与分布

红黏土是指出露地表的碳酸盐类岩石,一般呈褐红色、棕红色或黄褐色等色,红黏土的液限一般大于50%,具有表面收缩、上硬下软、裂缝发育的特征。若红黏土层受间歇性水流的冲蚀,被搬运至低洼处堆积成新的土层,仍保持红黏土的基本特性,液限大于45%的,称为次生红黏土。

红黏土通常堆积在山坡、山麓、盆地或洼地中,主要为残积、坡积类型。我国的红黏土以云南省、贵州省和广西壮族自治区最为典型,广东、海南、四川、湖北、湖南、安徽等地也有分布。

## 二　红黏土的工程地质特性

红黏土的矿物成分主要以石英和高岭石(或伊利石)为主,化学成分以 $SiO_2$、$Al_2O_3$、$Fe_2O_3$ 为主。土中基本结构单元除静电引力和吸附水膜联结外,还有铁质胶结,使土体具有较高的连接强度,抑制土粒扩散层厚度和晶格扩展,在自然条件下具有较好的水稳性。

红黏土的物理力学性质指标见表11-6,由表中可看出,它具有较高的力学强度和较低的压缩性;各种指标变化幅度较大,具有高分散性。红黏土的这些特殊工程性质与其生成环境及其相应的组成物质是密切相关的。随着深度的增加,红黏土的天然含水率、孔隙比、压缩系数都有较大的增高,状态由坚硬、硬塑可变为可塑、软塑,而强度则大幅度降低。在水平方向上,地势较高的,天然含水率和压缩性较低,强度较高,而地势较低的则相反。

红黏土主要物理力学指标　　　　　　　　表11-6

| 物理力学指标 | 黏粒含量（%） | 天然重度（kN/m³） | 天然含水率（%） | 饱和度（%） | 相对密度 | 液限（%） | 塑限（%） |
|---|---|---|---|---|---|---|---|
| 一般值 | 55~70 | 165~185 | 30~60 | 85 以上 | 2.76~2.90 | 50 以上 | 30~60 |
| 物理力学指标 | 压缩模量（MPa） | 变形模量（MPa） | 内摩擦角（°） | 孔隙比 | 黏聚力（kPa） | 塑性指数 | 液性指数 |
| 一般值 | 6~16 | 10~30 | 0~3 | 1.1~1.7 | 50~160 | 25~50 | -0.1~0.4 |

## 三　红黏土地基的评价

红黏土地区的岩土工程勘察,应着重查明其状态分布、裂隙发育特征及地基的均匀性。在

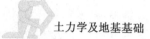

红黏土地基上建造建筑物,应根据具体情况,充分考虑红黏土上硬下软的分布特征,基础尽量浅埋。应充分利用红黏土表层的较硬土层作为地基持力层,还可保持基底下相对较厚的硬土层,以满足下卧层承载力要求。对丙级建筑物,当满足持力层承载力时即可认为已满足下卧层承载力的要求。基坑开挖时宜采取保湿措施,边坡应及时维护,防止失水干缩。对于基岩面起伏大、岩质坚硬的地基,可采用大直径嵌岩桩或墩基。

若红黏土地基的下卧基岩面起伏不平并存在软弱土层,容易引起地基不均匀沉降,因此,在设计时,应注意验算地基变形值如沉降量、沉降差等。宜采用改变基宽、调整相邻地段基底压力、增减基础埋深等方式,使基底下可压缩土层厚度相对均匀,消除或减少不均匀沉降。

在红黏土分布的斜坡地带,施工中必须注意斜坡和坑壁的崩滑现象。由于红黏土具有胀缩特征,在反复干、湿的条件下会产生裂隙,雨水等可沿裂隙渗入,以致坑壁容易崩塌,斜坡也容易出现滑坡,应予以重视。同时,红黏土裂隙发育,在建筑物施工或使用期间均应做好防水排水措施,避免水分渗入地基。

红黏土地区的岩溶现象一般较为发育,常存在岩溶和土洞,容易发展成地表塌陷,严重危及建筑物场地和地基的稳定性。不均匀地基也是丘陵山地中红黏土地基普遍存在的情况,为了消除岩溶、土层不均匀等不利因素的影响,应采取换土、填洞、加强基础和上部结构整体刚度,或采用桩基和其他深基等措施。

# 第五节　冻　土　地　基

## 一　冻土的特征与分布

所谓冻土是指温度下降到零度或零度以下,土壤里的水分就会凝结成冰,并将土壤也冻结在一起,形成胶结状态的土层。冻土的存在主要受温度的影响,同时由于岩性、含水率、植被、地表沼泽化、坡向等地质地理因素的作用,使得同一地方的不同地形部位,冻土分布及发育程度明显不同。

根据冻结延续时间,冻土可分为季节性冻土和多年冻土两大类。

季节性冻土是指地壳表层冬季冻结而在夏季又全部融化的土。在我国华北、西北和东北广大地区均有分布,因其随季节变化而周期性的冻结、融化,故对地基的稳定性影响较大。

多年冻土是指连续三年或三年以上保持在摄氏零度以下,并含有冰的土层;即使在温度偏高的年份,只是表面一小层土壤被融化,深层仍然是坚硬的冻土。多年冻土主要分布于严寒地区,集中在黑龙江的大小兴安岭一带,内蒙古高纬度地区,青藏高原和甘肃、新疆的高山区,其厚度从不足1米至几十米,总面积约为215万平方公里,约占我国面积的22%。在多年冻土地区常见到如地下冰、冻胀、融陷、热融滑坍、冰丘等特殊不良地质现象。

季节性冻土常覆盖在多年冻土之上。冻土由于外界原因融化后,强度显著降低,压缩性增大,会导致建在其上的建筑物破坏或影响正常使用。

**冻土地基的评价**

《冻土地区建筑地基基础设计规范》(JGJ 118—2011)规定,按照冻土的平均冻胀率 $\eta$ 的大小以及对建筑物的危害程度可将季节性冻土分为五种类型(表11-7)。

**季节性冻土的冻胀性分类**　　　　表11-7

| 冻胀等级 | 冻胀类别 | 平均冻胀率 $\eta$(%) | 冻 结 特 征 | 对建筑物危害程度 |
|---|---|---|---|---|
| I | 不冻胀 | $\eta \leqslant 1$ | 基本无水分迁移,冻胀变形很小 | 对各种浅基础无任何危害 |
| II | 弱冻胀 | $1 < \eta \leqslant 3.5$ | 水分迁移很少,地表无明显冻胀隆起 | 对一般浅基础无危害 |
| III | 冻胀 | $3.5 < \eta \leqslant 6$ | 水分有较多迁移,形成冰夹层 | 如建筑物自重轻、基础埋深过浅,会产生较大冻胀变形 |
| IV | 强冻胀 | $6 < \eta \leqslant 12$ | 水分大量迁移,形成较厚冰夹层 | 冻胀严重,即使基础埋深超过冻结线,也可能由于切向冻胀力而上拔 |
| V | 特强冻胀 | $\eta > 12$ | 冻胀量很大 | 是基础冻胀上拔破坏的主要原因 |

 **防冻害工程措施**

冻土未融化时,强度较高,可作为天然地基,而融化后的冻土应进行处理或采取相应措施后才能作为建筑物的地基。因此,冻土地基可采取保持冻结和允许融化两种不同的设计原则。

一般来说,当冻土厚度较大,土温比较稳定,或者是坚硬和融陷性很大的冻土,采取保持冻结的原则比较合理,特别是对那些不采暖房屋的建筑物最为适宜。如果冻土厚度不大,土层埋藏较浅,不连续分布的小块岛状冻土或融陷量不大的冻土层,则采取允许融化的原则较合理。

对于季节性冻土,工程上应尽量减少其冻胀力和改善周围冻土的冻胀性,可采取如下措施:

(1)换填法:采用较纯净的粗砂、砾石等粗颗粒非冻胀性土换填基础四周冻土,以削弱或基本消除地基土的冻胀。其效果与换填深度、换填材料的排水条件、地基土质、地下水位及建筑物适应不均匀冻胀变形能力等因素有关。

(2)物理化学法:通过人工盐渍化、添加憎水物质等方式处理地基土,以改变土粒与水之间的相互作用,使土体中的水分迁移强度及其冰点发生变化,从而达到削弱冻胀的目的。

(3)排水隔水法:通过在建筑物周围设置排水沟,阻断外水补给来源和排除地表水渗入地基。

(4)保温法:在建筑物基础底部或四周设置隔热层,增大热阻,以推迟地基土的冻结,提高土中温度,减少冻结深度。

(5)基础形式:改善基础断面形状,利用冻胀反力的自锚作用增加基础抗冻拔的能力。通过在基础侧面涂刷工业凡士林、渣油等方式改善基础侧表面平滑度,减少切向冻胀力。

在冻土地基场地进行施工,还应根据设计原则,选择好施工季节。采用保持冻结原则时,基础宜在冬季施工;采用融化原则时,最好在夏季施工。

# 第六节 地震区地基

## 一 地震的概念

### (一)地震的类型

地震是地球上经常发生的一种自然现象,是由内力地质作用和外力地质作用引起的地壳振动现象的总称。在地壳内部,震动的发源处称为"震源";震源在地表的投影称为"震中"。引起地震的原因很多,根据其成因,可分为以下四类:

**1. 构造地震**

地壳的构造运动使岩层变形,当产生的应力达到岩层的极限强度时,地壳发生断裂,积累的大量能量骤然释放出来,并以地震波的形式传至地表,引起地壳振动,称为构造地震。构造地震是天然地震中最常见、震级强度大、灾害性最大的一类,占地震总数的90%左右。

**2. 火山地震**

由于火山活动时,岩浆喷发冲击或热力作用而引起的地震叫火山地震,只有在火山活动区才可能发生。这种地震能量有限,强度不大,影响范围小,约占地震总数的7%。火山地震多分布于日本、意大利和印尼等国家,我国黑龙江、吉林和云南等省也有分布。

**3. 塌陷地震**

由于地下岩洞或矿井顶部塌陷而引起的地震称为塌陷地震。这类地震的规模比较小,次数也很少,只占世界地震总数3%左右。塌陷地震多发生在溶洞密布的石灰岩地区或大规模地下开采的矿区。

**4. 激发地震**

由于人为因素破坏了地层原来的相对稳定性引起的地震,称为激发地震。例如,水库渗漏、深井注水以及炸药爆破、核爆炸等所引起的地震。

### (二)地震的震级和烈度

**1. 地震震级**

地震震级是表示地震本身强度大小的等级,是对地震中释放能量大小的度量。震源释放的能量越大,震级也就越高。震级是根据记录的地震波的最大振幅来确定的,震级每增加一级,能量增大约32倍。地震震级与能量的关系和地震大小的分类见表11-8。

地震震级、能量与分类 表11-8

| 地震震级 | 1 | 2 | 3 | 4 | 5 | 6 | 7 | 8 | 8.5 |
|---|---|---|---|---|---|---|---|---|---|
| 能量(J) | $2.0 \times 10^6$ | $6.3 \times 10^7$ | $2.0 \times 10^9$ | $6.3 \times 10^{10}$ | $2.0 \times 10^{12}$ | $6.3 \times 10^{13}$ | $2.0 \times 10^{15}$ | $6.3 \times 10^{16}$ | $3.6 \times 10^{17}$ |
| 分类 | 微小地震 | | 小地震 | | 中地震 | | | 大地震 | |

**2. 地震烈度**

地震烈度指发生地震时地面及建筑物遭受破坏的强弱程度。地震烈度大小取决于震源释放能量的大小,并与震源深度、距震中的远近、地震波传播的介质性质以及场地岩土情况等因素有关。为确定各地区的地震烈度,各国均制订了"地震烈度表",作为划分烈度的标准。详见我国国家质量技术监督局于1999年发布的地震烈度表。

各地区的实际烈度受到各种复杂因素的影响,关于"基本烈度"和"设防烈度"两个概念,详见《建筑抗震设计规范》(GB 50011—2010)。

### (三)震害现象

由于地区特点和地形地质条件的复杂性,强烈地震造成地面和建筑物的破坏类型各异。典型的震害现象包括地基土液化、震陷、滑坡和地裂等,其产生的条件互相依存,部分防治措施可以通用。

#### 1.地基土液化

在地震的作用下,地表裂缝中喷水冒砂,地面下陷,建筑物产生巨大沉降和严重倾斜,开裂甚至倒塌,这种现象称为地基土液化。液化现象是造成地震灾害的重要原因,在国内外的大地震中,相当普遍。唐山大地震时,液化区喷水高度达8m,厂房沉降达1m。

液化现象是由于孔隙水压力增大而出现的。地震时饱和砂土受到振动,颗粒之间发生相互错动而重新排列,其结构趋于密实。如果砂土为颗粒细小的粉细砂,则因透水性较弱而导致孔隙水压力加大,相应地减少颗粒间的有效应力,从而降低了土体的抗剪强度。在周期性的地震荷载作用下,孔隙水压力逐渐累计增加,甚至可以完全抵消有效应力,将使砂土颗粒处于悬浮状态而接近液体的特性。此时,地基完全丧失承载能力而导致建筑物的破坏。

影响砂土液化的主要因素包括地震烈度、振动的持续时间、土的粒径组成、密实程度、饱和度、土中黏粒含量以及土层埋深等。

#### 2.震陷

震陷是指地基土由于地震作用而产生的明显竖向永久变形。在发生强烈地震时,如果地基由软弱黏性土或松散砂土构成,其结构受到扰动和破坏,强度严重降低,在重力和基础荷载的作用下会产生附加的沉陷。若地基土质不均,则地面变形起伏,将使建筑物发生较大的差异沉降和倾斜,从而影响建筑物的安全和使用。

在我国沿海地区及较大河流的下游软土地区,震陷往往是主要的地基震害。当地基土的级配较差、含水率较高、孔隙比较大时震陷也大。砂土的液化也往往引起地表较大范围的震陷。此外,在溶洞发育和地下存在大面积采空区的地区,在强烈地震的作用下也容易诱发震陷。

#### 3.地震滑坡

在山区和陡峭的河谷区域,强烈地震可能引起诸如山崩、滑坡、泥石流等大规模的岩土体运动,直接导致地基基础和建筑物上部结构的破坏。地震导致滑坡的原因,一方面在于地震时边坡滑楔承受了附加惯性力而使下滑力加大;另一方面,土体有效应力降低,从而减少了阻止滑动的内摩擦力。

#### 4.地裂

地震导致岩面和地面的突然破裂,地表出现的大量裂缝称为地裂。地裂与地震滑坡引起的地层相对错动有密切关系。地裂会引起位于附近或横跨断层的建筑物变形和破坏。

唐山地震时,地面出现一条长 10km、水平错动 1.25m、垂直错动 0.6m 的大地裂,错动带宽约 2.5m,致使在该断裂带附近的房屋、道路、地下管道等遭到极其严重的破坏,民用建筑几乎全部倒塌。

 **二 地基基础抗震设计原则**

### (一)抗震设计的基本原则

根据《建筑抗震设计规范》(GB 50011—2010)规定,建筑抗震设防类别分为甲、乙、丙、丁四类。甲类建筑应属于重大建筑工程和地震时可能发生严重次生灾害的建筑;乙类建筑应属于地震时使用功能不能中断或需尽快恢复的建筑;丙类建筑应属于除甲、乙、丁类以外的一般建筑,丁类建筑应属于抗震次要建筑。

抗震设计的基本原则包括:

1. 选择有利的建筑场地

选择建筑场地时,尽量选择对抗震有利的地段,避开不利的地段,禁止在危险地段建设。有利、不利及危险地段的划分见表11-9。

有利、不利和危险地段的划分 表 11-9

| 地 段 类 别 | 地 质、地 形、地 貌 |
| --- | --- |
| 有利地段 | 稳定基岩,坚硬土,开阔、平坦、密实、均匀的中硬土等 |
| 不利地段 | 软弱土,液化土,条状突出的山嘴,高耸孤立的山丘,非岩质的陡坡,河岸和边坡边缘,平面分布上成因、岩性、状态明显不均匀的土层(如故河道、疏松的断层破碎带、暗埋的塘浜沟谷和半填半挖地基)等 |
| 危险地段 | 地震时可能发生滑坡、崩塌、地陷、地裂、泥石流等及发震断裂带上可能发生地表位错的部位 |

进行场地选择时,还应考虑建筑物自振周期与地层卓越周期的相互关系,原则上应尽量避免两种周期过于接近,以防共振。

2. 合理选择基础方案

(1)正确选择基础类型:基础类型不同其抗震效果也不同。软土地基应该选择刚度大、整体性好的箱形基础或筏板基础,能有效地调整、减轻震沉引起的不均匀沉降,从而减轻对上部结构的破坏。此外,桩基础是一种良好的抗震基础形式,设计时应将桩端插入非液化的坚实土层一定深度。

(2)合理加大基础埋深:可以增加基础侧面土体对建筑物的约束作用,从而减小建筑物的振幅,减轻震害。在条件允许时,可设置地下室以增加基础埋深。

3. 增强建筑物整体刚度和强度

可采用基础底部配置构造钢筋,加强基础整体刚度,抵抗地基的不均匀沉降。增设圈梁、当上部结构采用组合柱时,柱的下端应与地梁牢固连接等。

### (二)天然地基抗震验算

抗震验算时,应采用地震作用效应标准组合,且地基抗震承载力应取地基承载力特征值乘以地基抗震承载力调整系数计算,即:

$$f_{aE} = \xi_a f_a \tag{11-9}$$

式中:$f_{aE}$——调整后的地基抗震承载力;

$\quad\quad \xi_a$——地基抗震承载力调整系数,按表 11-10 采用;

$\quad\quad f_a$——深宽修正后的地基承载力特征值。

验算地震作用下天然地基竖向承载力时,基底平均压力和边缘最大压力应符合下列要求:

$$p \leqslant f_{aE} \tag{11-10}$$

$$p_{max} \leqslant 1.2f_{aE} \tag{11-11}$$

式中:$p$——地震作用效应标准组合的基础底面平均压力;

$\quad\quad p_{max}$——地震作用效应标准组合的基础边缘的最大压力。

地基土抗震承载力调整系数      表 11-10

| 岩 土 名 称 和 性 状 | $\xi_a$ |
|---|---|
| 岩石,密实的碎石土,密实的砾、粗、中砂,$f_{ak} \geqslant 300\text{kPa}$ 的黏性土和粉土 | 1.5 |
| 中密、稍密的碎石土,中密和稍密的砾、粗、中砂,密实和中密的细、粉砂,$150\text{kPa} \leqslant f_{ak} < 300\text{kPa}$ 的黏性土和粉土,坚硬黄土 | 1.3 |
| 稍密的细、粉砂,$100\text{kPa} \leqslant f_{ak} < 150\text{kPa}$ 的黏性土和粉土,可塑黄土 | 1.1 |
| 淤泥,淤泥质土,松散的砂,杂填土,新近沉积黄土和流塑黄土 | 1.0 |

对于高宽比大于 4 的高层建筑,在地震作用下基础底面不宜出现拉应力;其他建筑,基础底面与地基土之间零应力区面积不应超过基础底面面积的 15%。对下列建筑可不进行天然地基及基础的抗震承载力验算:

(1)地基主要受力层范围内,不存在软弱黏性土层的砌体结构房屋、一般单层厂房、单层空旷房屋和不超过 8 层且高度在 24m 以下的一般民用框架和框剪房屋以及与其基础荷载相当的多层框架厂房;

(2)《建筑抗震设计规范》(GB 50011—2010)规定可不进行上部结构抗震验算的建筑。

### (三)地基基础抗震措施

对建筑物及基础采取有针对性的抗震措施,在抗震工程中也是十分重要的,而且往往能起到事半功倍的效果。下面介绍基础工程常用的抗震措施。

#### 1. 软弱地基

若建筑物地基主要受力层范围内存在软弱黏土,应结合建筑物重要程度、以往震害经验等采取相应措施。可以通过地基处理等方式,改善土的物理力学性质,提高地基抗震性能,也可以采用桩基础、沉井基础等,以增强建筑物的抗震能力。

#### 2. 不均匀地基

不均匀地基包括土质明显不均、有故河道或暗沟通过及半挖半填地带。在抗震设计时,应

尽量避开这些地段。无法避开时,应详细勘察、查明不均匀地基的范围和性质;尽量填平不必要的残存沟渠。对于不均匀性过大的地基,可采用局部换土、重锤夯实等方式,必要时可设置沉降缝,以避免地震作用下基础断裂事故的发生。

3. 可液化地基

液化是地震中造成地基失效的主要原因,要减轻这种危害,应根据地基液化等级和结构特点等采取相应措施。

(1)全部消除液化沉陷:采用非液化土替换全部液化土层。采用桩基时,桩端伸入液化深度以下稳定土层中的长度,应按计算确定,且对碎石土,砾、粗、中砂和坚硬黏性土尚不应小于0.5m,对其他非岩石土不宜小于1.5m。深基础底面应埋入液化深度以下稳定土层的深度不应小于0.5m。

采用加密法(如振冲、振动加密、挤密碎石桩、强夯等)加固时,应处理至液化深度下界,且处理后土层的标准贯入锤击数的实测值不宜小于相应的临界值。

(2)部分消除液化沉陷的措施:在处理深度范围内应挖除其液化土层或采用加密法加固,并使桩间土的标准贯入锤击数的实测值不小于相应的临界值,使处理后的地基液化等级为"轻微"。

(3)基础和上部结构处理:需选择合适的基础埋深;调整基础底面积,减少基础偏心;加强基础的整体性和刚度。如采用箱基、筏基或钢筋混凝土交叉条形基础,加设基础圈梁等;减轻荷载,增强上部结构整体刚度和均匀对称性,合理设置沉降缝,避免采用对不均匀沉降敏感的结构形式等。

小 知 识

大自然所产生的各种灾害中,地震灾害被列为群害之首,但一些关于地震的知识,普通公众却不一定了解。

地震是地壳运动的一种形式,全球每年发生约500万次地震,平均约7s就有一次。不过这些地震中,人们能够感觉到的只有不到1万次,而能够造成灾害的仅有100次左右。

地震绝大多数分布在环太平洋地震带和欧亚地震带,其中环太平洋地震带集中了全球地震的80%,欧亚地震带集中了15%。全球地震中,有85%发生在海洋,15%发生在大陆。

两个震级仅相差一级的地震,其能量的差别可以达到30多倍。也就是说,一个8级地震相当于发生了30多个7级地震,约1000个6级地震。

衡量地震的标准除了震级之外,还有烈度。震级与烈度的关系,打个比方,震级相当于原子弹的当量,而烈度就相当于原子弹在不同距离点造成的破坏程度。一般而言,距离震中越近,地震产生的破坏越大,烈度也就越高;距离震中越远,地震产生的破坏越小,烈度就越低。

## ◀本 章 小 结▶

本章主要介绍了几种工程上常见的区域性地基,包括湿陷性黄土地基、膨胀土地基、红黏土地基、季节性冻土地基和地震区地基。需要学生对上述特殊土有概念性的了解,学习重点应放在区域性地基的特殊工程性质和工程措施上,对于工程中常见的基础工程事故能做出合理的评价和处理。

## 思 考 题

1. 何为湿陷性黄土、非湿陷性黄土?

2. 何谓自重和非自重湿陷性黄土? 怎样区分? 如何划分地基的湿陷等级?

3. 如何判断地基土是否属于膨胀土? 影响膨胀土胀缩变形的主要因素有哪些? 采取哪些措施可减轻地基胀缩对工程的不利影响?

4. 何谓红黏土? 红黏土地基有何特点?

5. 何谓季节性冻土和多年冻土地基? 工程上如何评价和处理?

6. 地基液化的原因是什么? 如何进行抗液化处理?

7. 抗震设计的基本原则是什么? 对建筑场地应如何选择?

8. 何谓地震震级、烈度、基本烈度和设防烈度?

9. 如何进行地基基础抗震验算? 哪些建筑可不进行天然地基基础抗震承载力验算?

# 综合练习题答案

## 第 一 章

1-1  $1.90g/cm^3$ , $1.60g/cm^3$ , $2.01g/cm^3$ , $18.75\%$ , $0.686$ , $40.7\%$ , $0.74$ , $\rho_{sat} > \rho > \rho_d$

1-2  $1.206$ , $12.15kN/m^3$

1-3  $0.62$ , $38.3\%$ , $0.91$ , $12.1$ , $0.306$ , 可塑状态, 粉质黏土

1-4  粉砂, 密实状态

1-5  ①, ④

## 第 二 章

2-1  (1)72,108.8,168.8;(2)39.2

2-2  $p_K = 150$ , $p_0 = 125$

2-3  (1) $p_{kmax} = 115$ , $p_{kmin} = 49.3$ ;(2) $p_{kmax} = 92$ , $p_{kmin} = 72.3$

2-4  42.3;42.2

2-5  (1)45.6,37.2,22.8;(2)5.7

2-6  98.4,88.8,57.6,33.6

## 第 三 章

3-1  (1) $a_{1-2} = 0.26$ ,中压缩性土;(2) $E_s = 4.77MPa$

3-2  $a_{1-2} = 0.7MPa^{-1}$ , $E_{s1-2} = 3.49MPa$ ,高压缩性土

3-3  (1) $a = 1.73MPa^{-1}$ ,高压缩性土;(2)230mm

3-4  79.9mm

3-5  11.06cm

# 第 四 章

4-1　(1)86.6kPa,30°;(2)225kPa,216.5kPa

4-2　未破坏,破坏

4-3　(1)293.59kPa;(2)57.5°;(3)破坏

# 第 五 章

5-1　81.68,1.7m

5-2　71.84,44.1,115.94

5-3　66,1.23m

5-4　156.1

5-5　86.2,$K_h = 1.39$,$K_q = 3.42$

# 第 七 章

7-1　$R_a = 339kN$

# 第 八 章

8-1　1、3、4 建筑物需进行地基变形验算

8-2　(1)200kPa;(2)155kPa;(3)202.5kPa

8-3　$b = 1.8m$,$l = 2.7m$

8-4　$b = 2m$

8-5　$b = 2m$

8-6　基础底板最大剪力 $V = 103.4kN$,最大弯矩 $M = 45.5kN \cdot m$

8-7　基础底板最大剪力 125.5kN,最大弯矩 62.3kN · m

8-8　基础高度验算满足,基础短边方向弯矩为 115.54kN · m,长边方向弯矩为 219.96kN · m

# 第 九 章

9-1　取 $n = 4$,承台的混凝土强度等级 C20,;承台梁的宽度 $b = 600mm$、高度 $h = 500mm$,承台梁配筋 8$\phi$14、箍筋 4 肢 $\phi$8@250,桩距 $S_a = 1.35m$。

9-2　取承台埋深1.4m,桩身构造配筋 6$\phi$12,配筋长度穿过淤泥质土层,取配筋长度7m,其中伸入承台0.4m。承台平面尺寸 $A \times B = 2 \times 2m^2$,承台高度 $h = 0.8m$,承台混凝土强度等级 C20,桩顶嵌入承台 50mm 承台下垫层的混凝土强度等级 C10、垫层厚度 100mm。桩端持力层为砂土层,桩底进入持力层深度1.0m。

# 参 考 文 献

[1] 中华人民共和国国家标准.GB 50007—2011 建筑地基基础设计规范[S].北京:中国建筑工业出版社,2011.

[2] 中华人民共和国行业规范.JGJ 79—2012 建筑地基处理技术规范[S].北京:中国建筑工业出版社,2012.

[3] 中华人民共和国国家标准.GB 50025—2004 湿陷性黄土地区建筑规范[S].北京:中国建筑工业出版社,2004.

[4] 中华人民共和国国家标准.GB 50112—2013 膨胀土地区建筑技术规范[S].北京:中国建筑工业出版社,1988.

[5] 中华人民共和国行业规范.JGJ 118—2011 冻土地区建筑地基基础设计规范[S].北京:中国建筑工业出版社,1999.

[6] 中华人民共和国国家标准.GB 50011—2010 建筑抗震设计规范[S].北京:中国建筑工业出版社,2010.

[7] 中华人民共和国行业规范.GB/T 50123—1999 土工试验方法标准[S].北京:中国计划出版社,1999.

[8] 董建华.土力学[M].武汉:武汉理工大学出版社,2013.

[9] 郭继武.建筑地基基础(新规范)[M].北京:机械工业出版社,2008.

[10] 《地基处理手册》编委会.地基处理手册[M].北京:中国建筑工业出版社,2000.

[11] 周景星,王洪瑾,虞石民,等.基础工程[M].北京:清华大学出版社,1996.

[12] 白晓红.基础工程设计原理[M].北京:科学出版社,2005.

[13] 刘永红.地基处理[M].北京:科学出版社,2005.

[14] 陈国兴,樊良本.基础工程学[M].北京:中国水利水电出版社,2002.

[15] 孙维东.土力学与地基基础[M].北京:机械工业出版社,2003.

[16] 顾晓鲁,钱鸿缙,刘惠珊,等.地基与基础[M].北京:中国建筑工业出版社,2003.